储层改造关键技术发展现状与展望

雷 群 等编著

石油工业出版社

内容提要

本书综合论述了国内外油气发展特征，储层改造核心要素和发展历程，储层改造基础实验技术，储层改造工艺、装备、工具、压裂液及支撑剂的发展历程和现状，并对储层改造管理模式、工厂化作业发展特征和方向进行了介绍。

本书可供从事储层改造增产技术研究的科研人员和现场工作人员以及高等院校相关专业师生参考使用。

图书在版编目（CIP）数据

储层改造关键技术发展现状与展望 / 雷群等编著 .—北京：石油工业出版社，2022.6

ISBN 978-7-5183-4366-9

Ⅰ. ① 储… Ⅱ. ① 雷… Ⅲ. ① 储集层 – 油层改造 Ⅳ. ① P618.130.2

中国版本图书馆 CIP 数据核字（2020）第 229711 号

出版发行：石油工业出版社

（北京安定门外安华里 2 区 1 号　100011）

网　址：www.petropub.com

编辑部：(010)64210387　　图书营销中心：(010)64523633

经　　销：全国新华书店

印　　刷：北京中石油彩色印刷有限责任公司

2022 年 6 月第 1 版　2022 年 6 月第 1 次印刷

787×1092 毫米　开本：1/16　印张：14

字数：340 千字

定价：128.00 元

（如出现印装质量问题，我社图书营销中心负责调换）

《储层改造关键技术发展现状与展望》
编委会

前言 PREFACE

70 年前，水力压裂技术开启了油气增产之门。1947 年石油行业第 1 次尝试水力压裂改造获得成功，1949 年哈里伯顿公司在美国俄克拉何马州首次开展商业性压裂施工以来，储层改造作为一项持久发展的科学技术经历了 70 多年的发展历程。水力压裂技术体系日臻完善，并带动了理论、技术、材料、装备和服务等全产业链的迅猛发展。水力压裂从为油气流动修建一条地下高速通道，发展到最大限度提高油气藏开发效率及采收率的重要技术之一。环保、低成本的压裂液体系和支撑剂材料日新月异；压裂设计更科学和精细；微地震、微形变、光纤检测等裂缝诊断技术为技术的升级换代增添了新手段；更为灵活、可控、通过性好的直井分层、水平井分段压裂工具及施工技术，实现了单井分段压裂超过 70 段；水力压裂装备性能大幅提升，压裂泵车从早期的几百水马力发展到如今的 7000 水马力。储层改造技术的进步也成为油气工业发展的重要驱动力之一，特别是近年来在北美地区通过“水平井钻井 + 多段压裂”技术的成熟和大规模应用催生了页岩气革命。据 2021 年美国能源署（EIA）报告，2021 年美国非常规油气产量保持高位生产：原油产量 5.5×10^8t，其中致密油产量 3.70×10^8t，占比 67.4%，较 2020 年占比提高 5.1%；天然气产量 9736×10^8m^3，其中页岩气产量 7049×10^8m^3，占比 72.4%，较 2020 年占比提高 9.3%。水力压裂技术展现出了旺盛的生命力，深刻影响了世界能源格局。

中国的储层改造技术从 1955 年发展至今，经历了单井压裂、整体压裂、开发压裂直井多层到水平井多段压裂阶段。经过 60 余年持续发展，以压裂为代表的储层改造技术已经成为油气井增产的主要进攻性手段，压裂改造目标从提高单井产量上升到油气藏整体开发，压裂技术也从单一采油工程中间环节跨越到勘探开发链条的关键环节。近 10 年来，中国石油通过水平井分段压裂技术攻关，实现了压裂工具从“无”到“有”，直井“多层”、水平井“多段”的储层改造技术已经达到国际先进水平并实现了工业化应用，水平井改造数量由攻关前 2.8% 提高到 50% 以上，工具自主率超过 90%。随着以切实解放非常规油气资源的水平井多段压裂技术的发展，中国实现了非常规油气资源的快速增储和规模建产。截至 2021 年底已建成 4 个国家级页岩气示范区，其中中国石油的长宁、昭通、威远三个页岩气示范区，年产气量达 128×10^8m^3，中国石油致密油、页岩油年产油量

达 1037×10^4t，并发现了超十亿吨级最大的页岩油田——庆城油田，页岩油落实三级储量 17.25×10^8t。

当前，储层改造技术已与钻井工程、地球物理勘探并列为油气勘探开发三把工程利剑之一。在发现资源、认识资源、动用资源中的作用更加凸显。因此，追溯储层改造技术的发展历程，梳理储层改造技术的5大核心要素的重要作用，比对国内外储层改造装备、工具、工艺、软件、信息化等技术现状，精准定位中国储层改造技术的现状，剖析储层改造技术整体发展趋势，将为中国低渗透、深层、海洋、非常规等油气资源的高效勘探开发提供有益的借鉴。笔者编撰本书，期望能给储层改造领域的技术人员提供借鉴和参考。

全书共8章，由雷群确定思路、撰写提纲、组织编写并审定。第一章由才博、胥云、何春明、段贵府、高跃宾、李帅编写；第二章由王欣、付海峰、才博、卢海兵、高睿、高莹、刘云志、修乃岭、王海燕、刘玉婷、严玉肃、田国荣编写；第三章由杨立峰、刘哲、王臻、翁定为、修乃岭、杨战伟、王辽、梁宏波、段瑶瑶编写；第四章由童征、才博、何春明、段贵府、王萌编写；第五章由沈泽俊、李益良、童征、王新忠、钱杰、孙福超编写；第六章由梁利、王丽伟、刘玉婷、梁天成、石阳、李阳、许可、姜伟、蒙传幼编写；第七章由易新斌、郑伟、王海燕、张浩宇编写；第八章由雷群、管保山、才博、毕国强、李辉编写。

展望未来，高效益、低成本、环境友好型压裂技术的完善与发展，必将为油气产量增长释放巨大潜能。由于本书涉及储层改造全过程，对某些技术还有待进一步深入研讨，加之编写人员水平有限，错误和纰漏之处敬请读者批评指正。

目录 CONTENTS

第一章　国内外油气资源特征及储层改造概述

储层改造是指采用水力压裂、基质酸化和酸压等工艺措施，对储层近井地带或远井区域进行改造，通过在地层中建立高导流的人工裂缝流动通道，扩大油气向井筒内渗流的面积以及沟通远离井筒的高渗透油气区，改变地层流体的流动状态，改善近井筒地带油气的渗流能力，同时解除近井区域的地层污染，实现提高单井产量、采油速率和累积产量。本章将从储层改造职能与需求、发展历程、核心要素、作用地位等方面对储层改造技术进行综述。

第一节　国内外油气资源分布特征

一、世界油气资源分布特点

自从1859年美国第一口油井出油后，世界油气工业已经走过了160多年发展历史。油气资源可分为常规和非常规两种类型。常规油气在盆地内局部富集，非常规油气在盆地内大面积分布，二者资源比为2：8。常规油气藏资源品质高，但总量较小，约占资源总量的20%；非常规油气包括重油、油砂、致密油、页岩油、油页岩油、致密气、煤层气、页岩气、天然气水合物等，约占资源总量的80%[1-2]。

根据USGS、IEA、BP等机构公报的数据统计结果，全球常规油气可采资源总量为10727.9×10^8t油当量。常规石油可采资源量为5350.0×10^8t，其中中东地区、中亚－俄罗斯地区和中南美地区可采资源总量为3853.9×10^8t，占比72.0%；凝析油可采资源量为496.2×10^8t，主要集中在中东地区和北美地区，可采资源量为265.8×10^8t，占比53.6%。常规天然气可采资源量为$588.4 \times 10^{12} m^3$，主要集中在中亚—俄罗斯地区和中东地区，可采资源量为$354.4 \times 10^{12} m^3$，占比60.2%[3-4]。

全球非常规油气可采资源总量为5833.5×10^8t。其中非常规石油为4209.4×10^8t，占比72.2%，非常规天然气为$195.4 \times 10^{12} m^3$，占比27.8%，两者比例近7：3。北美地区非常规油气资源最为富集，可采资源量达1970.2×10^8t，占全球的33.8%；其次为中亚—俄罗斯地区，非常规油气可采资源量达1262.2×10^8t，占全球的21.6%。

全球非常规石油资源富集主要集中在北美地区、中亚—俄罗斯地区和中南美洲地区，占比全球73.4%。其中北美地区非常规石油可采资源量为1502.0×10^8t，占比全球35.7%，以页岩油、重油和油砂为主；中亚—俄罗斯地区非常规石油可采资源量为960.9×10^8t，占比全球22.8%，以页岩油和油砂为主；中南美洲地区非常规石油可采资源量为627.2×10^8t，占比全球14.9%，以重油和页岩油（图1-1-1）。

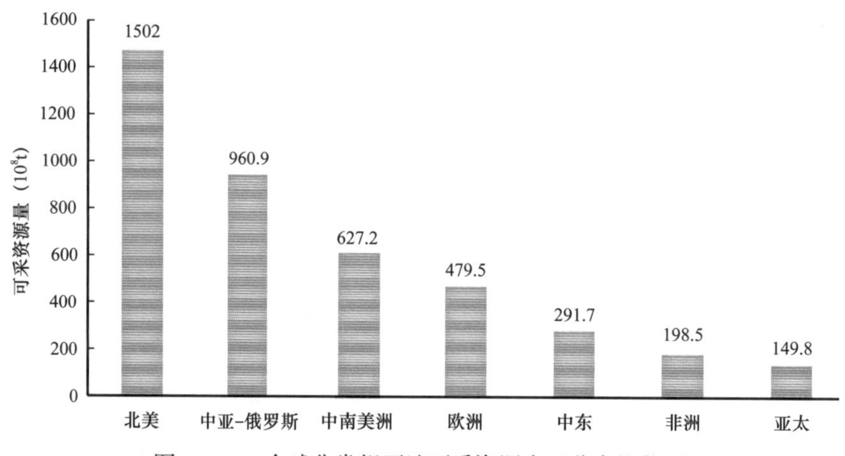

图 1-1-1　全球非常规石油可采资源大区分布柱状图

全球非常规天然气资源富集主要分布在北美地区、亚太地区、中东地区和中南美洲地区。北美地区非常规天然气资源主要以页岩气和煤层气为主，可采资源量为 $56.3\times10^{12}m^3$；亚太地区主要以页岩气和煤层气为主，可采资源量为 $24.5\times10^{12}m^3$；中东地区以页岩气为主，可采资源量为 $21.4\times10^{12}m^3$；中南美洲地区主要以致密气和页岩气为主，可采资源量为 $18.8\times10^{12}m^3$（图 1-1-2）。

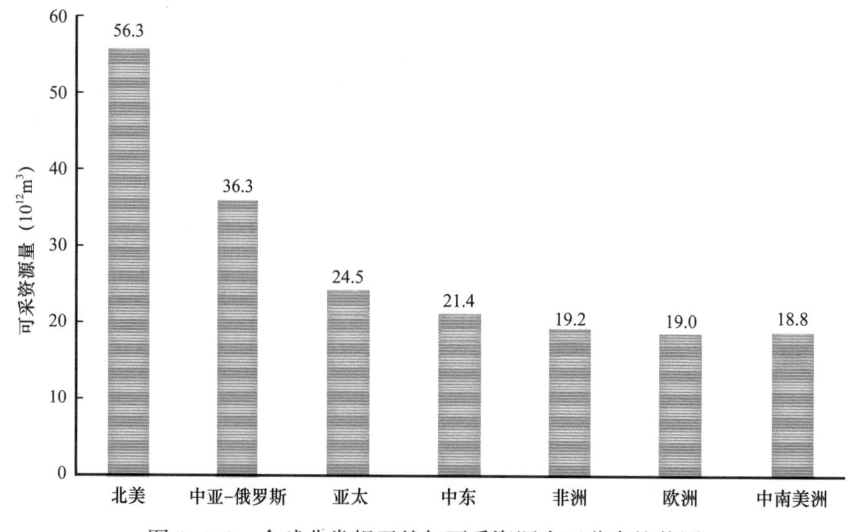

图 1-1-2　全球非常规天然气可采资源大区分布柱状图

总体上看，全球常规油气可采资源中 72% 分布于中东、中亚 – 俄罗斯、北美和拉美 4 大地区，非常规油气可采资源 84% 分布于北美、亚太、拉美和中亚 – 俄罗斯 4 大地区。从近年来全球油气勘探开发的发展趋势来看，油气勘探开发领域正在经历着深刻的变化，主要体现在以下方面：

非常规油气资源已成为常规油气资源的重要接替。近年来，全球非常规油气勘探开发取得一系列重大突破[5]。致密气、煤层气、重油、沥青砂等已成为全球非常规油气勘探开发的重点领域，页岩气成为全球非常规天然气勘探开发的热点领域，致密油、页岩油也成为全球非常规石油勘探开发的亮点领域，全球非常规油气产量快速增长，已逐渐成为全球产量增长的主体，在全球能源供应中的地位日益凸显，目前全球已进入常规油气稳定上产、非常规油气快速发展阶段。

勘探开发也从中深层到深层、超深层的发展。深层—超深层发现的油气田和油气储量越来越多，油气产量快速增长。全球已发现埋深超过4500m的盆地有200个，在这些盆地深层发现油气藏1477个，探明石油剩余可采储量943×10^8t，占石油总可采储量的40%；探明天然气剩余可采储量729×10^8t油当量，占天然气总可采储量的49%，2012年全球深层、超深层油气藏的原油年产量为1.36×10^8t，主要产区为美国墨西哥湾、哈萨克斯坦以及巴西；天然气年产量为$1283\times10^8m^3$，占全球总产量的3.86%，主要产区为印度KG盆、美国墨西哥湾及阿塞拜疆。

油气勘探开发从陆地到海洋，从中浅水到深水、超深水的发展。1990年以来，全球深水、超深水发现油气田1107个，新增油气可采储量318×10^8t当量，2010年以来全球海域油气新增储量远高于陆上，占比约78%。

二、中国油气资源分布特点及资源潜力

截至2018年底，中国石油累计探明地质储量389.7×10^8t，技术可采储量103.1×10^8t，经济可采储量93×10^8t。石油资源量的分布相对集中，从不同盆地油气资源分布情况来看，主要分布在渤海湾、松辽、塔里木、鄂尔多斯、准噶尔、柴达木等8个盆地，且8个盆地的地质资源量均大于10×10^8t，其中东部的渤海湾盆地和松辽盆地石油资源最为富集，石油地质资源量分别达308×10^8t和150×10^8t；其次是中部的鄂尔多斯盆地、西部的塔里木盆地和柴达木盆地石油地质资源量均超过120×10^8t。中国各盆地天然气资源的分布也相对集中，主要分布在塔里木、四川、鄂尔多斯及柴达木等11个含油气盆地（图1–1–3），其中鄂尔多斯盆地和塔里木盆地最为富集，天然气地质资源量超过$14\times10^{12}m^3$，其次为四川盆地，其地质资源量接近$10\times10^{12}m^3$。

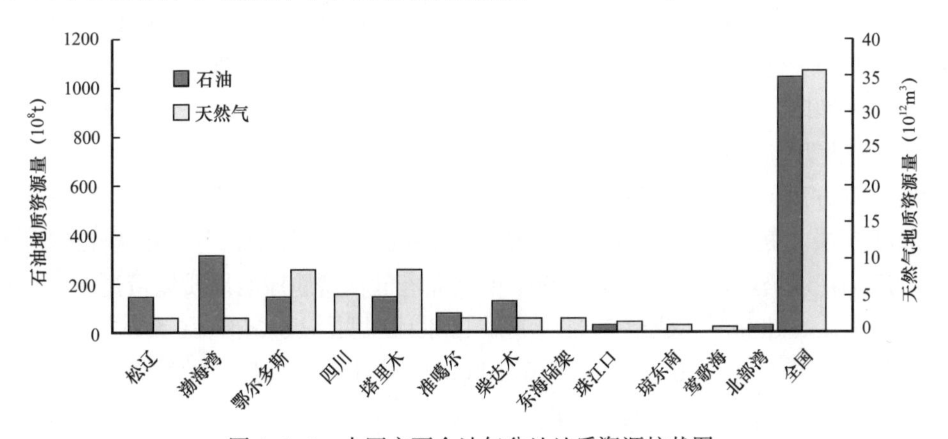

图1–1–3　中国主要含油气盆地地质资源柱状图

从产量上看，中国石油产量主要集中于渤海湾、松辽、鄂尔多斯、珠江口、准噶尔和塔里木 6 大主力含油气盆地，石油产量占中国石油产量的 87.7%。近年来，中国石油产量增长主要来自渤海湾海域和鄂尔多斯盆地，产量下降的盆地主要是渤海湾陆上和松辽盆地。天然气方面，中国常规天然气产量进入持续增长期，非常规天然气产量步入快速发展期，产量的增长主要来自四川盆地、塔里木盆地和南海东部海域等（图 1–1–4）。

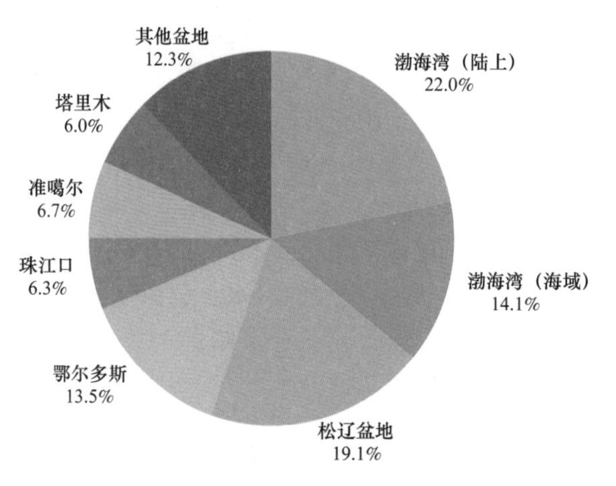

图 1–1–4　2018 年中国各盆地石油产量分布

随着油气勘探开发的不断深入和发展，易于勘探开发的常规油气资源比例大幅降低，目前已评价的中国石油资源中，深层资源比例最大，约占 1/3；海洋资源、非常规资源和老探区剩余资源约占 1/4；中国天然气资源中，深层资源约占 43%，海洋资源约占 26%，老探区剩余资源约占 28%，非常规天然气资源量是全国常规天然气资源量的 4.5 倍。

致密油方面，致密油资源在中国主要盆地广泛分布，在鄂尔多斯盆地三叠系延长组长 6—长 7 段、准噶尔盆地二叠系芦草沟组、四川盆地中—下侏罗统以及松辽盆地白垩系青山口组—泉头组，都发育丰富的致密油资源。初步评价结果，中国主要盆地致密油地质资源总量为 106.7×10^8～111.5×10^8t，是未来勘探开发的重点[6]。

致密气方面，致密砂岩气分布范围广，已形成鄂尔多斯盆地上古生界与四川盆地上三叠统须家河组两大致密气现实区，松辽盆地下白垩统登娄库组、渤海湾盆地古近系沙河街组沙三段和沙四段、塔里木盆地侏罗系和白垩系等五个致密气潜力区，采用类比法评价我国致密气资源潜力，地质资源量达到 17.4×10^{12}～$25.1\times10^{12}m^3$，已成为重要的增储上产领域。

深层油气方面，深层油气资源丰富，陆上 39% 的剩余石油资源和 57% 的剩余天然气资源分布在深层。截至 2020 年底，深层油气资源的探明率较低，分别仅为 12% 和 6.3%，发展前景广阔，以塔里木盆地为例，2001 年以来塔里木盆地探明地质储量近 10×10^8t，几乎都是来自深层、超深层。截至 2021 年底，已累计探明深层、超深层天然气田 27 个，主要分布在四川和塔里木盆地。截至 2016 年底，已累计探明天然气地质储量 $2.6\times10^{12}m^3$，年产量突破 $300\times10^8m^3$。

海洋油气方面，近 10 年来，全球新发现的油气田有 60% 在海上，中国有 4 个主要海上油气产区：渤海湾、南海西部、南海东部和东海，海上油气产量正在逐年不断增长，以南海为例，整个南海盆地石油资源量在 707×10^8t，天然气总资源量约为 $58\times10^{12}m^3$，占中国油气总资源量的 1/3，其中 70% 蕴藏于 $153.7\times10^4km^2$ 的深海区域。

总体上看，低渗透油气资源、深层油气资源、海洋油气资源、非常规油气资源以及老探区剩余资源是中国未来油气勘探开发的重点领域，实现四大油气接替领域的绿色、高效勘探开发对中国油气工业的发展具有重要意义。

第二节 储层改造技术

一、储层改造生产需求

从中国的资源现状来看，待开发油气资源主要集中于低渗透油气藏、深层油气藏、海洋油气藏、非常规油气藏等领域。以中国石油为例，近年来新增石油探明储量的 70% 以上，新增天然气探明储量的 90% 以上为低品位油气资源[7]。从产量贡献率来看，“十三五”以来，中国石油低渗透及非常规油藏原油产量占年总产量的 40% 左右，低渗透及非常规油气藏天然气产量约占年总产量的 70%，低渗透油气资源在油气田开发中的地位越来越重要，正在成为开发的主体，油气资源品质劣质化程度不断加剧，给储层改造技术带来前所未有的机遇和挑战。

随着油田勘探开发向低渗透、非常规、深层等领域延伸，储层改造的价值与作用更加凸显。现阶段开发动用油气藏多数井都无自然产量或自然产能很低，需要通过储层改造才能取得勘探发现和获得有效开发[8]。储层改造技术需求不断增加，储层改造的地位也不断提升，已成为与钻井工程和地球物理勘探并重的勘探开发三大关键工程技术之一。储层改造是非常规油气勘探开发的“工程利器”、是低品位储量高效动用的“撒手锏”，更是石油上游业务实现低成本战略，提高单井产量扭转多井低产不利局面的核心工程技术[9]。

二、储层改造基本类型

以往储层改造属于采油过程中的附属工艺，是勘探试油和开发采油的一小环节，储层改造（压裂、酸化）主要作为增产改造措施和解除近井地带地层的伤害、增大近井油气层渗流能力、提高单井产量的进攻性手段。近年来储层改造技术越来越受到重视，已跨越成为油气开发的关键环节，作为一项独立的大型系统工程，需要多学科协作、多工种联合。随着储层改造技术需求的增加，储层改造技术规模、作业能力得到大幅提升，以中国石油为例，“十二五”以来每年新钻井 20000 口左右（图 1-2-1），70% 以上的井改造，年压裂酸化工作量保持在 15000 井次以上，动用压裂泵车 700 余台，压裂设备总功率达 156×10^4hp。

储层改造技术的发展总是伴随着储层改造对象改变不断进步，随着中国勘探开发对象从常规中高渗透向低渗透，再到非常规致密储层的改变，储层对改造技术的需求也在不断变化，储层改造在油气田开发中所发挥的作用也在不断提升。按照储层条件以及增产机理，储层压裂改造的作用可分为解堵型、改造型、缝网型和缝控型四种类型（图 1-2-2）。

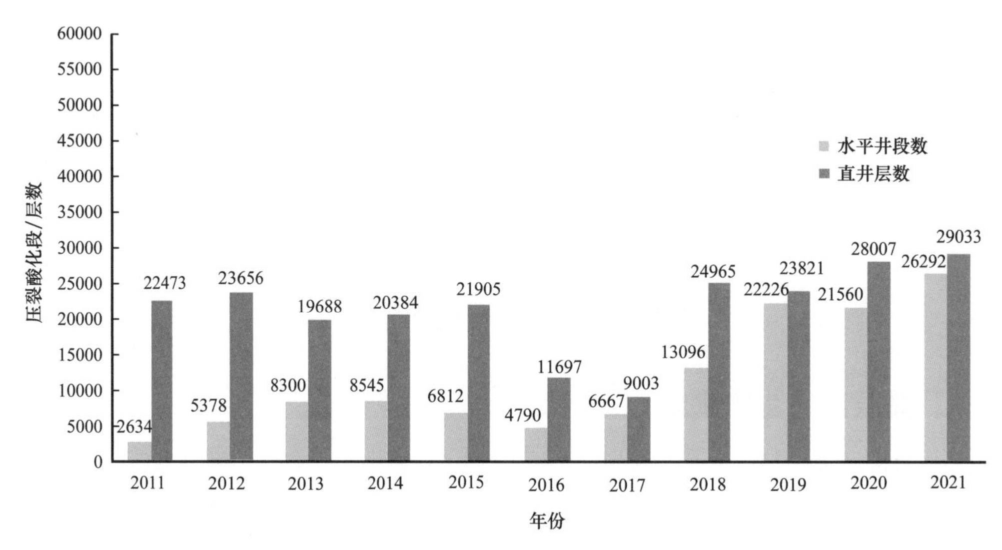

图 1-2-1　近 10 年中国石油储层改造井数

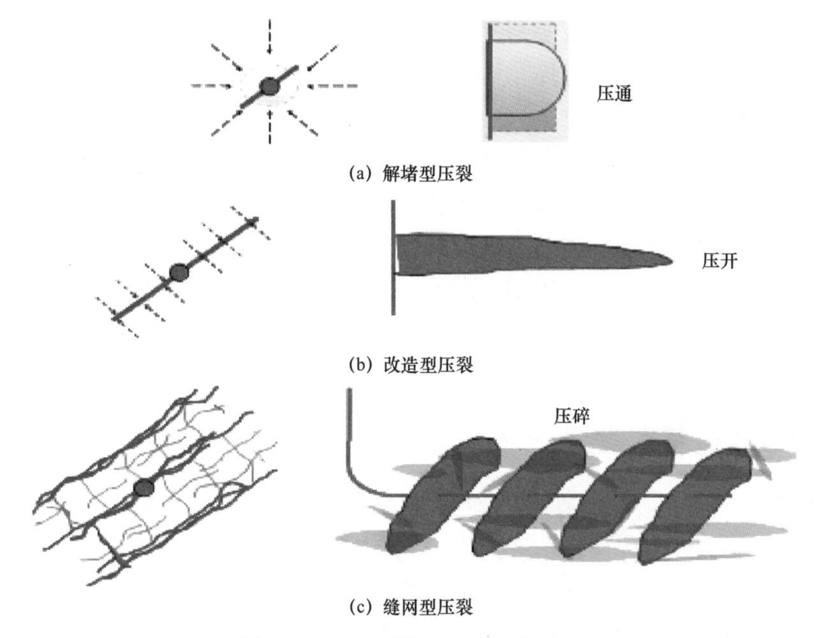

图 1-2-2　不同类型储层改造模式

1. 解堵型

解堵型压裂是解除污染并提高近井地带渗流能力的解堵型压裂，主要应用于渗透率比较高的储层，其水力压裂的实施策略是追求较高的人工裂缝导流能力。施工中采用较大排量、高砂比、个别配合端部脱砂等工艺，以消除钻完井过程中的污染，增加近井地带的渗流能力[10]。这类水力压裂可以提高单井产量，但是因为人工裂缝尺度不大，对井网部署、注水开发、采收率等开发指标几乎没有影响。

2. 改造型

改造型压裂是增大油气泄油面积的改造型压裂，主要应用于低渗透和特低渗透储层，其水力压裂的实施策略是追求较长的人工裂缝长度。施工采用高黏度压裂液，大液量、大砂量注入，在储层形成几十米或上百米并具有一定导流能力的长裂缝，扩大了单井泄油面积。由于人工裂缝尺度较大并具有一定的方向性，这类压裂可以提高单井产量和开采速度，有益于采收率等开发指标的改善。

3. 缝网型

缝网型压裂是提高储层改造体积的缝网型压裂。当水力压裂技术应用于页岩气、致密油等非常规储层时，其储层改造机理与前面两种类型完全不同。以页岩气为例，页岩气压裂是通过尽可能“压碎”储层，在页岩储层中人工形成复杂密集裂缝网络，减少油气的渗流距离，使游离和吸附在页岩孔隙中的页岩气可以流动并汇集到井筒。这类压裂改造技术模式最大限度地提高了储层动用程度、提高单井产量并决定了单井的可采资源量和采收率。

4. 缝控型

缝控型压裂以非常规油气区块整体为研究对象，是以一次性最大化动用和采出“甜点区”和“非甜点区”油气为目标的缝控压裂技术。通过优化井网、钻井轨迹、完井方式、裂缝布放位置和形态、补能模式和排采方式，构建与储层匹配的井网、裂缝系统和驱替系统，实现注入与采出“一体化”，最终改变渗流场和油气的流动性，提高一次油气采收率和净现值，实现地下油气规模有效开发和油气资源的全动用。

第三节　储层改造核心要素

水力压裂是储层改造的主要表现形式和主体技术，它是利用地面高压泵车，将携砂液体以较高的压力、较大的排量按优化设计的方案注入被封隔好的地层，使其破裂成缝并向地层深部延伸，利用支撑剂对压开的裂缝进行支撑，从而产生可供油气流动的通道[11]。水力压裂主要包括压裂设备、压裂工具、压裂液、支撑剂和方案优化五大核心要素。

一、压裂装备

压裂装备主要包括压裂泵车、混砂车、仪表车、管汇车及辅助设备等。

压裂车：压裂的主要动力设备，其作用是产生高压、大排量地向地层注入压裂液，压开地层，并将支撑剂注入裂缝[12]。主要由底盘、驱泵动力、传动装置、压裂泵四部分组成。

混砂车：将支撑剂、压裂液及各种添加剂按一定比例混合，并将混好的携砂液供给压裂车压入井内。目前混砂车有双筒机械混砂车、风吸式混砂车和仿美新型混砂车，主要由供液、传输、传动三个系统组成。

其他设备：主要包括仪表车、管汇车、液罐、砂罐等。仪表车是用于施工中记录各种参数，控制其他压裂设备的中枢系统，又称压裂指挥车。

二、压裂工具

压裂工具主要由压裂油管、封隔器、喷砂器、水力锚、安全接头等组成。通常压裂工具是指针对不同储层类型、不同井型等井况下的封隔工具，保障压裂细分改造的要求，主要包括直井和水平井分层、分段用的封隔器、滑套和桥塞等工具。

三、压裂液

压裂液是水力压裂改造油气层过程中的工作液，主要功能是传递能量，使油气层张开裂缝并沿裂缝输送支撑剂，其性能好坏对于能否造出一条尺寸足够、具有一定改造体积和足够导流能力的填砂裂缝或裂缝网络密切相关。按照在压裂施工中不同阶段的作用可以分为前置液、携砂液和顶替液。

前置液：在地层造成具有一定几何形态裂缝的液体，在高温井层中还具有一定的降温作用。

携砂液：携带支撑剂进入地层并充填到预定位置的液体，和前置液一样也具有造缝及冷却地层的作用。

顶替液：把压裂管柱、地面管汇中的携砂液全部替入裂缝，以避免压裂管柱砂卡、砂堵的液体。

四、支撑剂

支撑剂是水力压裂时地层压开裂缝后，用来支撑裂缝阻止裂缝重新闭合的一种固体颗粒。支撑剂的作用是在裂缝中铺置排列后形成支撑裂缝，从而在储集层中形成远远高于储集层渗透率的支撑裂缝带，使流体在支撑剂中有较高的流通性，减少流体的流动阻力，达到增产、增注的目的。压裂用支撑剂可大致分为天然与人造的两大类型，前者以石英砂为代表，后者则是通常称之为陶粒支撑剂。

五、方案优化

方案优化是指使用各种油气藏模拟器、水力压裂模拟器及经济模拟器，对给定的油气藏地质条件与不同的泵送参数条件，反复计算与评价不同缝长、改造体积与导流能力的裂缝所产生的经济效益，从中选出能实现少投入、多产出的压裂设计，实现裂缝控制效益储量最大化。

第四节 储层改造发展总体历程

一、国外储层改造技术发展总体历程

自从 1947 年 7 月世界第一口压裂井在美国堪萨斯州大县 Hugoton 气田 Kelpper1 井成

功压裂以来，伴随着储层劣质化程度加剧以及储层开发井型调整，国外储层改造经历了从直井常规压裂、直井大型压裂、直井分层压裂、水平井分段压裂再到水平井“工厂化”压裂的转变，总结国外储层改造技术发展可概括为五个阶段。

第一阶段：20 世纪 80 年代以前，主要以单层小规模压裂为主，由于改造规模较小，储层纵向动用程度有限，使得单井产量低，一般都小于 $1\times10^4m^3/d$。

第二阶段：20 世纪 80 年代以后，以美国 Wattenberg 气田压裂技术研究与应用为基础，提出大型压裂概念，通常支撑半缝长大于 300m，加砂规模达到 $100m^3$ 以上认为是大型压裂。大型压裂技术在 Wattenberg 气田应用效果显著，该区域加砂量达 90～$140m^3$，最高达到 $255m^3$，压后缝长为 400～600m，压后稳产在（2.0～3.5）$\times10^4m^3/d$，最高为 $5.2\times10^4m^3/d$。

第三阶段：20 世纪 90 年代发展了多层压裂、合层排液技术。以大绿河盆地的 Jonah 气田为代表，1993 年以前，采用单层压裂，只压开底部 50% 地层，单井产量为（4～11）$\times10^4m^3/d$，后来采用多级压裂技术，压裂 3～6 层段，但耗时需 35d 左右，增产效果不显著。2000 年后，采用了改进后的连续油管逐层分压、合层排采技术，纵向改造程度达到 100%，作业时间大大缩短，36h 可以完成压裂 11 层，合层排液，产量较常规压裂增加 90% 以上。同时，由于压裂设备的进步，先进的多级滑套水力压差式封隔器分压技术及水力喷射加砂分段压裂技术在多个气藏得到应用，取得了良好的改造效果。

第四阶段：21 世纪初的水平井分段压裂。2002 年以来，许多公司尝试水平井压裂（水平段长 450～1500m），水平井产量一般是垂直井的 3 倍多。以北美为代表的水平井越来越多地应用于低渗透油气藏，特别是页岩气藏水平井的规模应用，核心技术就是水平井分段改造关键技术的突破和大规模应用。就水平井改造技术而言，国外 2002 年前采用多级封隔器、桥塞、限流、喷射等压裂方式进行试验，没有形成水平井开发的主体技术。2007 年以后，针对页岩气、致密气等非常规天然气地质特点逐步发展形成了快钻桥塞分段压裂、裸眼封隔器分段压裂等水平井压裂主体技术。

第五阶段：2005 年，开始试验两井同步压裂技术，或者是交叉式（又称拉链式压裂）技术，这种“工厂化”作业模式的压裂大大降低了作业成本，提高了作业效率，推动了水平井分段压裂技术大面积应用。随着水平井作业井数的规模化、批量化，北美在作业方式、提高效率等方面逐步实现了工厂化，平台布井从 2011 年的 8～16 口上升到 2020 年的 24～40 口，美国二叠系盆地最多部署 64 口。

北美五个阶段的发展推动以水平井压裂技术为典型的储层改造技术进步，促进油田压裂施工参数和成效的提升。目前，大平台井数达到 22～51 口 / 平台、井间距缩到 150～200m、水平井水平段长度达 5888m、簇间距平均到 6m。工厂化作业的压裂作业模式使作业能力和效率提高（表 1–4–1）：如 Purple Hayes1H 井，井深 8244m，水平段长 5652m，压裂 124 段，5 簇 / 段，用时 23.5 天，平均 5.3 段 /d，为北美地区非常规油气资源的有效动用提供重要技术保障。

表 1-4-1　北美非常规典型压裂技术参数

项目类型	技术指标
工艺理念	大平台、小井间距、长水平井、高密度布缝、工厂化作业
立体开发平台井数，口 / 平台	22～64（4～8 层）
井间距，m	400→360→240→150→100→76，目前普遍 150～200m
水平段长，m	1500→2500→3000→5000，目前普遍 3000～3600（最长 5888m）
主体分压方式	速钻桥塞
主体分压段数，段	20→30→50→82→124，目前普遍 40 段
段内簇数，簇	4→6～8→10～12→16～20，目前，8～12 簇较为普遍
簇间距，m	18→18→9→6→3→6，目前 6m 较为普遍
排量，m^3/min	11～16（最大 20m^3/min）
加砂强度，t/m	1.5～4.7
用液强度，m^3/m	20～50
每簇裂缝砂液比，%	8～10
液体 / 支撑剂类型	低黏滑溜水 / 石英砂
作业能力与效率	Purple Hayes 1H 井，井深 8244m，水平段长 5652m，压裂 124 段，5 簇 / 段，用时 23.5 天，平均 5.3 段 /d
桥塞钻磨速度，min/ 个	30（2012 年）→10（2016 年）→4（2022 年）

二、国内储层改造技术发展总体历程

国内储层改造工艺技术发展从跟随、并跑到领跑，工艺技术经历了从常规储层“压通”到低渗透储层“压开”再到致密储层“压碎”的转变。国内储层改造更加注重与油藏结合，形成了整体压裂和开发压裂等特色改造技术，工艺技术基本满足国内不同类型油气藏改造需求。总结国内储层改造发展历程可概括四个阶段。

第一阶段：“八五”以前，压裂设备大多使用 700 型、1050 型压裂车车，压裂工艺基本上采用合层压裂，压裂液主要为原油和清水。支撑剂基本上使用石英砂。压裂基本上以解堵为主，但也起到了较好的增产作用，促进了老君庙 M 油藏、长庆马岭和吉林扶余等油田的全面开发

第二阶段：“八五”至“十五”期间，以低渗透油藏（区块）为单元，建立水力裂缝与开发井网优化组合系统，形成了整体压裂和开发压裂技术，改变了以往仅仅针对单井进行压裂改造，弥补了油藏非均质性、水驱扫油效率与开发效益的总体考虑。

油藏整体压裂是在中国 20 世纪 80 年代后期一批低渗透油藏难以经济有效开发的背景

下，从单井及井组压裂发展起来的，油藏整体压裂的工作对象是全油藏，实质是将具有一定缝长、导流能力与一定延伸方位的水力裂缝置于给定的油藏地质条件和注采井网中，利用油藏地质与油藏工程研究成果、数值模拟与现代压裂技术，从总体上为油藏的压裂工作制定技术原则、规范和实施措施，用以指导单井的优化压裂设计。1986 年和 1988 年以经济优化为目标函数为辽河杜 124 断块和吉林乾安油田编制了整体压裂方案并实施，该项技术后经吐哈鄯善油田、青海尕斯库勒油田整体压裂的发展，促使吐哈油田快速建成 100 万吨产能，并成为后期低渗透油气田开发的主体技术。与单井压裂相比，油藏整体压裂具有以下特征：

（1）立足于油藏地质、开发现状与开发要求，从宏观上对全油藏压裂进行规划部署，以指导规范每一单井压裂的优化设计与现场施工。

（2）以获得全油藏最大的开发与经济效益为目标，强调水力裂缝必须与给定的注采井网实现最佳匹配，以提高全油藏在某一开发阶段的采油速度、采出程度、扫油效率等多项开发指标，提高全油藏的最终采收率。

（3）整体压裂设计是一项系统工程，需要多学科（油藏地质、油藏工程、岩石力学、渗流力学等）渗透融合并与压裂材料、数值模型、测试检验、工艺技术与作业水平等各项配套工程技术进步相辅相成。

（4）由研究、设计、实施和评估四个主要环节组成。或言之，是在深化地质和开发条件的基础上，通过现代压裂技术，制订优化的整体压裂方案设计，用来指导压裂施工；检验和评价设计与实施效果，为制订开发（或调整开发）方案和改进后续压裂工作提供依据。

油藏开发压裂是 20 世纪 90 年代后期在中国又一批低渗透油藏即将投入开发之际，在油藏整体压裂技术的基础上，以压裂技术先期介入的方式发展起来的一项压裂开发技术。开发压裂是在开发井网尚未确定之前压裂技术就已介入，通过开发井网与水力裂缝系统组合研究，按裂缝有利方位确定注采井网的形式，部署注采井的井距和排距，使之与裂缝方位、裂缝长度和裂缝导流能力有机结合起来，制定全油藏的压裂规划并落实到单井压裂设计及其实施。1997 年首先在长庆靖安油田 ZJ60 开发压裂先导试验区 56 口井，与邻区相比，单井产量平均提高 1.7 倍，采出程度提高 7%，成为常规低渗透油藏产能建设的必备技术（图 1–4–1）。之后又成功地应用于长庆盘古梁油田和吉林油田。截至 2021 年底，已在国内 10 多个油田 200 多区块上应用，动用储量亿吨级以上，为提高低渗透、难动用储量的开发效益、增加动用程度发挥了重要作用。油藏开发压裂与油藏整体压裂以及与注采井的单井压裂相比，具有以下技术特征：

（1）压裂技术的早期介入。在开发方案编制之前就考虑到水力压裂的作用、水力压裂的技术需求及其对开发生产的影响。

（2）水力压裂技术与油藏工程紧密结合。综合油藏地质、开发要求，对油藏开发井网和全油藏压裂做出规划部署，用以指导油藏每口单井的优化设计与施工。

（3）以油藏获得最大的采收率与经济效益为目标函数，优化水力裂缝系统与开发井网系统的配置，以水力裂缝有利方位部署开发井网的形式与密度，提高采收率，降低开发成本。

（4）多学科相互交叉渗透，需要油藏工程、采油工程、水力压裂力学和压裂经济学等学科的相互支撑与互相融合。

（5）主要由评价、研究、设计、实施与评估五个环节组成。即在油藏地质常规与非常规评价研究的基础上，通过油藏数值模拟技术与现代压裂技术优化开发井网与水力裂缝系统，制订开发压裂方案，用以指导单井的压裂设计与现场实施，并由压后评估技术检验设计与实施效果。同时，通过现场实施与评估进一步加深油藏地质认识，不断完善单井压裂设计，取得更好的开发效果。

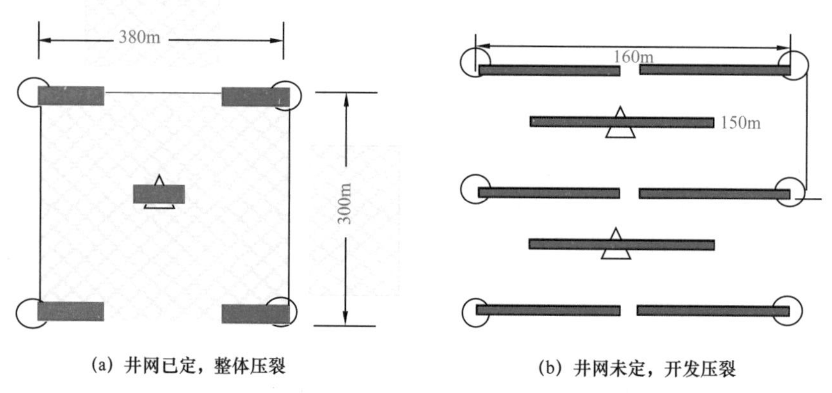

图 1-4-1　水力裂缝方位与注采井网关系示意图

开发压裂是将水力压裂裂缝先期介入油田开发井网的部署中，以人工裂缝为出发点，进行井网优化。

第三阶段："十一五"至"十二五"期间，针对低品位储层，在直井开发难以获得效果的前提下，开展了以形成复杂缝网为目的的多段压裂技术攻关。2006 年中国石油专门设立了"水平井低渗透改造重大攻关项目"，通过攻关水平井分段改造技术获得突破，促进了水平井在低渗透油藏的规模应用。"十一五"期间，在低渗透油气藏累计应用水平井近 700 口，平均每年 130 口以上，有效提高了长庆、大庆外围、吉林和西南等低渗透油气田水平井开发的效果，2006 年国内开始较大规模地应用水平井，2010 年是国内水平井分段改造配套技术形成与完善的重要时间节点，自 2006 年中国石油启动水平井改造重大攻关以来，技术发展历经三个阶段：

（1）2006—2008 年，实现工具"从无到有"的突破，提高中国石油核心技术竞争力，促使国外工具与技术服务费用大幅度降低（降幅不小于 50%）。

（2）2009 年提出体积改造技术理念，促使压裂理论从经典走向现代，针对页岩气以"打碎"储层、形成网络裂缝为目标进行压裂，现场应用初见成效。

（3）2013 年建立水平井多段改造技术理论体系，水平井多段改造技术逐渐实现规模化应用，页岩气开始探索"工厂化"作业模式，低成本开发初见端倪。2005—2021 年，已累计完成水平井分段改造 12744 口（图 1-4-2），水平井已成为页岩气、致密油和页岩油开发领域的主要井型。

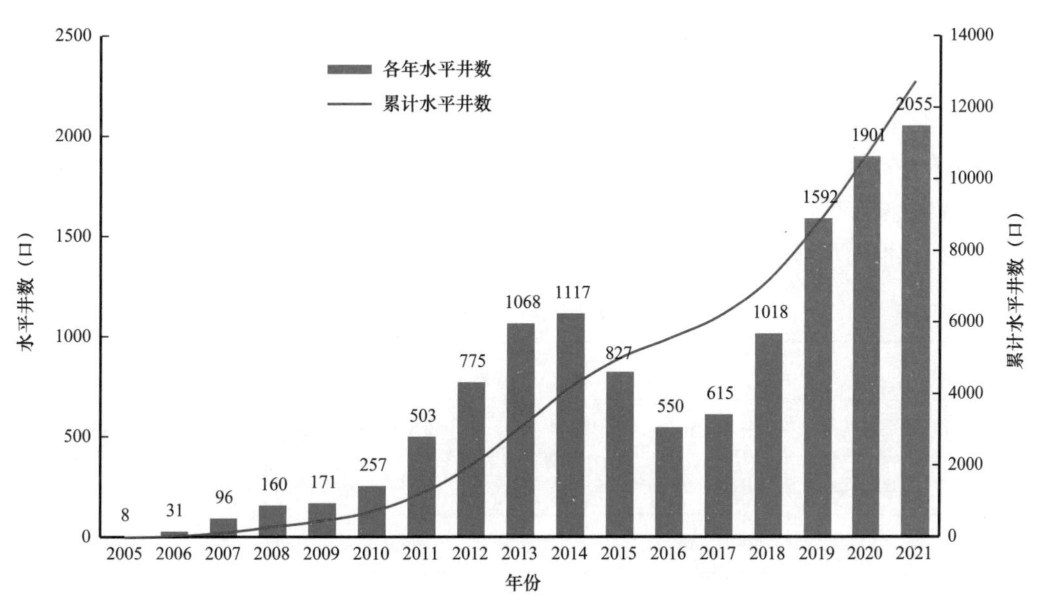

图 1-4-2　2005—2021 年水平井年度改造井数

第四阶段："十三五"以来，针对非常规储层提高动用程度，开展了"缝控压裂"改造优化设计技术。主要针对脆性较强的页岩油气储层，持续开展以形成复杂缝网为目的的水平井体积压裂技术攻关。随着改造对象的复杂，呈现出具有储层两向水平应力差大（＞10MPa）、脆性弱（脆性指数＜50%）、天然裂缝等弱面发育差的难以形成复杂缝网的储层，针对这类新储层，开展了以密切割为主要技术特征的缝控压裂工艺技术[13]。所谓"缝控压裂"技术，是将人工裂缝的长度、间距、缝高等参数，充分与储层的物性、应力、井控储量相结合，并进行优化的技术。其核心就是要研究四个关系，即"岩石属性与裂缝扩展的关系""水平段长与布缝密度的关系""储层流体渗流与裂缝流动耦合的关系"和"人工裂缝与井网井距匹配的关系"。通过"缝控压裂"优化设计，实现"三优化、三控制、三到位"（图 1-4-3），即通过优化井网井距、控制砂体范围和布井密度，达到一次布井到位；通过优化裂缝参数，控制泄油面积和可采储量，达到一次布缝到位，达到储量"全波及"；通过优化施工规模、控制单井成本，达到一次改造到位。2018—2021 年，在长庆油田、新疆油田和西南油田等多区块应用 390 口井，产量提高 1.8～2.6 倍，展示出良好的应用前景。

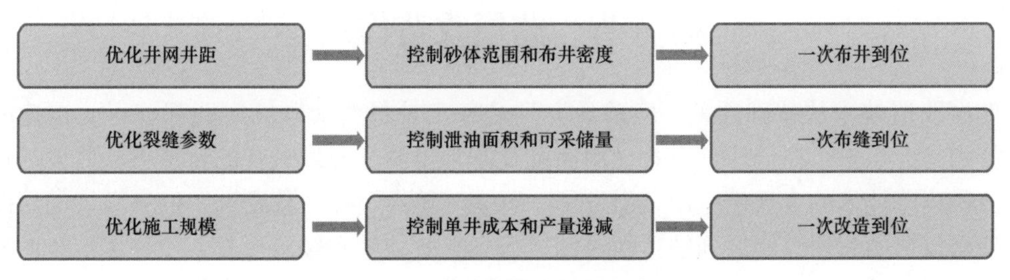

图 1-4-3　水平井缝控压裂设计流程

上述技术发展推动储层改造参数不断突破，特别是2016年以来，随着国内非常规页岩油气勘探开发的持续推进，水平井改造作业量增加明显，截至2021年底，水平井平均段长有800m增加到1300m，平均压裂作业最大井深达8008m，改造水平段长度达4466m，H90-3井水平井段长达5060m，成为下步攻关目标，单段簇数由2～3段增至6～12簇，簇间距由20～30m缩小至10～20m（最小4m），裂缝条数增加到248条（表1-4-2），推动页岩油气成为当前与未来上产的主要领域。

表1-4-2　中国石油非常规油气典型压裂技术参数

施工参数	指标数据
页岩气最大压裂井深，m	6670m（垂深4313.2m，水平段长2200m）
致密气最大压裂井深，m	8008m（垂深3320m，水平段长4466m）
页岩油最大压裂井深，m	6266m（垂深1970m，水平段长4088m）
最高施工温度，℃	175
施工压力，MPa	60～90（最高115）
立体开发平台井数，口	22
施工排量，m^3/min	12～16（最高19）
最大注入液量，m^3	88059
最大加入砂量，m^3	13000
压裂最多分段数	48
簇间距，m	10～20（最小4）
每段最高簇数，簇	15
最多裂缝条数，条	248
最多动用压裂泵车，台	36

第五节　储层改造作用

储层改造技术从基础理论、实验研究到装备工具材料及现场实践都取得了迅速的发展。特别是近年来，在全球进入难动用储量及非常规油气开发时代的背景下，北美通过水平井分段改造技术的大规模应用，引发了“页岩气革命”和“致密油”的突破，储层改造技术使得以往的达西级储层到纳达西级储层得到有效动用和经济开发，使许多传统的勘探禁区成为现实目标，改变了全球能源格局，更是中国石油上游业务实现低成本战略，提高单井产量的“牛鼻子”工程及低品位储量有效动用的“撒手锏”。

传统压裂技术的作用一般为大幅度提高单井产量和增产改造有效期，或油气勘探发现的一种重要技术手段，仅为采油工程一个环节。近年来，在非常规油气勘探开发时代背景下，提出使压裂工程从经典理论下形成双翼对称裂缝发展到现代理论下的复杂缝网，同时对传统注水开发理念产生冲击。对过去井控区域单元，从井控储量模式（以千米级为单位计算）转变为探索缝控基质单元及缝控可动用储量模式（以米级为单位计算），研究缝网控制下的压裂裂缝网络对产量及储量动用的影响，在“缝控储量”压裂开发理念指导下，将储层改造技术从工程技术升级为开发方式，使得储层改造技术的作用有了新的含义，即大幅度降低储层有效动用下限、最大限度提高储层动用率和提高非常规油气藏最终采收率。

一、降低储层有效动用下限

在全球进入难动用储量及非常规油气开发时代的背景下，美国 Barnett 页岩储层改造技术经过近 30 年的探索，水平井分段工具及技术理念的突破使得水平井分段改造技术得到大量应用与快速推广，Barnett 页岩产量占全美页岩气产量的 70% 以上，储层改造技术进步助推纳达西页岩储层实现商业开发。与此同时，国内随着油气勘探开发向低渗透、非常规、深层的延伸，储层改造的价值与作用更加凸显。储层改造技术快速发展，大幅度地降低了储层动用下限，页岩气、致密油等非常规油气资源得以有效动用。页岩气方面，自 2009 年中国石油实施第一口页岩气井以来，陆续建成长宁、昭通、威远 3 个页岩气示范区，确定了电缆泵送桥塞 + 分簇射孔 + 大排量滑溜水为主体的多段改造技术，储层改造技术在四川长宁、威远、昭通示范区综合应用 300 井次以上，平均单井测试产量 $19\times10^4m^3/d$，2021 年已建产 $128.6\times10^8m^3$，足 202–H1 井在 4000m 深层获气产量接近 $46\times10^4m^3$ 高产，展示深层页岩气巨大潜力，推动了川渝地区页岩气开发的快速发展，促进西南页岩气向建产 $120\times10^8m^3$ 快速迈进。致密油方面，规模开发较页岩气相对较晚，通过借鉴页岩气成功开发经验以及储层适应性创新技术研发，中国石油落实 6 个亿吨级致密油潜力区，特别是准噶尔盆地玛湖、吉木萨尔陆续发现两个 10 亿吨级大油田。其中玛湖地区截至 2021 年底，共实施压裂改造 340 口井 6845 段，压后日产油量提高至攻关前水平井的 2.5 倍以上，百万吨产能建设投资下降 20% 以上，为新疆地区 5000 万吨油气上产提供重要支撑。同样长庆油田经过持续攻关直井分层、水平井分段改造技术，已成功开发了以姬塬、华庆等为代表的 0.3～1mD 的长 6、长 8 超低渗透致密油藏，2011 年以来，将渗透率小于 0.3mD 的长 7 油藏作为致密油技术攻关的主要对象（图 1–5–1）。2019 年，实现了 0.05mD 页岩油的改造，发现了超十亿吨的中国最大页岩油田。储层改造技术还在松辽、渤海湾、柴达木、三塘湖等致密油、页岩油区块同样广泛应用，为中国致密油页岩油的资源落实及快速建产提供重要核心利器。

二、提高储层有效动用率

提高层状或厚层非常规储层的纵向剖面有效动用程度一直是储层改造领域的重要研究课题，直井封隔器滑套分层压裂、连续油管水力喷射分层压裂、多分支水平井压裂都是有

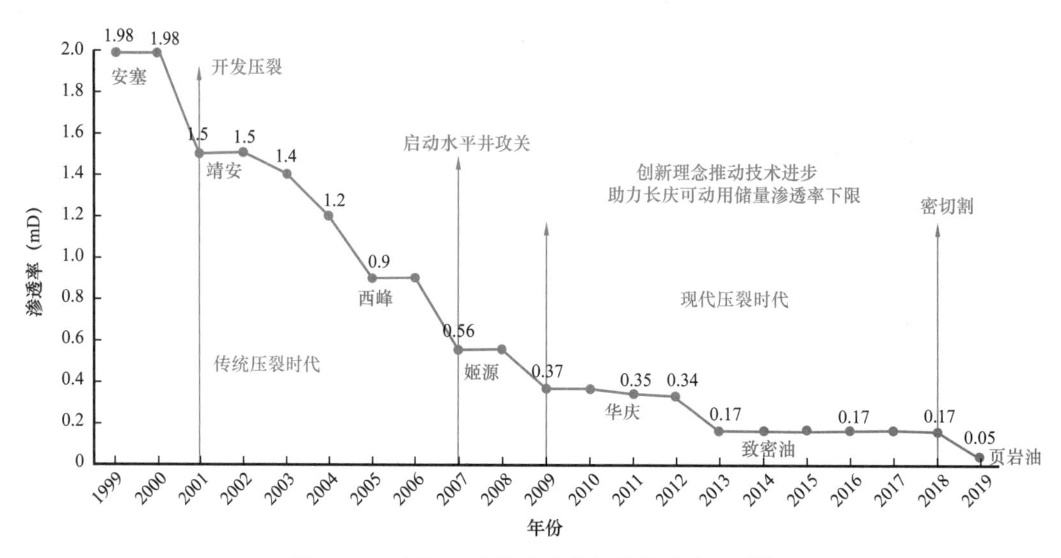

图 1-5-1　储层改造技术进步拓展储层动用下限

效的技术方法。随着钻井技术的发展，钻井速度大幅度提高，如在 Eagle Ford 区块，典型井井深 4853m，水平长度 2198m，从一开到钻完仅用 6.02d，钻井成本从早期占完井成本的 60%～80% 下降到 21%～34%。随着钻井速度大幅提升，钻井成本大幅下降，诞生了“立体式”多层水平井开发新模式，即针对每一个目标层单独钻一口水平井，不再采用多分支井水平井，与以往多分支井技术相比，作业简单、效率高、风险小，综合成本更低。该技术将“打碎”储集层的理念从平面发展到纵向进行应用，参展平台模式下的水平井开发模式，纵向上多层叠置布井，交错布缝，利用裂缝高度扩展在纵向上产生的有效应力干扰形成网络裂缝，大幅度提高纵向剖面的储量动用率。Wolfcamp 区块采用 3 层叠置的多层水平井进行开发时，有产量的井中 78% 属于多层模式完井。Eagle Fold、Niobrara 区块采用这项技术，将原来测井解释的差油层与好油层采用交错叠置布缝方式拉链式压裂，现场实践表明两层的增产效果基本相当，说明在新的改造技术应用下，测井解释的“差”储层可以实现储量品质的升级，“立体式”水平井缝控改造技术大幅度提高储层纵向剖面的储量动用率。

三、提高储层最终采收率

致密油、页岩油在没有能量补充的条件下，仅依靠流体和岩石的弹性能，采用水平井多段压裂技术衰竭式开采，一次采收率仅 5%～10%。“缝控”改造优化设计技术以油气区块整体为研究对象，通过优化井网、钻井轨迹、完井方式、裂缝分布和形态实现裂缝控制储量最大化，同时合理配套补能模式和排采方式，利用布置的与储集层匹配的井网和裂缝系统构建高效的驱替系统，将储层改造与二次采油、三次采油相结合实现注入与采出一体化。通过“储层改造＋流体改质”的“四场”耦合变化原理，使大量滞留流体变废为宝、高效利用，实现油水就地置换，提升压裂增产、稳产量及最终采收率。非常规油气开发中常用补能方式包括 3 种：前期大规模压裂液注入蓄能、中后期多轮次注水能量补充和后期采出气再注入补能技术。储集层改造高速注入大规模液量，一方面可提高人工裂缝的复杂程度和改造体积以及裂缝的比表面积，增加液体的滞留时间和体积，从而加强能量补充效果；另一方面不同位置人工裂缝或裂缝分支存在非均匀压力系统，可形成缝间驱替。2017年以来吐哈油田三塘湖致密油马56区块开展“缝控”改造优化设计技术先导试验，水平井井间距由400m缩小至100m，压裂井缝间距由46m缩小至12m左右，每段簇数增加至5簇，完成现场先导试验5井47段195簇，其中马58-2H井初期产量为51t/d，试验井平均产量25.7t/d，与邻井相比增产1.7倍，预计井组采收率增加0.92%。

第二章　储层改造基础实验技术及机理研究

基础实验评价技术是压裂工艺优化设计的基础，也是机理研究的重要科研手段，主要包括储层岩石物性评价、材料评价、造缝与铺砂大型物理模拟实验三个方面，具体每个方面又分为多项测试技术。近年来，为了满足对高温、高压以及低品位非常规储层改造的需求，基础实验装置的性能指标不断提高，测试技术方法不断创新，研究领域与测试内容也不断丰富和拓宽。本章节重点对其中的岩石力学测试评价技术、压裂液流体评价技术和大型水力压裂物理模拟和携砂模拟实验技术进行介绍。

第一节　岩石力学测试评价技术

在石油勘探开发中，人们已越来越认识到掌握就地应力方向、大小和其他力学性质（如岩石模量、泊松比等）的重要性，这些参数是石油工程设计（如压裂、钻井、完井和防砂等）中必不可少的输入参数，直接影响到施工设计，同时对施工的成功与否起着决定性的作用，例如杨氏模量和泊松比在压裂设计中直接影响到造缝的几何形状、施工压力和裂缝垂向增长[14]。所以获得准确可靠的岩石力学性质是工程施工的基础。近年来，三轴岩石力学测试系统被广泛应用。

三轴岩石力学测试系统可以模拟地层的就地应力和温度条件，从而可以在模拟就地条件下地层岩石力学性质、地层物性变化，可以用于就地应力大小和方位预测、超声波的波速、岩石断裂韧性等的测量。在模拟地层就地应力、压力和温度条件下，通过动态、静态实验技术，获得目的层的岩石力学性质、物理性质、声波速度、就地应力大小和方向、岩石断裂韧性、盐岩蠕变性质、页岩脆性等方面性质。储层力学性质及就地应力测量可为勘探开发、压裂评价、井壁稳定、裂缝起裂和扩展规律模拟、压裂设计以及压裂选层等研究工作提供重要依据。

一、国内外发展历程及新进展

1. 国外岩石力学实验技术发展历程

国外材料试验与试验仪器研制可以追溯到 16 世纪，从简单的篮子盛有重物加载到杠杆系统加载再到液压加载，经历了近 5 个世纪。20 世纪 30 年代到 60 年代，人们在为增加压力机的刚度而努力，直到出现了液压伺服技术，并结合提高试验机的刚度才形成了可以绘制材料全应力－应变曲线较为成熟的技术。最早的关于材料试验记录是 1500 年后 Vinc 完成的金属丝拉伸试验，他试验了多种金属丝的强度。1638 年 Galileo 报道了材料的直接拉伸强度试验、固体以及空心梁的弯曲实验。1740 年 Mariotte 完成了木材、纸和金属的拉伸强度以及嵌入梁和简支梁的强度试验研究。1678 年 Hooke 报道了他所完成的金属丝弹性和弹簧伸长实验。1729 年 Leiden 大学的 Usschenbroeck 制造了第一台试验机，它是依靠一套简单的杠杆式装置进行加载。大约 1770 年 Gauthey 研究巴黎圣·吉纳维夫教堂的支柱时，设计了一台同样由杠杆系统加载的试验机，并且第一次完成了边长为 5cm 立方体岩石的力学试验。1865 年 Kiiryaldy 在伦敦索斯沃克大街开设第一个工业用试验室，其中安装有一台 1000000lb 的试验机，这个时期，比较大型的试验机相继被研制出来并投入使用。在试验中，人们逐步发现试验机的刚度对试验结果具有重要影响，因而采用不同的方法提高试验机的刚度以获得材料的全应力 – 应变曲线。1935 年 Speath 在对铸铁做压力试验时曾怀疑试验机的刚度小于铸铁的刚度而引起试验的失真。1938 年 Kiendl 和 Maldari 测到混凝土强度极限以后的读数，当时并没有引起人们的重视。1943 年由 Whitney 第一次明确提出并解释了试验机刚度对试件破坏有影响。1949 年 Blanks 和 McHerry 在试验中发现，试验机刚度的重要性并强调要控制试件的破坏过程就必须提高试验机的刚度。1962 年 Turner 和 Barnard 研制了一种刚性机架、油缸面积大且高度低的试验机，该机能产生一个与载荷无关的恒应变率，从而为测得材料的完整应力 – 应变曲线打下基础。1962 年 Blanks 第一次测得混凝土的荷载 – 位移全过程曲线。1964 年 Hinde 研制了一种通过两个压力油缸相连接的双动式作动筒刚性补偿器，以此来增大液压试验机的有效刚性。1965 年，南非的 Cook 通过在普通材料试验机上增加一截钢管，对钢管和试件同时加载而有效地减轻了试件破坏的突变程度，深入研究了试验机刚度对岩石强度的影响。1966 年，Cook 和 Hojem 通过先对试件预加载，然后利用试验机架柱热膨胀收缩的方法第一次得到大理岩完整的全应力 – 应变曲线。1966 年 Hughes 和 Chap–Man 通过并联在十字头下面的压缩钢块而增大了 1000t 万能试验机的有效刚性。1970 年 Wawersick 和 Fairharst 采用手工伺服控制刚性试验机测得了多种岩石的应力 – 应变曲线。20 世纪 70 年代初期研制成功电液伺服试验机。液压伺服是刚性试验机的一种控制方式，它是利用脉冲反馈原理驱动机械运转的自动控制技术。在伺服控制刚性试验机中，压头的位移和位移速率、荷载和加荷速率等都能靠反馈来完成。由于电液伺服试验机能够绘制岩石试件的峰后应力 – 应变曲线，所以在岩土工程研究和应用领域发挥了更重要的作用，并促进了岩土力学的发展。

发展到 2021 年，国际上以 MTS 公司、GCTS 公司、NER 公司和 TerraTek 等公司生产的电液伺服三轴试验机最为著名。实验机采用模块化设计，不仅包括高温、高压岩石力学实验基础模块（加载围压达 200MPa、温度 200℃），还可根据研究需求配置相应的实验模块，如超声波测试模块、声发射模块、脉冲渗透率测试模块等，实现在模拟地层温度和压力环境下的岩石动静态力学参数联合测试，破坏演化过程实时监测等。

2. 国内岩石力学实验技术发展历程

国内岩石力学实验技术发展起步相对较晚。20 世纪 50 年代以前，国内没有一家岩石力学室内试验室，只是把岩石看成是建筑材料，与混凝土一同划归材料试验室，简单地测定一般物理力学指标。50 年代以后，随着中国国民经济建设的兴起，尤其是在坝基、隧洞和边坡的开挖中遇到的岩石力学问题越来越多，岩石力学首先在水利水电系统引起了重视。由于技术、材料等方面的原因，国内试验设备制造起步较晚。1964 年，由长江科学院设计并在长春材料试验机厂制成了 3 台长江 500 型岩石三轴试验机，在其校验和使用过程中证明性能良好，运转正常。1998 年，已经制造出 30 余台并在全国各科研机构及大专院校中正常运行[15-17]。试验机利用油压加荷，油压系统包括侧向压力系统和轴向压力系统两部分。侧向最大压力为 150MPa，轴向最大荷载为 5000kN，样品尺寸可达 ϕ90mm × 200mm。长江 –500 型岩石试验机能够测试岩石在围压下的强度，如果在岩样上粘贴应变片，可以在加载的同时进行应变测量，代表了当时中国岩石试验机的最高水平。70 年代末至 80 年代初，昆明勘测设计院研制了一台大型三轴仪，试样直径 70cm，高度 140cm，最大轴向荷载 300t，设计最大侧向应力 15MPa。1993 年，中国科学院武汉岩土力学研究所采用计算机直接控制和伺服控制技术，研制了一套功能多样化、体积小的 RMT–64 岩石力学试验系统，该系统集岩石单轴、三轴与剪切试验功能于一体，最大垂直载荷 600kN，最大水平静载荷 400kN。葛修润院士采用该试验系统，对岩石的Ⅰ型和Ⅱ型分类进行了研究分析。目前该系统型号已经升级到 RMT–150C，最大垂直载荷 1000kN，最大水平载荷 500kN，三轴室最高围压 50MPa，最大压缩变形量 5mm，最大剪切变形量 15mm；是国内外优秀的岩石力学的试验系统之一。2004 年，长江科学院与长春市朝阳试验仪器有限公司共同研制出一台大吨位、高围压微机控制电液伺服自动控制“TLW–2000 岩石三轴流变试验机”，其最大加载围压 70MPa，轴向载荷 2000kN。国内自行研制的 TAW–2000 微机控制岩石三轴试验机和 RL–200 型岩石流变仪分别于 2007 年和 2009 年出口南非共和国，装备于 Rocklab 实验室，表明了我国岩石三轴试验机的制造技术已经步入了成熟稳定阶段并得到国际上的认可。

但在高温高压液压伺服实验机方面，国内以仿制和引进为主。2007 年，河海大学、法国里尔科技大学与法国国家科研中心共同研发了一套岩石全自动流变伺服仪，围压的施加范围为 0～60MPa，最大偏压达 200MPa，样品尺寸一般不超过 ϕ50mm × 100mm；中国科学院武汉岩土力学研究所与北京水科院最早从美国引进了 MTS815 型岩石试验系统，该控制系统采用模拟控制技术，当时国内将其称之为刚性实验机，轴压为 4500kN、围压为 140MPa；1986 年长沙矿山研究院从美国引进的 MTS815 型电伺服单轴试验机，后改造为三轴实验机；成都理工大学“地质灾害防治与工程地质环境保护”国家专业实验室 1994 年利用世界银行教育贷款购买的 MTS815 型单轴程控伺服岩石实验机；长江科学院利用水利部岩石力学与工程重点试验室建设专项资金于 2007 年购置了 MTS815.04 型岩石三轴实验机，该机为专门用于岩石及混凝土试验的多功能电液伺服控制的刚性试验机，具备轴压、围压和孔隙水压 3 套独立的闭环伺服控制功能，属当时最先进的室内岩石力学实验设备之一；2009 年中国石油集团钻井工程技术研究院有限公司从美国 TerraTek 公司引进了 2000 型岩石力学三轴实验设备，围压和孔压可达 140MPa，加载温度 200℃；2021 年中国石油勘探开发研究院从美国 GCTS 公司引进一套高温高压岩石力学三轴实验系统，围压和孔压 200MPa，加载温度 200℃，配备超声波、声发射、脉冲渗透率及数字散斑测试模块，可以实现压力和温度加载条件下的岩石力学动态及静态联合实验及破坏演化过程监测和渗透率变化特征，还可以利用数值散斑技术定量跟踪样品表面变形场，研究单轴加载条件下的岩心变形和裂纹形成、扩展过程，为深化研究岩石破坏机理提供支持。

总体来说，国内岩石力学实验技术比国外发展较晚，与国外相比，目前国内的岩石力学三轴实验机加载能力低、稳定性和精度有待提高。石油工程领域应用的岩石力学实验机以国外引进为主。

二、特色实验技术

在油气藏开采过程中，岩石力学特性为不断变化的孔隙压力、温度和孔隙流体（油气水）分布的函数，油藏的物性为应力（岩石力学特性影响）、温度的函数。这样对岩石力学特性的研究，逐步由静态求取转向随开采过程而不断变化的动态求取[18]。从而对油气藏开采过程的研究由过去的仅考虑纯渗流场的研究方法，逐步转向综合考虑渗流、应力和温度场的流固耦合理论。油气开发中相关的岩石力学特性主要包括以下几个方面：

（1）岩石弹性。

岩石弹性包括岩石各种弹性模量、刚度系数和泊松比等。利用三轴实验机模拟储层条件下的应力、孔隙压力和温度加载条件，通过静态或动态方法测试岩石弹性特征，研究岩石弹性特征随加载条件和温度变化关系，为预测不同深度储层岩石力学弹性特征提供依据。

（2）岩石强度。

岩石强度包括岩石各种强度、内聚力和内摩擦角等。通过不同围压下的拟三轴实验、剪切破坏实验、拉伸实验等方法，研究岩石或节理破坏机理和强度特征，评价井壁稳定性、出砂预测、层理强度及摩擦特征。

（3）岩石压缩。

岩石压缩包括岩石的孔隙压缩系数、体积压缩系数和岩石的颗粒压缩系数等。评价储层的压缩性和孔隙弹性系数，预测孔隙压力变化对水平就地应力影响。

（4）岩石物理。

岩石物理包括岩石的孔隙度、孔隙渗透率、裂隙渗透率、裂缝内流体流动特征及导流评价等。岩石的孔隙度、孔隙渗透率是储层评价的重要参数；随着页岩等弱面、天然裂缝发育储层采用滑溜水＋低砂比的改造，大量天然裂缝被激活，形成无支撑剂支撑，靠裂缝面粗糙性自支撑的裂缝，这些裂缝成为油气流动的重要通道，近几年来自支撑裂缝内流体流动特征和导流能力评价越来越受到重视，中国石油勘探开发研究院依托自研的“岩心剪切渗流耦合实验系统”，开展了剪切自支撑裂缝流体特征实验，建立了基于幂率流动方程的自支撑裂缝导流能力评价方法，考察了不同剪切位移和围压对自支撑裂缝导流能力的影响。

（5）岩石的脆性。

随着页岩气的开发，岩石脆性评价越来越受到重视，页岩脆性是衡量页岩综合力学特征的关键指标，对井壁稳定和水力压裂具有重要的影响。现有的脆性评价方法繁多，主要分为三大类：实验描述、测井数据和地震解释类。考虑矿物组成，忽略成岩作用影响，不能反映页岩温度、压力和裂缝对脆性的影响，相同矿物的页岩经历不同的成岩过程，脆性可能差异性大。基于强度或硬度的脆性评价方法，不能定量解释页岩剪切或张性裂缝密度规律，不能揭示其在缝网发育过程中的作用机制。采用同一组页岩三轴实验数据计算了4种脆度指数，结果差异明显，且不同指数与岩石强度或弹性参数均无明显相关性。因此，深入探索非连续结构页岩岩体变形破坏机制，对于构建脆度评价新标准显得尤为重要。

（6）就地应力大小和方向。

就地应力大小和方向是储层水力裂缝扩展的关键因素，在很高程度上决定了压裂的成败。目前实验室常用的就地应力的测试方法主要有Kaiser声发射效应法、差应变法和滞弹性恢复法等，每种方法都有各自特有的局限性。这些测试手段假设的地层均质或岩心完整，而劣质储层强非均质性、强各向异性的特点降低了测试结果的有效性[19-20]。针对横观各向同性储层，为提供就地应力预测精度，近年来发展了一种基于岩心实验的横观各向同性模型测井就地应力预测方法，该方法区别于传统的根据各向同性模型通过声波测井计算地应力，该方法的优势在于，通过岩心各向异性声波实验数据分析，可以利用常规声波测井曲线，根据横观各向同性模型完成对就地应力更为精确地预测，为压裂施工方案设计等提供参考依据。

（7）岩心变形特征和破坏过程实时表征。

利用数字图像相关技术（digital imagine correlation，简称DIC），对岩石样品在单轴压缩条件下变形特征及岩石细观损伤动态演化进行研究，通过定量跟踪样品试件表面变形场，观察样品变形和裂纹发展、扩展过程，对层理角度、岩性变化、载荷大小对裂纹扩展路径、扩展速度及扩展方式影响进行分析研究，深化岩石破坏机理、过程以及条件的认识。

第二节　改造工作液流体评价技术

一、改造工作液功能

改造工作液主要是指在改造过程中，应用的压裂液和酸液。压裂液主要用于油藏的压裂改造，是油层水力压裂改造过程中的关键环节[21]，是指由多种添加剂按一定配比形成的非均质、不稳定的化学体系，是对油气层进行压裂改造时使用的工作液，它的主要作用是将地面设备形成的高压传递到地层中，使地层破裂形成裂缝并沿裂缝输送支撑剂。

压裂流体的主要功能是张开裂缝并沿裂缝输送支撑剂。因此，性能优良的压裂液是保证压裂施工成功的关键因素。压裂液的性能包括压裂液的流变性、滤失性、摩阻等，这些性能均对压裂施工产生重要影响。性能优良的压裂液应当满足足够黏度、摩阻低、滤失量小、对地层无伤害、配制简便、材料来源广、成本低等条件。按施工过程压裂液的作用可划分为前置液，携砂液和顶替液；按物理、化学性能可划分为油基、水基和混合基三类型。

尽管在压裂作业中有多种不同种类的压裂液可供选择，包括水基压裂液、油基压裂液、乳化压裂液、泡沫压裂液、醇基压裂液和增能压裂液等，但目前应用量最大的依然是水基压裂液（占90%）。现在，水力压裂技术作为油水井增产增注的主要措施，已广泛应用于低渗透油气田的开发中，通过水力压裂改善了井底附近的渗流条件，提高了油井产能。在美国有30%的原油产量是通过压裂获得的，国内低渗透油田的产量和通过水力压裂改造获得的产量也在逐渐增加。稠化剂是水基压裂液用量最多、作用最大的添加剂，大多数采用植物胶。植物胶具有粒度易控、操作简单、显著提高压裂效率的特点。

目前使用最普遍的水基冻胶压裂液通常以瓜尔胶或改性瓜尔胶（HPG，CMHPG）作稠化剂，用多种离子交联形成黏弹性冻胶，具有较好的携砂性能、滤失控制性能和流变控制特性。压裂液配方中含有氧化剂，酸、酶等破胶剂，压裂施工结束后破解冻胶，使黏度降至接近水的黏度，以利于压裂液返排，避免对地层孔喉和压裂裂缝造成持久伤害。

稠化剂充分增黏技术的关键是适宜的分散水合环境和足够的机械搅拌程度。因此pH值的控制很重要，对于一般的植物胶稠化剂，在高pH值下分散好但水合增黏慢，在低pH值下水合速度太快，来不及分散而形成“鱼眼”，两种情况都会不同程度的影响聚合物增黏的效果。国外常将稠化剂配成液体浓缩胶，这种浓缩胶能做到连续混配施工，不但能将聚合物的黏性充分发挥出来，还能防止因遗弃而造成的环境污染[22]。在现有的条件下，压裂液优化设计推荐配置瓜尔胶和改性瓜尔胶溶液必须有足够的排量做保证，同时，考虑到pH值的影响，现场配制时，为了保证质量和提高配液速度，使聚合物充分分散和水合溶胀，因该首先在酸性条件下加入稠化剂，使之分散。待聚合物分散完全后，迅速加碱以调节pH值，这样既保证了液体质量，又加快了配液速度。

国外为适应大型水力压裂施工的需要研究和发展了缓和聚合物和延缓交联技术，国外水基压裂液胶凝剂是以瓜尔胶及其衍生物为主，但合成聚合物的研究也很活跃[23-25]。在水力压裂发展早期，主要研究支撑剂的长期性能、嵌入、液体影响和经济问题。此后不久，开发新的液体以改善流变性能成了工作重点。液体是基于水、油、醇以及其他基液的胶凝作用形成的，并且每种液体都具有合乎特定地层要求的独特性能。由于不断完善的计算机平台，裂缝模拟得以实现，已找到最大化支撑剂传输量和裂缝几何尺寸以及最小化管道摩阻的液体流变特性。降滤失剂的应用将压裂作业延伸到了高渗透油藏和天然裂缝地层，尽管降滤材料能够使地层容纳更多的支撑剂量，但它们通常也会使裂缝导流能力大幅度下降。遗憾的是，这些材料成了满足支撑剂总设计量的需要而不脱砂的唯一选择。

国外从20世纪60年代末就开始使用高黏度的交联压裂液。交联压裂液的发展，保证了高温深层压裂施工的成功。但是如果压裂液在地面交联，施工时以高速进入管线和通过炮眼，高速剪切仍然会造成严重的剪切降解，产生永久的黏度损失[26]。因此，在20世纪80年代，水基压裂液一个显著的发展是采用了延迟交联技术，这使得压裂液可产生较高的井下最终黏度和施工效率。

20世纪80年代，随着技术的进步，来自生产和压力分析的数据似乎表明，对压后产量有影响的“有效”裂缝长度通常要比基于裂缝模拟的预测裂缝短得多。因此，研究重点开始集中在凝胶破胶剂的改进上，希望裂缝导流能力能恢复到接近未伤害的水平[27]。从那时起，尽管破胶剂技术取得了进展，但聚合物压裂液有效裂缝的清洁仍面临重大挑战。

在试图降低凝胶残渣对支撑剂渗透率影响方面，许多服务公司提出采用表面活性剂压裂液，因为它们具有减少支撑剂充填层伤害的性能。遗憾的是，常规聚合物凝胶所具有的许多有益的流变性能和滤失性能，在表面活性剂压裂液中显著降低，甚至不存在。由于这些液体几乎无法控制初滤失，并且没有造壁性能以降低裂缝滤失，这就可能导致滤液侵入地层深处、液体效率低（限制了缝长和缝宽）以及液体回收和滤液清除的潜在困难。理想的情形是：有一种压裂液，能够把表面活性剂压裂液对支撑剂填充层的低伤害性能和常规聚合物凝胶压裂液的流变性能与滤失控制性能相结合，从而显著提高压后的工业化生产潜力。自第一代聚合物压裂液问世以来就存在着对压裂液清除方法改进的机会，然而在压裂液发展阶段的大多数情况下，聚合物 / 交联剂体系的破胶设计相对较晚[28]。在北美，商业上可用于压裂的典型聚合物只限于少数公司生产的瓜尔胶和纤维素及其衍生物，使普通聚合物压裂液破胶的化学机理是复杂的。通常，降黏的机理是把聚合物主链分解得越来越短，用于分解聚合物主链的破胶剂包括酸、酶和氧化剂。破胶作用也经常会产生二次反应，引起地层中产生不溶残渣。这种沉淀物是造成支撑剂充填层导流能力显著下降的主要原因，并且会影响裂缝清除和液体返排。

二、评价方法概述

压裂液性能评价是在实验室中表征接近模拟现场条件下的性能，主要包括：流变性能（压裂液在外力作用下的变形和流动性质，主要指流动过程中应力、形变、形变速率和黏度之间的联系），测量参数为黏度、流变参数；交联性能（在聚合物大分子链之间产生化学反应，从而形成化学键的过程），测量参数为交联时间、黏弹性；滤失性能（高压情况下，压裂液向地层中渗滤能力），测量参数为滤失系数、造壁系数；破胶性能（把交联的冻胶分解成小分子，降低黏度，利于返排和降低伤害），测量参数为破胶黏度、残渣；表面性能（评价压裂液返排能力，减少对地层的伤害），测量参数为表 / 界面张力、接触角；管道流动实验（压裂液在井筒剪切流动中的黏滞性及旋涡的形成，减小压裂液流动过程中的阻力），测量参数为摩阻系数；耐温耐剪切实验（在一定温度和一定剪切作用下，压裂液流变性能的保留情况），测量参数为剪切与热稳定性。

压裂液的评价方法一般参考现行国内外标准，以国际标准化组织（ISO）出版的 13503 系列标准和美国石油协会（API）出版的 RP39 标准为主。为适应中国市场的应用和检测，中国石油行业业内采标了 13503 系列标准后，制定了中国石油行业标准 SY/T 5107《水基压裂液性能评价方法》。结合在行的单剂标准形成了可以监督和控制压裂液及其单剂质量的标准体系：SY/T 7627《水基压裂液技术要求》、SY/T 5764《压裂用植物胶通用技术要求》、SY/T 6216《压裂用交联剂性能试验方法》、SY/T 6380《压裂用破胶剂性能试验方法》等。

行业标准 SY/T 6216《压裂用交联剂性能试验方法》规定了交联剂检测 9 项指标，可直观反映压裂液性能的是交联时间、耐温能力和破胶能力这 3 项参数。交联时间定义为基液加入交联剂后呈现刚性结构所需的时间。出于习惯和操作简便，在油田有许多自行承继下来的评价方法，例如：直接观察搅拌器中的液体在给定剪切速率下旋涡消失的时间。延迟交联有利于交联剂的分散，产生更高的黏度并改善压裂液的温度稳定性。同时，延迟交联的时间使管路中流动的压裂液还处于基液状态，从而形成低的泵送摩阻。

三、技术历程及进展

对压裂工艺有影响的压裂液诸多性能中，最为重要的是压裂液的流变性，它涉及压裂过程中压裂液的稳定性、悬浮能力、摩阻计算等最重要的参数设计。1960年左右，德国发明第一台流变仪。1975年左右，国内开始采用毛细管黏度计测量粮油、涂料的黏度，1978年，开始采用毛细管黏度计测量生物胶、纤维素的黏度分析。1980年左右，旋转流变仪引进，开启精确测量压裂液性质的时代。在之后颁布的压裂检测国际标准ISO 13503-2《用于水力压裂和砾石充填的支撑剂性能的测量——完井液黏性测量》，规定了流变使用的参数，更加明确了流变与压裂液流变性能检测的相关性[29-30]。

压裂液在施工过程向储层的滤失，使压裂液有多种可能途径，对地层和裂缝的导流能力受到损害，包括滤失液与地下流体乳化或沉淀、滤失液引起黏土膨胀或微粒运移堵塞以及滤失造成缝内聚合物高度浓缩、高黏或留下滤饼、不溶性残渣等。1990年开始采用压裂液动态滤失及伤害仪、高温静态滤失仪等来评价压裂液体滤失能力。随着储层深度增加，储层压力增大，2000年以来行业也推出了耐受更高压力的滤失仪。2010年后针对泡沫压裂液，二氧化碳压裂液等，国内外研究机构研发了具有特殊组件和特殊功能滤失仪，其主要是针对起效机理研制优化对应反应部件，在保证反应发生的同时测量实时伤害程度[31-34]。

压裂液在储层的滞留，产生的残胶等引发储层液体性能改变、岩屑移动等后果，会严重影响压裂效果[35-36]。20世纪90年代逐步提出评价上述过程的实验：岩心伤害实验是通过测定伤害前后的渗透率变化来分析伤害的程度；破胶液残渣实验通过不同种类压裂液产生的残渣多少来间接评定可能产生的残渣堵塞情况；敏感实验通过敏感性与液体关系测试液体对储层的影响。2000年以后随着非常规储层改造的发展，2000年左右，引入扫描电镜分析微观条件下压裂液与储层之间的相互作用，结合仪器一体化集成的能谱仪可以研究矿物的矿物类型、形态、元素与占有比例，该组合使其同时具备（普通电镜）形态外观判断和（能谱分析）元素判断的功能。配合压裂液破胶实验等可以研究岩心在不同压裂液状态下的岩心结构，定点观察岩心成分变化。配合旋转岩盘组成酸岩反应机理研究模拟器，定点观测岩心在酸岩反应、液体浸泡等过程中的变化等，还能对含有油水等流体的岩心样品、酸反应或污染过的岩心样品进行观测分析，进而满足压裂酸化材料学、酸岩反应动力学、储层伤害研究的需要[37-38]。2010年进入页岩油气时代，出于压裂难度的增加和压裂成本控制的要求，如何通过降低压裂液伤害来降低压裂液成本和提高压裂后产量是近十年来压裂液攻关的难点。上述试验都不能直观观察储层伤害的位置和分析伤害产生的程度。2010年，将CT技术引入到石油领域：高性能X光成像微米—纳米级CT系统，最高分辨率达50nm，可以实现微纳米级别的微观孔隙观察和测试，也可实现岩石原始状态无损三维成像，确定致密砂岩储层微纳米孔喉的分布、大小、连通性等性能和参数，表征压裂液伤害前后孔隙和喉道的微观形态[39]。CT扫描成像技术可以通过岩石内部各成像单元的岩石密度差异以不同灰度等级可视化地将岩石内部的微观结构特征（如裂缝、孔隙、微裂缝、次生溶蚀孔及均质、非均质性等）真实地反映出来；CT扫描成像技术不需复杂制样、不需真空环境、不会破坏样品且也不会引入人为缺陷，所形成的三维立体图像可以做任意空间方位观察，并可以将任意位置和任意方向的虚拟断层展示，让许多以前很困难甚至不可能实现的观察和研究成为现实，也为数字岩心分析梦想的实现提供了成像技术基础[40-42]。

根据不同的设计工艺要求及压裂的不同阶段，压裂液在一次施工中可使用一种液体，其中含有不同的添加剂。对于占总液量绝大多数的前置液及携砂液，都应具备一定的造缝力并使压裂后的裂缝壁面及填砂裂缝有足够的导流能力[28]。这样压裂液必须具备以下性能：

（1）滤失小。这是造长缝、宽缝的重要性能。压裂液的滤失性，主要取决于它的黏度，黏度高则滤失小。在压裂液中添加降滤失剂，能改善造缝性，减少滤失量。在压裂施工时，要求前置液、携砂液的综合滤失系数不大于$1 \times 10^{-3} m/min^{1/2}$。

（2）悬砂能力强。压裂液的悬砂能力主要取决于其黏度。压裂液只要有较高的黏度，砂子便可悬浮于其中，这对砂子在缝中的分布是非常有利的。但黏度不能太高，如果压裂液的黏度过高，则裂缝的高度大，不利于产生宽而长的裂缝。一般认为压裂液的黏度为50～150mPa·s较合适。

（3）摩阻低。压裂液在管道中的摩阻越大，则用来造缝的有效水马力就越小。摩阻过高，将会大大提高井口压力，降低施工排量，甚至造成施工失败。

（4）稳定性好。压裂液稳定性包括热稳定性和剪切稳定性，即压裂液在温度升高、机械剪切下黏度不发生大幅度降低，这对施工成败起关键性作用。

（5）配伍性好。压裂液进入地层后与各种岩石矿物及流体相接触，不应产生不利于油气渗滤的物理、化学反应，即不引起地层水敏及产生颗粒沉淀。这些要求是非常重要的，往往有些井压裂后无效果就是由于配伍性不好造成的。

（6）低残渣。要尽量降低压裂液中的水不溶物含量和返排前的破胶能力，减少其对岩石孔隙及填砂裂缝的堵塞，增大油气导流能力。

（7）易返排。裂缝一旦闭合，压裂液返排越快、越彻底，对油气层伤害越小。

（8）货源广，便于配制，价格便宜。

四、特色实验技术与机理认识

在酸化压裂施工中，通过不同的酸液对岩石裂缝表面的非均匀刻蚀，使裂缝具有一定的导流能力，从而提高产量；但如果酸液对岩石的刻蚀不能够形成贯通的过流通道，停泵后，在地层的压力下裂缝将会闭合，使得裂缝的导流能力很小，无法达到预期的效果。所以，酸液对岩石的刻蚀效果并形成有效的导流能力非常重要，但目前，对酸液刻蚀的裂缝表面特征和酸化的相关特性的研究较少。

近些年，通过不同支撑剂、岩板的酸化腐蚀、导流能力等测试设备的研发制造经验，中国石油勘探开发研究院研发一套酸蚀裂缝装置，结合国内外实践经验，进一步拓展和改进其功能，保证其在国内相关领域具有一定的前瞻性。

设备的研制目的是测试地层岩板导流在酸蚀后的导流能力，综合分析酸蚀过程中酸液的变化情况，测试酸液相关的流变情况，岩板酸蚀前后表面形态变化的情况。设备包括不同类型的岩板、岩心、支撑剂夹持器，可以对不同岩石类型进行酸化实验和相关的液、气的导流能力进行测试；设备还配套有岩板三维扫描装置，可以使用该设备扫描酸蚀前后岩板的表面形态，获得其外形的三维电子图像，从而具体描述酸蚀后岩板的表面形态，进行相互对比，并参考实验过程中不同的酸液、闭合压力、温度等条件，对岩板酸蚀裂缝过程进行分析研究。

酸蚀裂缝导流系统主要功能：测试酸液在不同直径管路中的流变情况；通过自动采样器对实验过程中的酸液浓度等进行检测；测试岩板在一定的闭合压力、围压情况下，酸蚀前后表面形态的变化，从而对比不同岩心其导流能力的变化；测试岩板、岩心的酸蚀裂缝导流能力的变化情况；测试普通支撑剂在酸化情况下导流能力变化情况（图 2-2-1 至图 2-2-3）。

图 2-2-1　酸蚀裂缝导流系统

图 2-2-2　胶凝酸闭合酸化酸蚀裂缝导流测试结果（Q=100mL/min）

图 2-2-3 乳化酸闭合酸化酸蚀裂缝导流测试结果（Q=50mL/min）

第三节 人工裂缝起裂与扩展物理模拟技术

一、技术概况

1. 背景

21 世纪以来，储层改造工艺技术的突破和大规模应用极大地推动了全球非常规油气资源的高效开发，引领了全球油气资源勘探开发的重大变革。“十二五”期间中国石油加大页岩气、致密油等非常规油气藏的开发，而水力压裂是这些油气藏改造增产的主要措施之一。另外，随着低渗透、复杂油气藏（如天然裂缝储层）的大量开发，水力压裂技术面临新的挑战，复杂应力条件和地质条件下的水力裂缝起裂与延伸是制约低渗透油气藏成功开发的瓶颈问题。水力裂缝方位、延伸过程和几何形态等认识不足，导致了布井不合理、开发效果差等现象。水平井作为低渗透与特低渗透油气藏经济开发的有效手段之一，由于应力条件复杂，其水力裂缝的起裂与延伸与直井有很大区别，可能是多种裂缝并存的复杂情况。非常规储层由于含有天然裂缝，水力裂缝的延伸中有可能存在扭曲、错位和多裂缝等情况。裂缝起裂延伸规律的传统理论和数值模拟手段在复杂地质储层条件下已经不再适用，极大制约了储层改造工艺技术的有效实施。储层改造面临的对象越来越复杂，需要解决的技术瓶颈问题也越来越多，迫切需要新的理论和新的方法，亟须具有原创性的科技创新带动相关技术的进步。通过对水力压裂的物理模拟，认识裂缝扩展的规律，提升致密油气等天然裂缝性油藏、大斜度井和水平井等复杂情况下的人工裂缝形态研究水平，提高目前水力压裂水平、改善增产效果和提高油气产量。

在新的形势下，一系列新理论、新技术应运而生，但其合理性与科学性亟须室内实验和矿场试验研究的检验与支持。由于开展矿场试验成本较高，技术难度大等问题，该研究手段始终无法得到推广，因此室内实验研究就显得尤为重要。

2. 实验技术内涵

水力压裂物理模拟实验技术是业界公认的研究裂缝起裂延伸机理的有效科研手段。该实验技术的主要内涵是将现场井、层和施工工艺搬进实验室，通过在30～100cm见方大尺寸立方岩样上开展压裂实验，直观揭示不同地质和工艺条件下的裂缝起裂与延伸形态，深入认识裂缝起裂延伸机理，指导现场压裂工艺优化设计。

近年来，在非常规储层改造过程中，微地震监测技术的应用大大提高了压裂工艺的设计水平和针对性。但由于现场地质条件的非均质性以及天然裂缝的发育，微地震的解释技术水平和解释精度仍然有待提高，因此为了促进上述研究，在室内水力压裂物理模拟实验中也逐步引入了声发射监测技术，一方面对裂缝的动态扩展过程进行实时监测，另一方面也为微地震解释技术的提高提供重要的实验技术支撑（图2-3-1）。

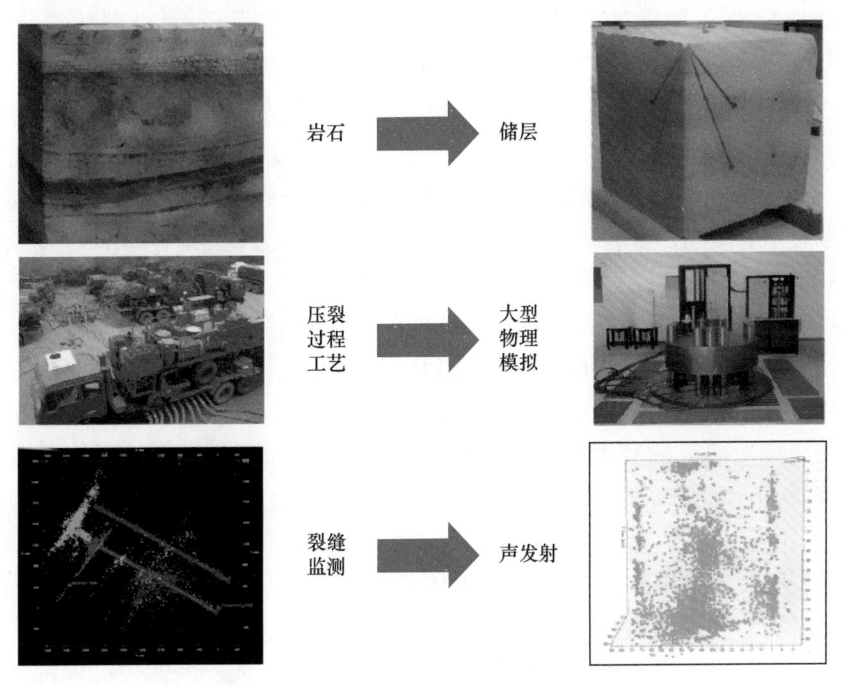

图2-3-1 水力压裂物理模拟实验技术内涵

3. 实验意义

水力压裂物理模拟实验技术的建立以及广泛应用，促进了水力裂缝起裂扩展基础理论研究的进步，为更先进的数值模型的建立和优化提供了实验技术支撑，如天然裂缝性、非均质性储层条件下的二维、拟三维和全三维水力裂缝扩展模拟；另外，在相似准则的指导下建立起实验室与现场的直接联系，实验结果更为有效地指导工艺实践，具体涉及完井工艺优化、改造工艺优化、重复压裂工艺优化、酸化酸压工艺优化以及油藏生产动态模拟等方面；最后，作为新工艺技术的研发和试验平台，该技术也极大地推动了对储层改造新工艺的创新性探索，如暂堵性工艺、爆燃压裂、无水CO_2压裂等。

二、技术发展历程及新进展

1. 国外技术发展历程与现状

从20世纪60年代，国外开始利用水力压裂物理模拟实验开展水力裂缝起裂及延伸机理的研究，目前已有半个多世纪的研究历史，其间根据不同储层的地质特点，水力压裂物理模拟实验的内容也不断丰富，与之对应的实验技术也不断进行创新和变革，主要呈现出以下3个方面的技术发展特点：

（1）随着设备加载框架的改进，加载样品的尺度不断增大，有效降低了裂缝起裂的动态效应和边界效应，大大提升了室内模拟与现场的相似性。1960—1980年，实验装置从无到有，处于开展小型压裂实验研究阶段，典型的样品尺度为150mm×150mm×250mm，开展的是裸眼完井条件下的裂缝动态扩展和起裂的研究，主要对裂缝在天然露头样品中的起裂延伸形态进行了考察[43]，由于样品尺度较小，与真实的水力裂缝起裂扩展相似性具有一定差距，因此该阶段研究认识的现场指导意义不强，代表人物为Lamont、Daneshy。1980—2000年，处于开展中型压裂实验研究阶段，样品尺度为300mm×300mm×380mm，代表人物是Blanton、Warpinski、Pater等，该阶段是物理模拟实验研究的第一个高潮，首先Pater建立了一套科学严谨的裂缝扩展相似准则及实验设计方法，为物理模拟实验研究打下了坚实的理论基础[44]；该阶段研究的另外一个亮点就是开始半量化的分析天然裂缝对水力裂缝扩展的影响，同时射孔工艺和不同井型（特别是斜井）条件下的裂缝起裂也得到了更深入地研究，现场指导价值也在不断提升[45]。2000年至今，为大尺度压裂物理模拟实验研究阶段，样品尺度提高到762mm×762mm×914mm，这是迄今物理模拟研究的最大样品尺寸，以美国盐湖城的Terratek公司为代表，实验样品以天然露头为主，研究内容涉及天然裂缝、就地应力场及射孔工艺甚至渗流模拟等方面[46]。

（2）随着压裂工艺模拟技术不断创新和完善，研究内容更契合现场的实际需求。同时，随着施工工艺技术的进步和储层研究对象的改变，室内压裂模拟技术逐步实现了由裸眼、单段压裂向水力喷射完井、多段压裂、携砂泵注工艺、天然裂缝模拟等复杂工艺模拟的过渡。在研究内容上，对裂缝起裂扩展的影响因素更趋于系统和完善。在裂缝垂向延伸机理方面，国外学者主要集中在对垂向应力、储隔层物性、界面物性等因素的考察。Warpinski利用圆柱形天然岩样（直径20cm，高度20cm）进行水力压裂实验，考察两层水平应力差、垂向应力以及层间杨氏模量差对水力裂缝垂向扩展的影响。Teufel利用垂向叠置的3块立方体天然岩样（分别为20cm、20cm、8cm）开展物理模拟实验，定性考察界面剪切强度、层间杨氏模量差及诱导水平应力对缝高延伸的影响[47]；Casas通过大尺寸天然岩样（762cm×762cm×914cm）的物理模拟实验，考察了界面胶结强度对裂缝延伸的影响[46]；斯伦贝谢公司研究了支撑剂在距离井筒不同的区域内的铺置规律；如图2-3-2（a）所示，澳洲CSIRO研究机构考察了多段压裂完井工艺下的多裂缝扩展[47]。

（3）声发射监测技术的引入，实现了对裂缝扩展动态的实时监测。随着微地震监测技术的现场应用，声发射定位技术引入到室内物理模拟实验中，实现了对裂缝动态扩展规律的实时监测，为裂缝形态的研究提供了重要的技术手段。2021 年底，水力压裂实验中的声波监测技术主要分为主动声波和被动声波两类。如图 2-3-2（b）所示，荷兰 Delft 大学自主开发的主动声波监测技术具有典型代表性，但该技术目前只能进行二维平面定位，对于转向缝或扭曲缝定位还存在误差。被动声波监测技术是目前国内外应用最广泛的监测技术，该技术已经多次应用到小型岩心板压裂实验中，并取得较好监测效果，目前被动声发射监测技术已经成为室内压裂模拟实验技术的重要组成部分，该技术针对均质的砂岩样品的裂缝扩展能够实现精确定位，但在非常规样品上声发射实际的定位精度、声事件破裂机制解释等方面还有待深入攻关。

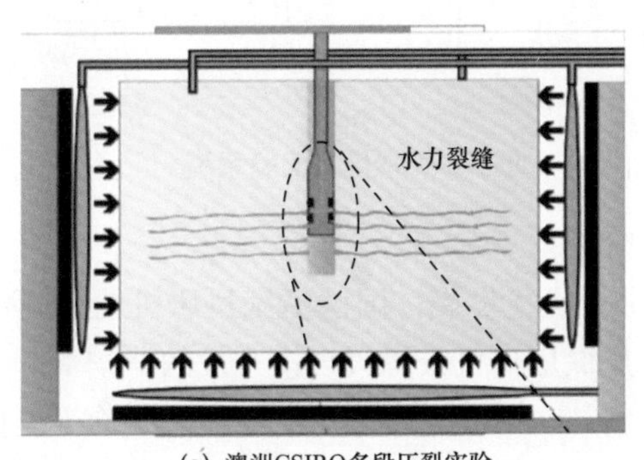

（a）澳洲CSIRO多段压裂实验

（b）荷兰Delft 大学实验

图 2-3-2　国外机构典型物理模拟实验

2. 国内技术发展历程与现状

国内水力压裂物理模拟实验研究起步较晚，但随着前人研究成果的不断积累和自我创新，在过去 20 年，国内物理模拟实验技术经历了学习、研制再到二次开发的过程，就历程而言主要分为以下三个阶段。

（1）第一阶段，物理模拟实验起步阶段。

对国外研究跟踪、学习、消化吸收，2000 年形成小型物理模拟实验技术，开展常规直井压裂模拟。本段时间的研究以中国石油大学（北京）陈勉研究团队为代表，他们在国内首次开展了小尺寸物理模拟实验（样品尺寸为 300mm × 300mm × 300mm），分别对天然岩样和人造岩样进行水力压裂裂缝扩展机理模拟实验，并首次提出了引入声发射监测技术，实现对裂缝扩展物理过程的实时监测，虽然并未提及具体的监测定位精度和解释结果[49]，但该实验方法仍然为裂缝形态描述提供了有效的研究途径。此外在研究方面，利用物理模拟实验讨论了就地应力、断裂韧性、节理和天然裂缝等因素对水压裂缝扩展的影响，均对现场的优化设计具有一定的指导意义（图 2-3-3）。与此同时，中国石油大学（北京）柳宫慧等通过相似理论中的方程分析法，将压裂控制方程无量纲化，并导出对水力压裂模拟实验具有指导意义的相似准则与相似比例系数[50]，该相似准则与前文提到的 Pater 教授基于二维模型所得结果大体吻合，进一步丰富和完善了物理模拟实验的相似准则，大大提升了物理模拟实验研究的理论和应用价值。

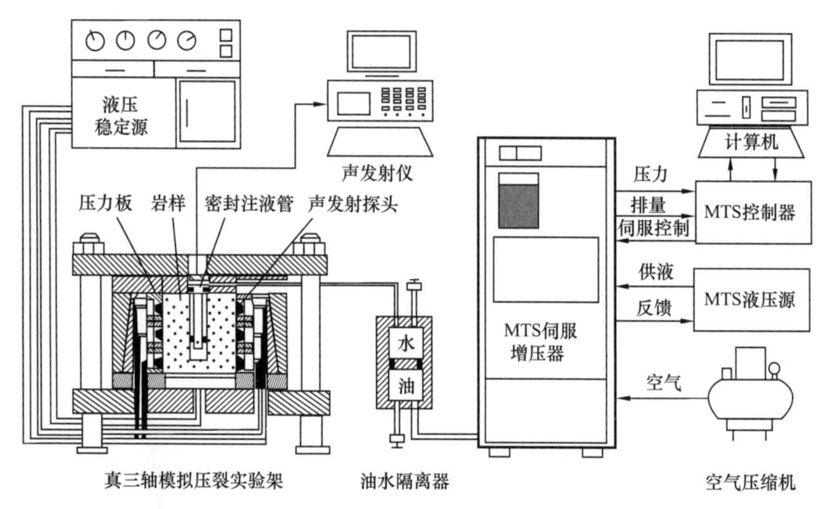

图 2-3-3 中国石油大学（北京）物理模拟实验系统

（2）第二阶段，物理模拟技术发展阶段。

2010 年前后，物理模拟实验技术研发快速发展，国内多家科研机构和院校均开展了不同尺度的物理模拟研究工作。在非常规储层油气资源大规模开发的背景下，为了适应现场储层改造工艺研究的需求，大尺度、斜井、射孔、多级压裂、天然裂缝等模拟技术不断研发，实验研究不断走向深入。中国石油大学（北京）陈勉团队在前期基础上，将物理模拟实验尺度进一步扩大到 400mm × 400mm × 400mm [51]，同时中国石油勘探开发研究院与斯伦贝谢联合研制的超大尺度（762mm × 762mm × 914mm）水力压裂实验技术也投入运行，该技术详细情况会在第四节中详细介绍。在研究方面，陈勉考察了水平井型条件下的裂缝起裂延伸形态，具体包括方位角和水平应力差值的影响；针对非常规储层天然裂缝发育的特征，通过实验方法创新，开展了裂缝性水泥样品压裂实验，为天然裂缝与水力裂缝作用机理研究提供了实验手段；中国石油大学（北京）张士诚及中国石油大学（华东）程远方对玄武岩和泥灰岩的岩心、不同砾石粒径的砂砾岩开展模拟实验，得到了压后裂缝几何形态和压裂过程中压力随时间的变化规律 [52]；中国科学院武汉岩土力学研究所、中国石油大学（北京）、中国石化石油工程技术研究院等单位针对页岩天然露头样品，利用高能 CT 扫描观测压后岩心内部裂缝形态（图 2-3-4），研究了多种因素对页岩水平井压裂裂缝扩展规律的影响，重点分析了层理面、施工排量、黏度、水平应力场因素 [53]。

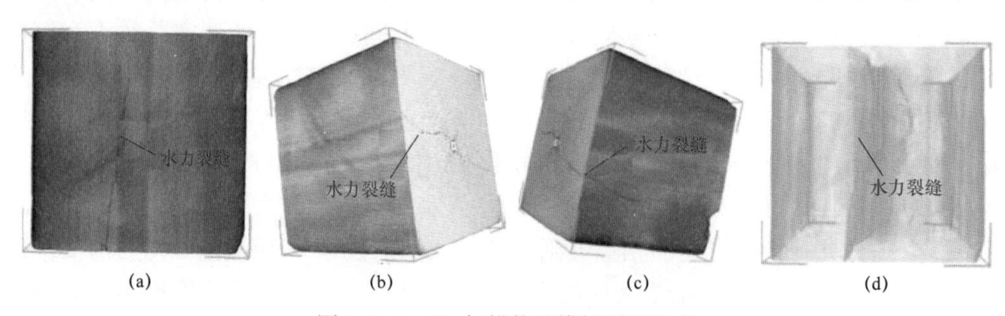

图 2-3-4 CT 扫描物理模拟裂缝形态

（3）第三阶段，物理模拟技术创新阶段。

2016 年前后，实验新技术不断创新，研究向无水（冲击、二氧化碳）、地热开发新领域拓展。中国石化石油工程技术研究院周健等对高能电弧脉冲压裂技术的基本原理、影响压裂效果的关键参数进行了理论分析，并进行了高能电弧脉冲压裂的室内试验；西安交通大学张永民和中国石油勘探开发院的付海峰等建立了脉冲致裂实验装置，实现了对三向就地应力的独立加载以及脉冲致裂和水力压裂模拟技术的结合，利用四川盆地龙马溪组页岩露头开展大尺度样品（762mm × 762mm × 914mm）实验，直观揭示脉冲致裂裂缝形态及延伸规律[54]（图 2-3-5）；重庆地质矿产研究研发了一种脉冲水力压裂改造页岩气储层的实验装置，能模拟施加一定围压条件的页岩岩样在不同脉冲压力、脉冲频率等主要工作参数水力作用下的作业环境，并可实时监测裂缝的时空发展规律及测试压裂前后渗透率变化，为研究页岩气储层脉冲水力压裂技术提供实验平台[55]。此外中国石油大学（北京）和武汉大学等还开展了小尺度物理模拟实验（300mm × 300mm × 300mm）探索了液态 / 超临界二氧化碳压裂的裂缝形态，为现场工艺施工提供实验支撑。

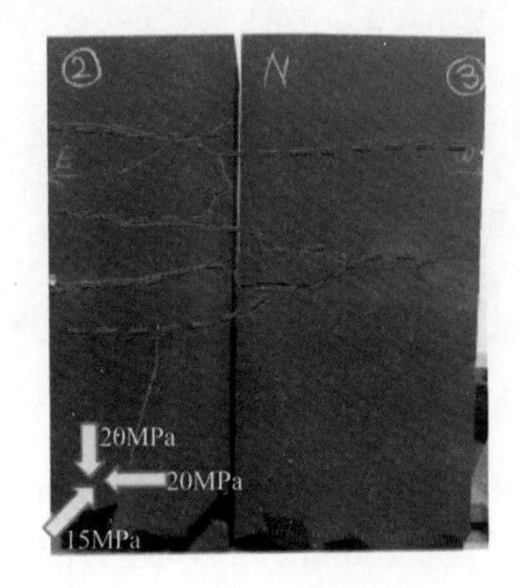

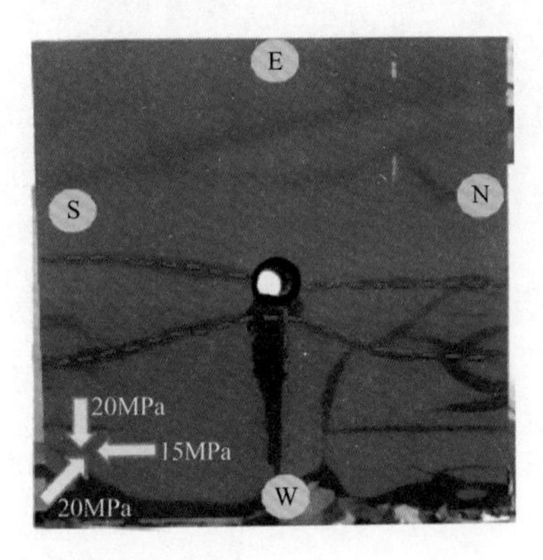

图 2-3-5 脉冲致裂裂缝形态

三、标志性实验设备与机理认识

1. 实验技术概况

在前人研究的基础上，中国石油勘探开发研究院于 2011 年开展了大型全三维物理模拟实验技术的研发，提出了大尺度（762mm × 762mm × 914mm）、高压（82MPa）、三层加压、三向应力加载的水力压裂物理模拟实验系统设计方案，配套研发了微小枪身射孔、多级携砂泵注装置，形成了大物理模拟声发射测试及解释方法，建成了大尺度水力压裂物理模拟实验系统，开发了一套实验测试技术。目前建设成的实验系统，可以进行超大岩块的全三维应力加载水力压裂实验，这是目前国内唯一一套能进行如此规模岩样压裂的实验系统，是中国石油储层改造重点实验室的标志性设备之一。通过该实验系统可以开展裂缝起裂研究、压裂改造体积研究、复杂裂缝系统压裂、酸压模拟研究、射孔模拟研究、页岩储层完井与压裂等工作。实验系统主要功能部件包括应力加载框架、围压系统、井筒注入系统、数据采集及控制系统和声波监测系统组成（图 2-3-6），其中应力加载框架允许岩样的最大尺寸为 762mm（长）×762mm（宽）×914mm（高）。围压系统可对岩石样品实现三向主应力的独立加载，最高加载围压可达 69MPa。井筒注入系统可实现前置液—携砂液—顶替液多级流体交替连续泵注，还可以模拟纤维暂堵压裂、段塞式加砂压裂等特殊泵注工艺。实时控制系统可以对压力曲线、泵注排量、围压数据进行实时采集，也可对泵注压力和排量进行实时控制。声发射系统可实现水力裂缝扩展过程中声事件的实时定位，进而达到对水力裂缝扩展形态实时监测的目的。

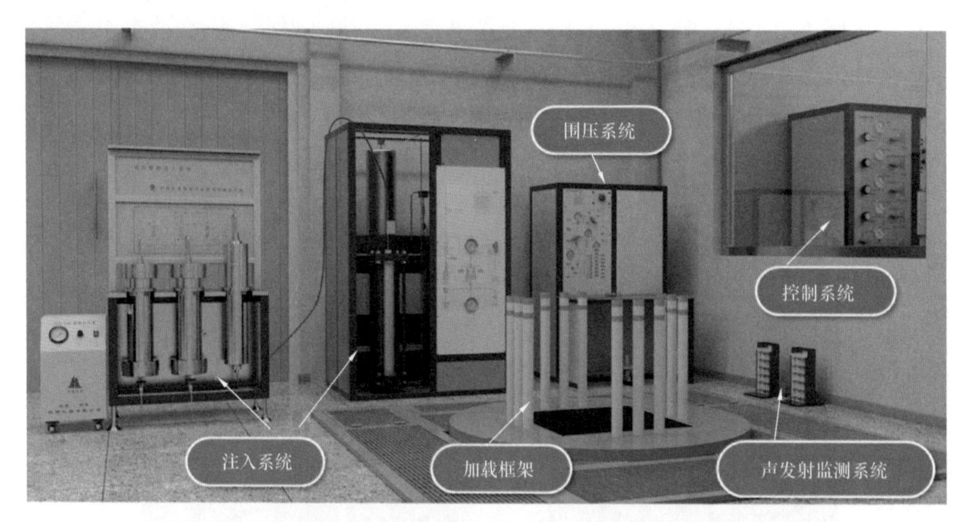

图 2-3-6 中国石油勘探开发研究院大尺度物理模拟实验装置系统

主要技术指标：最大应力为 69MPa（10000psi）；最大应力差为 14MPa；最大岩样尺寸为 762mm×762mm×914.4mm；中心孔眼尺寸为 125mm；工作液为液压油；孔隙和孔眼中流体类型有空气、钻井液、油、盐酸、压裂液；孔隙压力为 20MPa；井眼压力为 82MPa；井眼流量为 12L/min；最大实时声发射监测通道数为 24 道。

2. 研究认识

前期建立物理模拟实验技术的基础上，依托多个油气区块（长庆油田、塔里木油田、西南油气田、新疆油田、壳牌公司），开展了系统规律性的实验研究工作。针对 8 类地质储层，包括长 6 砂岩，长 7 致密油，盒 8、山 2、龙马溪页岩，塔里木裂缝性砂岩，吉木萨尔致密油，煤岩，人工样品等，累计开展大物理模拟实验 65 次，直观揭示了不同地质和工艺条件下的裂缝形态，深化了对裂缝起裂、扩展规律的认识，为"十二五"期间开展的非常规油气储层改造工艺优化设计给予了有力支持。

1）天然裂缝对水力压裂裂缝扩展的影响

为了研究天然裂缝对水力裂缝形态的影响，将页岩大物理模拟实验结果与石灰岩、煤岩压裂结果进行对比（图 2-3-7）。均质石灰岩由于内部无天然裂缝分布，压裂形成单一的双翼对称径向裂缝形态；煤岩储层由于天然层理的分布且煤层的上覆就地应力小，因此造成多条水平层理的开启，同时未见明显的垂直主裂缝。1 号页岩由于天然裂缝发育导致水力压裂裂缝形态空间复杂，压裂液沟通天然微裂缝或层理；4 号页岩致密，天然裂缝相对不发育，水力压裂产生一条明显主缝同时沟通一条天然裂缝，整体裂缝形态较 1 号页岩单一。

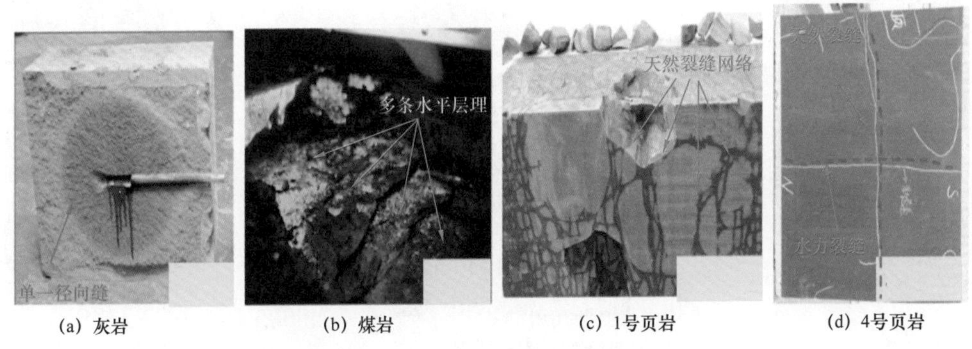

(a) 灰岩 (b) 煤岩 (c) 1号页岩 (d) 4号页岩

图 2-3-7 不同类型岩样水力裂缝形态

由此可以看出，天然裂缝或水平层理的存在是形成水力压裂多裂缝的前提条件。另外，天然裂缝的空间分布形态又决定了水力裂缝的形态以及发育程度，对比页岩和煤岩发现虽然煤岩中引起了多条水平层理的开启，形态并不如页岩复杂，1 号页岩的裂缝展布特征更接近于空间复杂缝网形态。因此，在储层改造设计中对非常规储层的地质评价，特别是天然裂缝形态发育及展布特征规律的研究是十分必要的。

2）就地应力对水力压裂裂缝扩展的影响

就地应力是油田开发方案设计、水力压裂裂缝扩展规律分析、地层破裂压力和地层坍塌压力预测的基础数据。地层层间或层内不同岩性岩石的物理特性、力学特性和地层孔隙压力异常等方面的差别，造成了层间或层内就地应力分布的非均匀性[56]。而就地应力对于水力压裂裂缝起裂压力、起裂位置及裂缝扩展、裂缝形态起着重要的作用，是影响水力压裂裂缝扩展的一个重要因素。图 2-3-8 展示了利用不同岩性的实验样品，开展了 6 组不同应力差条件下的压裂实验对比。

在天然裂缝发育的砂岩中，当两向水平应力差值为 0MPa 时，水力裂缝与天然裂缝相沟通，形成多方向扩展的裂缝形态；当两向水平应力差值增大到 7MPa 时，只形成了一条沿着最大水平主应力方向延伸的裂缝。在纤维暂堵的实验结果显示，当两向水平应力差值为 2.5MPa 时，通过纤维暂堵可以实现水力裂缝形态的大幅度转向，与原缝成 90°；当两向水平应力差值增大到 7.5MPa 时，纤维暂堵后压裂裂缝与原缝的延伸方向基本相同，即未起到暂堵效果。由此可见，在暂堵工艺中，水平应力差值对裂缝延伸方向的影响也是十分明显的。龙马溪组页岩样品的压裂结果显示：当水平应力差值为 3MPa 时，水力裂缝沟通了天然裂缝，使得裂缝形态较复杂；当水平应力差值增大到 7MPa 时，水力裂缝形态单一，穿过天然裂缝，形成沿着最大主应力方向延伸的主缝，并未造成天然裂缝的开启。实验证实了低水平应力差是形成复杂水力裂缝形态有利地质因素，裂缝形态随着两向水平应力差值的降低而复杂。

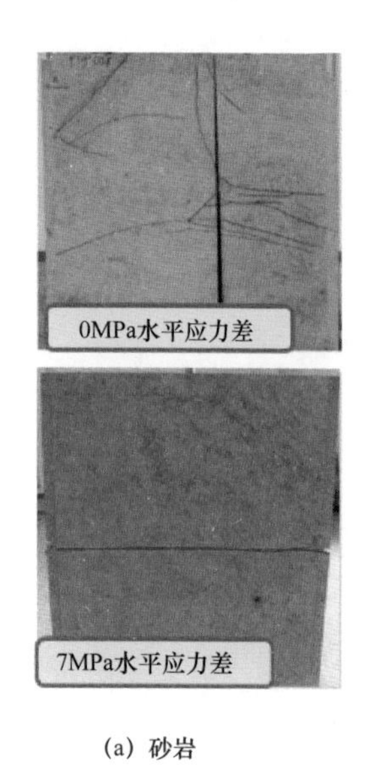

(a) 砂岩

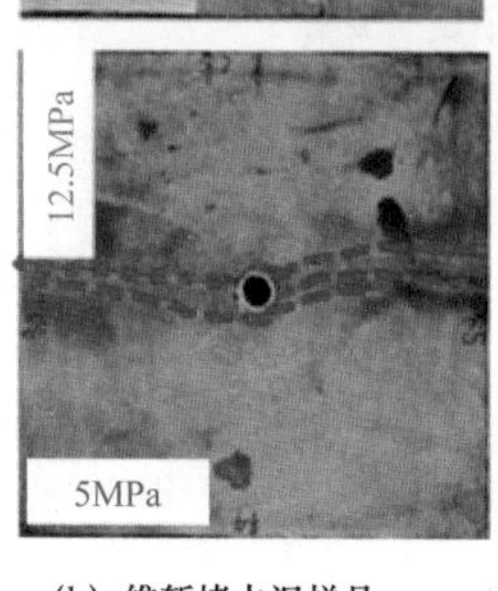

(b) 维暂堵水泥样品

(c) 页岩

图 2–3–8　不同岩性和就地应力差条件下的裂缝形态对比

3）施工参数对水力压裂裂缝扩展的影响

在天然裂缝发育的地质条件下，施工参数的合理性直接决定了水力裂缝形态的复杂程度。此处所讨论的施工参数包括流体黏度、排量以及对应的施工流体净压力。为了研究方便，将施工压力与就地应力对裂缝形态的影响统一采用无量纲施工净压力 $p_{net,D}$ 参数表示，$p_{net,D}$=（$p-\sigma_h$）/（$\sigma_H-\sigma_h$），$\sigma_{V,H,h}$ 分别为上覆应力、水平最大主应力、水平最小主应力，p 为井口压力，理论上该值越高说明天然裂缝的开启程度越高或者水力裂缝转向的趋势也就越大。利用天然裂缝发育的页岩样品，开展了 4 组对比性实验，考察在相同的地质条件下，黏度、排量以及无量纲净压力对裂缝形态的影响（图 2–3–9）。

实验结果显示，当黏度、排量较低时，无量纲施工净压力为 0.12，在形成水力裂缝的同时，压裂液更多地沿着少数胶结较弱的天然层理或大裂隙滤失，并未造成天然裂缝的开启，因此裂缝形态较简单（如 4 号实验）；随着黏度、排量的提高，无量纲施工净压力大幅提高为 3.6，此时在形成水力裂缝的同时，引起了天然裂缝的开启，水力裂缝与天然裂缝相沟通，使裂缝形态复杂化（如 3 号实验）；当黏度、排量进一步提高后，净压力虽然无明显提高，甚至略有降低 3.0，但仍然引起了较多天然裂缝的开启，裂缝形态复杂（如 2 号实验）；当黏度、排量再次提高后，净压力出现大幅降低 0.39，形成单一水力裂缝，虽与天然裂缝交叉，但未有压裂液进入，裂缝形态单一（如 5 号实验）。

由此可知，裂缝形态的复杂程度并不是与排量、黏度的升高而呈正比的关系。当排量或黏度较小时，压裂液易向天然裂缝中渗流（如 4 号实验），或者沟通并诱导天然裂缝的张开（如 3 号实验），带来较高的施工净压力；当排量或黏度进一步提高，水力裂缝更易穿过天然裂缝，沿着主缝延伸，压裂液来不及或很难沟通天然裂缝，水力裂缝复杂程度降低，因此施工净压力出现降低趋势，（如 2 号和 5 号实验），这也是为什么现场采用大排量施工避免井筒附近形态复杂的原因。如果后期施工参数进一步提高，施工净压力逐渐由流体流动控制，那么施工净压力又会随着施工参数的提高而升高，在造成主缝延伸的同时，与主缝相沟通的天然裂缝也会随着净压力的升高而开启更多，裂缝形态更为复杂。

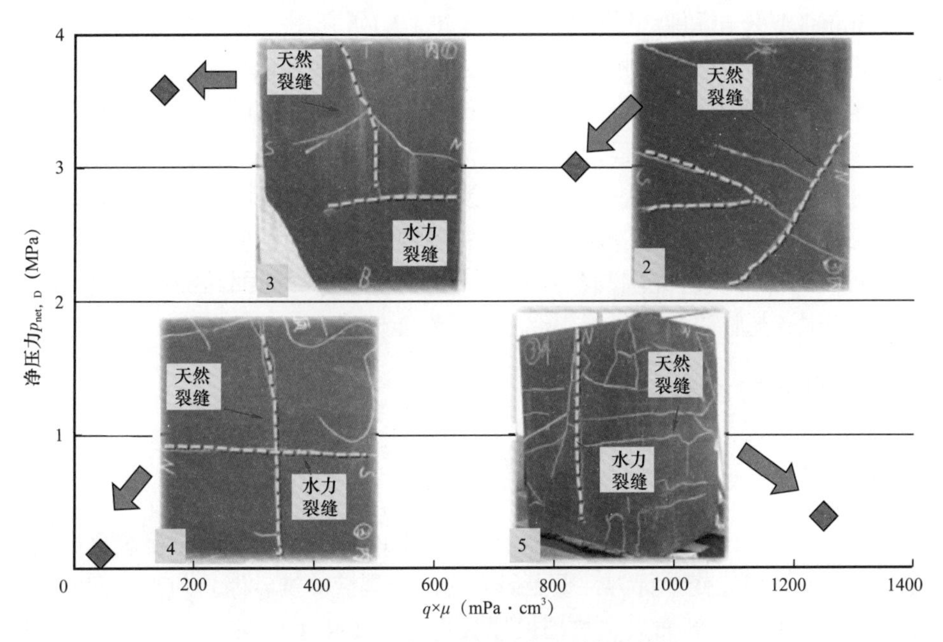

图 2-3-9　龙马溪组页岩压裂实验结果

第四节　压裂液平行板实验技术

一、技术概况

压裂流体的主要功能是张开裂缝并沿裂缝输送支撑剂。压裂液的携砂性能对压裂施工具有重要影响。压裂液的悬砂能力主要取决于其黏度和施工排量。压裂液携砂评价实验是压裂液主要性能评价之一。最常见的是压裂液悬砂性能量筒静态评价方法。通过支撑剂在压裂液中的沉降速率来表征压裂液的悬砂性能。为了表征压裂液动态携砂性能，中国石油勘探开发研究院利用流变仪，开发出压裂液动态携砂性能表征方法。在一定温度压力和剪切速率下，观察一定时间压裂液剪切前后脱砂程度和黏度变化，由此来表征压裂液动态携砂性能。根据现场压裂液携砂物理模拟实验需求，国内外开发了平行板携砂装置及实验方法。通过平行板实验装置，可以直观观察压裂液在裂缝中的携砂状态、沉砂过程和沉砂铺置形态，从而为现场不同储层进行压裂液、支撑剂材料优选，携砂比确定及为压裂设计提供支持。

二、技术历程

国外早在 20 世纪 30 年代就进行了有支撑剂沉降规律的研究，开展了有关固体颗粒在流体中的 Stokes 沉降规律，并建立携砂物理模拟评价装置。早在 20 世纪 80 年代，国外就开始利用管式流变和缝式流变设备研究含砂压裂液的流变性能和支撑剂在裂缝支撑剖面的运动状态，这些设备的研制和使用为水力压裂工程提供了大量的理论和技术支持。近年来，美国 Stim-lab 公司和哈里伯顿公司相继建造的研究压裂支撑剂裂缝剖面的大型物理模拟逐渐完善。其中，哈里伯顿公司在俄克拉何马大学建造的相关设备体形庞大，质量达 38t，但不具备可视观察系统。中国石油勘探开发研究院自主研发了大型可视化压裂裂缝支撑剖面携砂物理模拟实验流程，确定了技术参数，并与美国 Stim-lab 公司合作，2013 委托建造成功。该装置是世界第一台完整模拟压裂液配液、剪切流变、摩阻测试及开展可视化评价压裂液在缝中流变性和支撑剂在裂缝内铺置剖面的室内综合试验设备[58-60]。2014 年中国石油勘探开发研究院二次开发了大型平行板多功能回路测试系统，增加了泡沫压裂液性能测试、超临界二氧化碳压裂液体系性能模拟。

三、标志性实验设备与认识

1. 标志性实验设备

2013 年中国石油勘探开发研究院与美国 Core-Lab 公司联合研制，首次全过程模拟压裂过程气—液—固三相流变学行为，重点研究含砂压裂液的携砂能力与支撑剖面特征。凭借可视化压裂支撑剂裂缝剖面大型物理模拟装置（图 2-4-1），完成了水平井分段压裂改造支撑剂输送研究，携砂液在水平井的大段水平方向流动状态、支撑剂铺置的模拟，携砂液进入水平井段前和从水平段向裂缝转向时遇到剪切历史的模拟。

图 2-4-1　可视化压裂裂缝支撑剖面物理模拟装置

1—配液系统；2—泡沫系统；3—注入系统；4—剪切系统；5—升温系统；6—摩阻系统；7—含砂平板观测

可视化支撑剂裂缝模拟装置可以用来评价不同压裂液的支撑剂传输能力。通过剪切回路泵送压裂液和支撑剂，模拟井眼条件，调节压裂液体系[61]。压裂液被泵入一系列管道来测量不同剪切速率下的剪切应力。根据剪切应力和剪切速率，可以计算出压裂液的流变性能（n'、k'、表观黏度）。压裂液经过管式流变仪，进入缝式流变仪。在缝式流变仪中可以看到支撑剂传输的情况，可以对比压裂液的流变性能和实际观察到的支撑剂传输状况。通过实验可以得到最大携砂能力和最小地层伤害的优化压裂液性能，同时可以研究不同类型压裂液冻胶的沉砂性能[62-64]：（1）完成水平井分段压裂改造研究的支撑剂输送研究；（2）携砂液在水平井的大段水平方向流动状态、支撑剂铺置的模拟；（3）携砂液进入水平井段前和从水平段向裂缝转向时遇到剪切历史的模拟；（4）非常规储层压裂液携砂规律研究。

可视化支撑剂裂缝模拟装置特色：双泵助力实现60%高砂比携砂、流变、摩阻、沉降、沉砂铺置，携砂类型为3孔眼动态模拟裂缝携砂流动，流体类型为溶液、含砂液、泡沫流体，耐温30～150℃，耐压10～20MPa。

2. 机理认识

（1）可视化平板实验揭示了支撑剂运移规律。

采用低黏液高排量段塞式注入也能保证石英砂砂体的连续性。初期沙堤快速形成；中期纵向铺置为主；后期高度恒定，横向铺置延展（图2–4–2）。

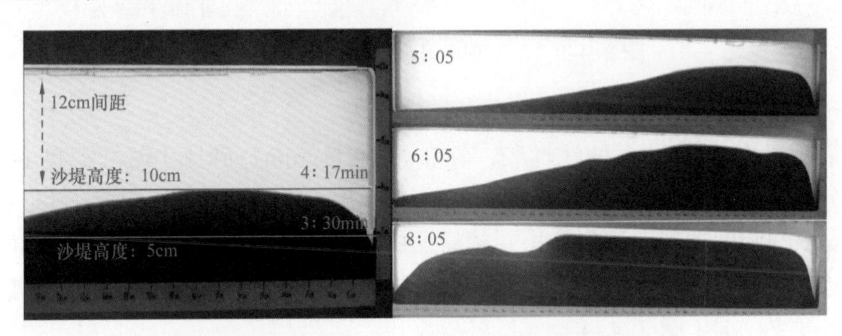

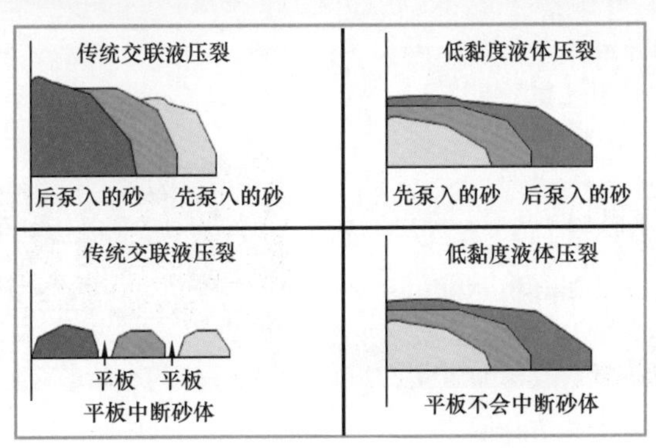

图2–4–2 70/140目石英砂平行板运移特征

（2）不同射孔条件下，携砂液在支撑剖面的流动状态规律。

不同射孔条件下，支撑剂缝内的流动状态差异很大，射孔的间距直接影响沉降规律和支撑剂铺置状态，支撑剂间的干扰沉降效果明显，三簇射孔携砂液稳定行进，支撑剂间干扰沉降影响小，可以将支撑剂携带的更远，充分扩展缝宽，得到最大的压裂体积（图 2-4-3）。

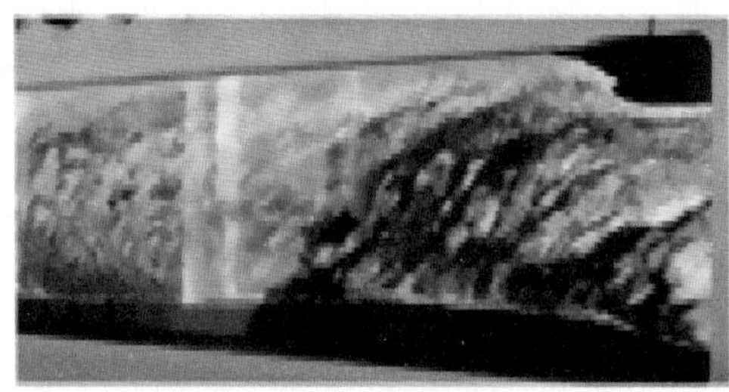

(a) 下方两处射孔眼开启携砂

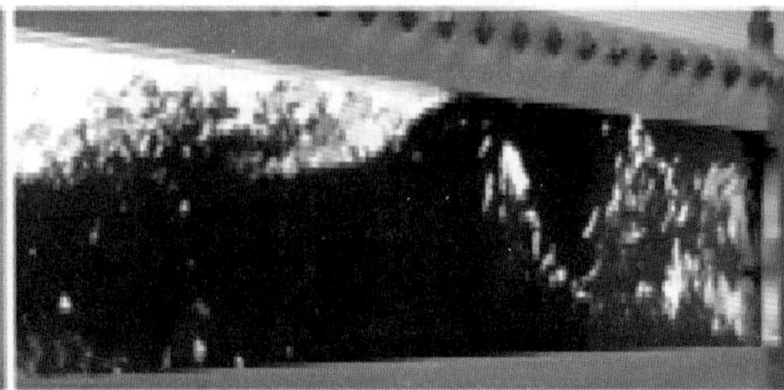

(b) 上下两处孔眼开启携砂

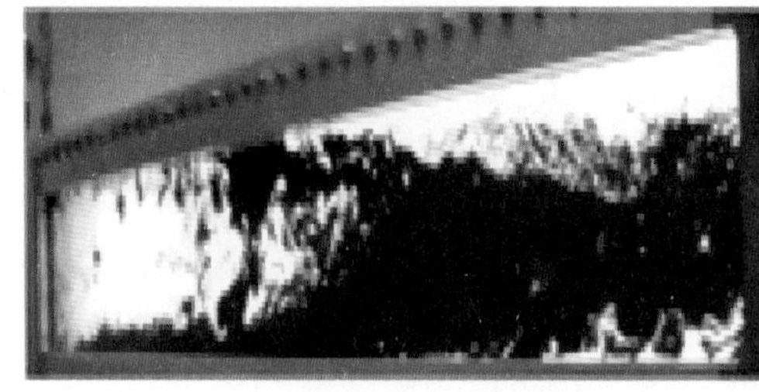

(c) 中间射孔眼开启携砂

(d) 三处射孔眼全开启携砂

图 2-4-3　不同射孔孔眼条件下的携砂状态

（3）砂密度对携砂性能的影响。

实验采用黏度 20mPa·s 的线性胶，在排量 13.5L/min、砂比 14%、温度 60℃的实验条件下，分别携带 20～40 目砂（密度 1.72g/cm³）和 40～70 目砂（密度 1.58g/cm³）两种支撑剂。支撑剂密度越高，压裂液携砂越易形成沉砂。支撑剂密度越低，压裂液携砂越均匀，越不易沉砂，效果越好。在其他性能满足压裂条件下，建议压裂施工尽可能选择相匹配的较低密度支撑剂（图 2-4-4）。

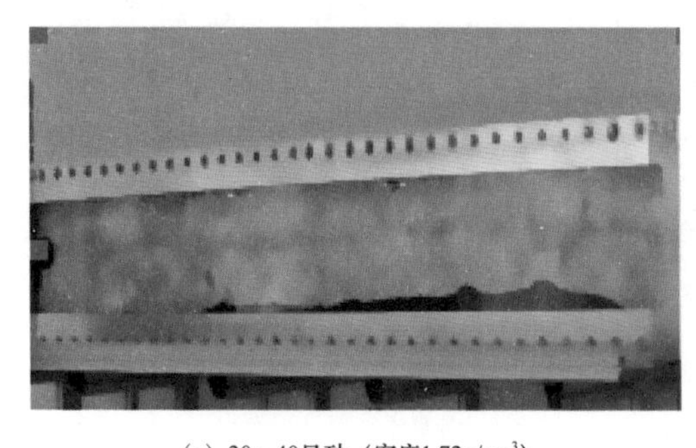

(a) 20～40目砂（密度1.72g/cm³）

(b) 40～70目砂（密度1.58g/cm³）

图 2-4-4　砂密度对携砂性能的影响

对比滑溜水携砂可视化流动实验和线性胶（30mPa·s）携砂 20% 可视化流动实验。发现相同排量下（13.5L/min），压裂液黏度越大携砂能力越强。相同黏度下，压裂液排量越大携砂能力越强（图 2-4-5 和图 2-4-6）。

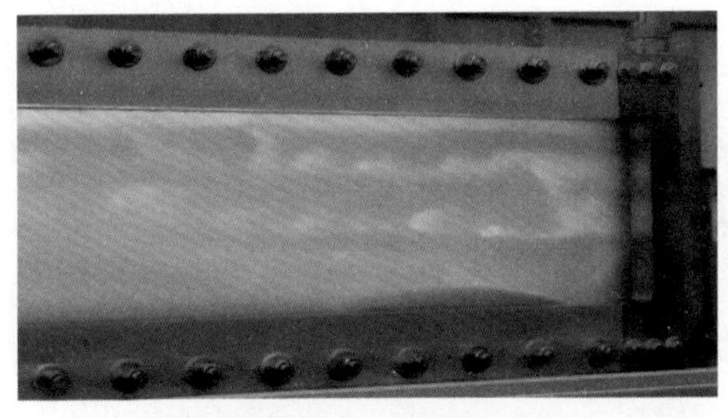

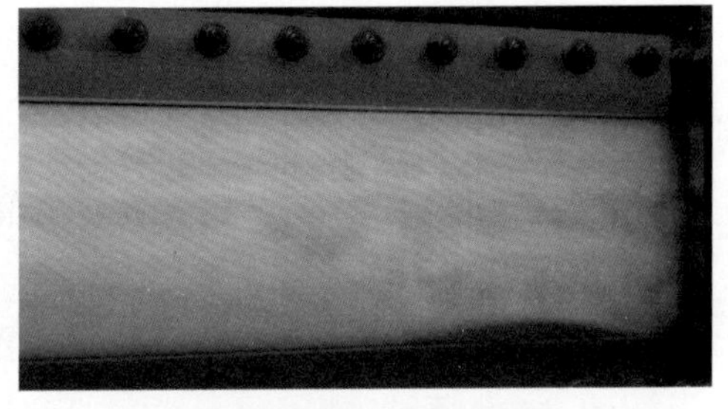

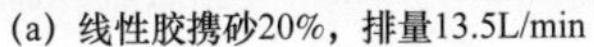

(a) 线性胶携砂20%，排量13.5L/min　　(b) 滑溜水携砂5%，排量13.5L/min

图 2-4-5　携砂液性能对携砂性能的影响

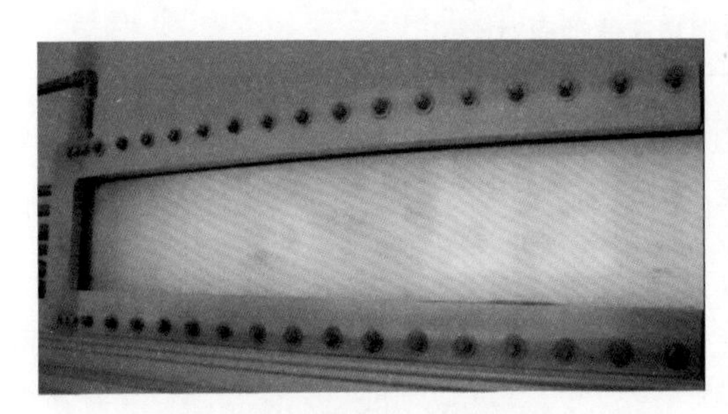

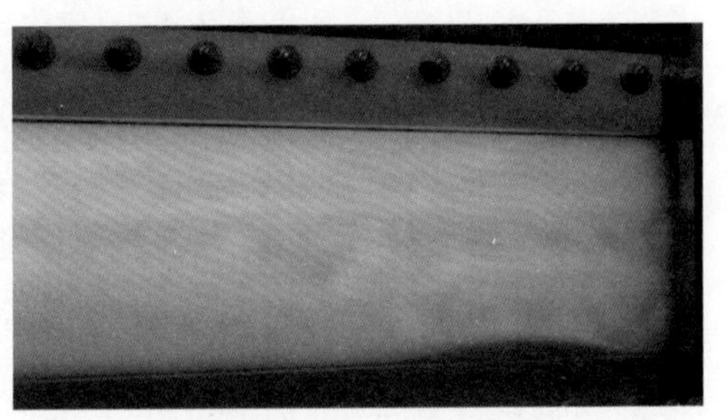

(a) 滑溜水携砂5%，排量5L/min　　(b) 滑溜水携砂5%，排量13.5L/min

图 2-4-6　施工排量对携砂性能的影响

（4）不同体系沉砂特征。

采用 0.35% 纤维素线性胶配方。基液黏度为 42mPa·s，排量为 13.5L/min，温度为 60℃，选用 20/40 目中密度陶粒支撑剂。线性胶携砂 7%：均匀携砂，30min 未发现沉砂现象；线性胶携砂 14%：均匀携砂，30min 未发现沉砂现象，三处孔眼平缓运移；线性胶携砂 21%：均匀携砂，30min 未发现沉砂现象，线性胶易分散向远处运移；线性胶携砂 35%：均匀携砂，15min 未发现沉砂现象，15min 后出现管路砂堵。所以每个体系都有携砂上限，超过上限则会出现砂堵现象。

（5）不同密度滑溜水携砂。

采用黏度为 1.88mPa·s 的滑溜水携砂。选取 40～70 目陶粒支撑剂，体密度分别为 1.72g/cm^3、1.43g/cm^3、0.6g/cm^3；实验条件：模拟现场排量 6.8m^3/min，砂比 5%。支撑剂密度越小，管路和平行板沉砂越少，越容易被压裂液携带到裂缝远处。建议在体密度 0.6g/cm^3～1.43g/cm^3 优选适合页岩气储层改造的支撑剂（图 2-4-7）。

（6）现场应用与经济效益。

对比四套体系室内性能评价与现场施工参数（表 2-4-1）。实内评价与现场施工液体体系流变、减阻、携砂性能一致，误差在 5% 以内，该实验方法可以模拟整个压裂施工过程，增强了液体可靠性，节省了现场检测。将不同射孔条件下，携砂液在支撑剖面的流动状态规律，不同携砂液体系在缝内的沉降规律和不同注入方式沉降规律应用于威 H3-1 水平井压裂设计且压裂效果显著（表 2-4-2）。多簇射孔条件下携砂液在支撑剖面的流动形态研究成果对压裂设计形成有效的理论指导和技术支持。

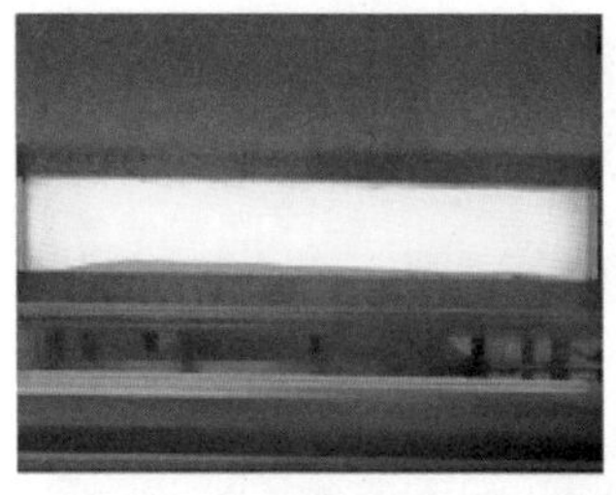

(a) 体密度0.6g/cm³

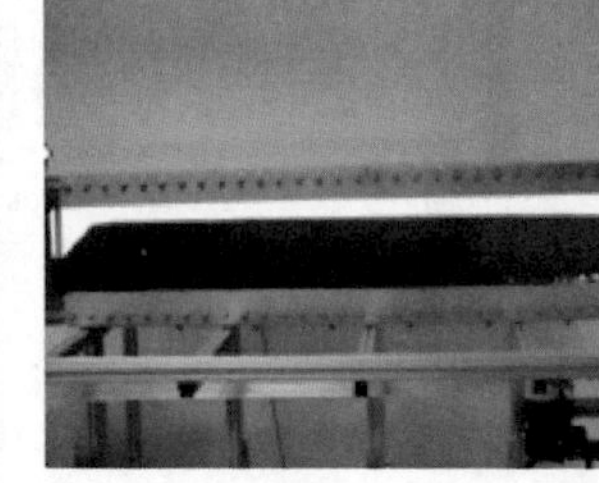

(b) 体密度1.72g/cm³

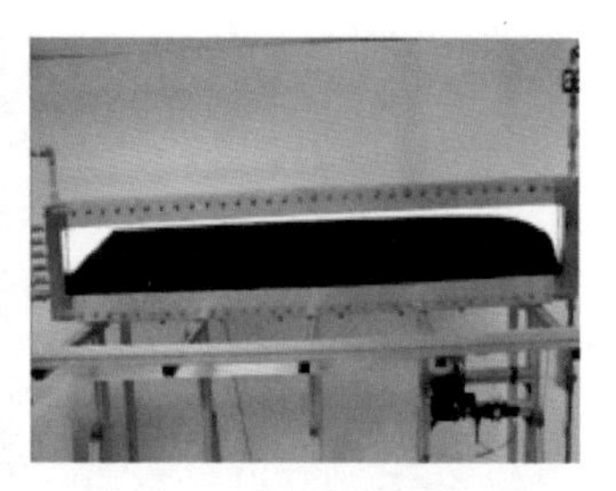

(c) 体密度1.43g/cm³

图 2-4-7 液体性能对携砂性能的影响

表 2-4-1 室内与现场液体性能对比

体系	室内评价			现场评价		
	黏度（mPa·s）	减阻率（%）	砂比范围（%）	黏度（mPa·s）	减阻率（%）	砂比范围（%）
纤维素	35	68	7～35	33	70	15～30
低浓度瓜尔胶	20	70	15～30	20	70～75	17～28
滑溜水	3.5	78	3～8	3	82	5
VES 清洁压裂液	18	67	15～30	18	70	15～24

表 2-4-2 液体携砂规律应用

规律	内容	压裂设计
1	三簇射孔	三簇射孔
2	低黏高排量	主体滑溜水 10～14m³/min
3	线性胶 + 滑溜水 + 线性胶	线性胶 + 滑溜水 + 线性胶

第五节 发展展望

一、岩石力学研究

岩石力学通过岩石热力学、岩石破裂力学、岩石渗流力学等耦合研究可以对地热和非常规油气开发利用作出重要贡献。此外，致密岩油气、页岩气、煤层气、天然气水合物等开发利用、干热岩的开发利用等也都属于类似的新领域研究。随着中国石油在“深低海非”储层的勘探开发、干热岩压裂探索和水合物储层增产改造研究的需求，应从以下方面开展相关岩石力学基础研究工作。

（1）岩石力学与地质力学交叉融合：岩石物质特性、结构性及其赋存状态（如就地应力、地下流体、气体和地温等）与工程作用力的相互影响和制约，还有待进一步深入研究[65-66]。

（2）超深井：高温高压条件下，岩石力学特性及破坏规律实验研究；高温高压条件下就地应力测试方法研究；高压条件下天然裂缝破坏规律及自支撑裂缝导流能力评价。

（3）页岩等非常规储层：天然缝、节理对岩石力学性质和裂缝起裂与扩展的影响[67]；地层压力、温度、含水饱和度条件下页岩脆性评价；页岩储层新致裂方法的探索。

（4）干热岩：高温条件下［150～350℃（上限 650℃）］，干热岩的热物理性质、力学性质以及裂缝扩展规律仍待探索研究；岩体和工质热物性（比热容等）测试；高温岩体力学特征与参数测试；岩石水力裂缝扩展受温度、压力、天然裂缝的影响规律。

（5）水合物：天然气水合物动静态力学性质和破坏规律、水合物渗流机理和增产机理、水合物热力学性质等。

二、大尺度压裂物理模拟研究

虽然该物理模拟实验技术经历了 50 余年的发展，但由于地质条件的复杂性，储层改造在基础研究方面仍然面临多方面的挑战：传统经典单缝裂缝扩展模型不再适用于非常规储层改造，如天然裂缝发育条件下的水力裂缝扩展机制仍需明确；仍然欠缺有效的实验研究手段，虽然现有实验技术已经取得了很大进步，但到达客观模拟实际条件仍然有很大差距，即理论研究结果缺乏有效的实验验证手段；现成的商业化数值模型基于传统的二维和拟三维裂缝扩展模型，假设条件和裂缝扩展过于理想化，同时受到计算方法的制约，仍然缺乏可靠高效的考虑天然裂缝条件下的全三维水力裂缝起裂扩展模型。

因此研究成果以及油气田勘探开发储层改造技术的需要，今后的基础研究工作重点集中在实验技术与数值模拟技术两个方面：一方面，尽快完善建立室内条件下的射孔、多段、天然裂缝条件下的水力压裂物理模拟实验技术；另一方面，探索先进的数值模拟技术，形成天然裂缝、跨尺度（孔眼—井筒—裂缝）、全三维的水力压裂数值模拟方法，更有效地指导现场实践。

具体研究内容方面，需要做好以下两个方面的工作：

（1）裂缝起裂扩展研究。裂缝在近井筒处起裂和空间三维非平面扩展的研究是一个极具挑战性的难题，近井筒的复杂应力状态、天然裂缝以及井筒完井参数等均可以导致水力裂缝起裂形态的扭曲，同时水平层理、多级分簇压裂工艺导致了水力裂缝扩展形态的非平面特征。扭曲的裂缝面不仅会增大摩阻提高施工时的泵注压力，同时也会导致缝宽降低引起脱砂。当前对裂缝起裂和扩展的研究以数值方法为主，同时结合物理模型实验和理论分析。目前的模型大多对起裂的过程有所近似，主要以模拟裂缝扩展为主，因此不能准确地模拟近井筒裂缝扩展的复杂性，关于裂缝起裂和三维非平面扩展的研究需要进一步推进。

（2）受天然裂缝影响的水力裂缝扩展分析。水力压裂裂缝和天然裂缝的相互作用是非常规储层压裂的一个核心问题，它将决定最终复杂裂缝系统的形态[68]。水力压裂裂缝在天然裂缝界面穿越情况受到多个因素的影响，包括原位应力的大小、岩石的性质、天然裂缝的特性以及现场的泵注程序等。虽然过去几十年中，有大量关于这方面的实验研究、理论分析和数值模拟成果发表，但最大的局限性在于现有的理论分析和数值模拟大都受限于简单的两维情况，没有考虑裂缝在第三维方向的扩展对穿越的影响。然而在实际情况下，天然裂缝的尺寸和方位都是一定的，而在复杂应力条件下水力压裂裂缝会进行三维非平面扩展，与天然裂缝的相互作用无法用二维的假设来描述，真三维条件下水力压裂裂缝在天然裂缝界面的穿越准则研究还不完善，也需要通过物理模拟与数值模拟相结合的方式进一步加强研究。

（3）层理性页岩油气水平井分段多簇岩石裂缝扩展机理分析。在页岩长水平井多簇、多层理水力裂缝扩展机理研究方面，数值模拟技术方面以有限元数值模拟技术为代表基本满足了现场水平井多簇全三维扩展模拟的需要，而层理模拟方面近年来也实现了层理条件下全三维裂缝扩展需求，但面对现场多簇螺旋式裂缝起裂和厘米级层理交互裂缝扩展的研究需求，仍然对单簇孔眼间裂缝起裂形态及多簇扩展规律认识不足；同时矿场尺度、厘米级薄互层条件下的裂缝扩展机制认识不充分，更精细的厘米级薄互层裂缝扩展模拟技术也还有待攻关。

三、压裂液评价研究

近年来，由于国内对压裂过程中支撑剂的运移和铺置规律的研究多停留于理论方面，现场施工常凭经验或是软件模拟，很少有实验研究作为支撑，如何完成在实验室内模拟现场压裂液的配制、管路流动、可视化观察支撑剂在裂缝中的流动及分布、沉降的现象及规律，从而方便进行支撑剂、压裂液的优选，支撑剂的分布、施工参数优化等成为紧迫的工作。

1989 年，国内安装了管式的多功能流动回路设备，解决了压裂液在管路流动的模拟问题。它可以研究压裂液的动态流变特性，模拟井筒剪切和裂缝剪切过程，得到流体的黏度、流变性参数、摩阻等随着时间和温度的连续变化数据。该设备已经运转将近 20 年，其设备维护和功能再开发状况基本完好，为相关科研课题的顺利完成提供了支持手段。

由于室内压裂液流变性评价实验设备的限制，对含砂压裂液的流变性，只能先测定非含砂压裂液的流变性，然后根据得出的流变曲线和流体不同阶段的 n、k 值推导含砂流体的携砂能力，但这样在进行压裂模拟计算时会引起一些不必要的误差，使室内模拟更大的偏离了现场实际。特别是对于水平井这样的复杂井况条件下的压裂，其在室内用纯净压裂液得到的相关性能与实际条件下含砂压裂液的性能偏离更大，而得到的支撑剂裂缝支撑剖面及其对产量预测也会带来不必要的误差，使室内研究对现场的指导作用大大减弱，严重时还可能得出完全错误的结果。

可视化支撑剂裂缝剖面大型物理模拟装置结合了以往管式流变仪、缝式流变仪的功能，特别是配有支撑剂的加入装置，使其成为模拟携砂压裂液在管路和裂缝内流动状态、流变性能、支撑剂铺置剖面的综合性装置。作为国内最为先进的流变仪与物理模拟装置之一，未来继续开展多分支、多角度、大尺寸复杂缝压裂液携砂机理研究，适合在室内评价压裂液的携砂性能、沉砂剖面、携砂压裂液流变性。

对于超高温储层改造，大幅度降低储层温度、提高造缝效率、降低酸与储层的反应速度、提高酸液作用距离是提高有效酸蚀缝长的关键。在降低储层温度、提高深度距离上逐渐探索了前置液酸压技术，目的是利用高黏度的压裂液进行降温和探缝。进行深层高温储层压裂液酸液流变、摩阻及酸岩反应性能评价，能够有效指导高温储层改造压裂设计和保证现场施工。

第三章　储层改造优化设计技术发展现状及展望

储层设计技术是储层改造的核心部分之一，是实现各个工作环节有序衔接的重要部分，本章回顾了压裂设计随着储层变化的总体历程，介绍了压裂设计基本理论发展从二维模型发展拟三维甚至全三维的发展历程，阐述了传统压裂优化设计软件和地质工程一体化软件，还介绍了多种压裂工艺。

第一节　压裂设计发展历程

一、压裂设计总体历程

对于低渗透或非常规储层，油气井无自然产能或者自然产能达不到经济开发的需要，通过水力压裂改善近井地带的油气渗流条件，沟通非均质油气储集区，扩大供油面积，从而提高单井产量、提高储量动用程度和采收率。此外，通过水力压裂也可实现储层的再认识，从而调整油气田开发的相关参数，最终实现低渗透和非常规储层的经济有效开发。

1. 北美储层改造设计发展历程

北美的储层改造设计发展历程根据目标储层以及改造目的的变化，可划分为六个阶段。

（1）起步阶段（1947—1955 年）：以碳酸盐岩为目标储层，改造目标是回注废液，设计以解堵为基本职能，采用油基压裂液和河道砂，小规模压裂设计及酸化、酸压措施。

（2）理论飞速发展阶段（1955—1971 年）：受气价影响，压裂措施长期低落，同时裂缝扩展理论模型等压裂基础理论得到飞速发展。

（3）大型压裂设计（MHF）发展阶段（1971—1981 年）：由于天然气价格大幅上涨（达 10 倍），北美致密气藏大开发，带动压裂快速发展，目标储层为致密气藏储层，以造长缝提高单井产量为目标，开展大型压裂设计。

（4）端部脱砂压裂发展阶段（1981—1986 年）：目标储层为中高渗透储层，以造宽缝、提高裂缝导流能力为目标，发展了 TSO 端部脱砂压裂设计技术。

（5）总体压裂设计阶段（1986—2005 年）：以低渗透、中高渗透、煤层气等储层为目标，直井、斜井总体开展压裂优化设计，成为区块整体开发的主要方法措施。

（6）非常规水平井分段压裂阶段（2005 年至今）：目标储层为页岩气、致密油页岩油等非常规储层，以提高一次采出程度为目标，水平井分段多簇压裂设计技术及工艺蓬勃发展。

2. 国内压裂设计发展历程

1955年国内第一次在延长油矿开展了水力压裂试验，之后经过了单井压裂、整体压裂、开发压裂、直井多层压裂、水平井多段压裂五个阶段。

（1）单井压裂设计阶段（1955—1990年）：以低渗透储层为目标储层，增产增注为设计目标，开发方案未考虑压裂设计。

（2）整体压裂设计阶段（1991—1997年）：以吐哈鄯善三间房低渗透油藏为代表，在已定井网条件下，水力裂缝与井网系统优化匹配研究，形成整体压裂设计。

（3）开发压裂设计阶段（1997—2001年）：以长庆油田靖安低渗透油田为代表，在开发方案设计阶段就考虑压裂设计，形成开发压裂设计。

（4）直井工具分层压裂设计阶段（2001—2006年）：以苏里格致密气田为代表，工具分层3层以上，直井工具分层压裂设计。

（5）水平井分段压裂设计阶段（2006—2015年）：借鉴美国页岩气改造思路，国内非常规储层体积改造试验，发展了水平井分段多簇压裂设计。

（6）水平井缝控改造优化设计阶段（2016年至今）：建立“缝控储量”压裂开发理念，将传统的井控储量变为“缝控”可采储量，采用了缝控储量及储层改造系数分析的方法，结合砂体控制、地质储量控制和能量补充进行致密油区块整体压裂优化设计，解决了以往储层改造模式下裂缝控藏程度仍较低的难题，提高致密油气层的缝控程度。

二、压裂设计基本职能

1. 压裂设计基本职能

为了保证压裂设计对施工的指导作用，一个优化的压裂设计必须具备以下基本职能：

（1）在给定的储层与注采井网条件下，根据不同裂缝长度和裂缝导流能力预测井在压后的生产动态。

（2）根据储层条件选择压裂液、支撑剂等压裂材料的类型，并确定达到不同裂缝长度和导流能力所需要的压裂液与支撑剂的用量。

（3）根据井下管柱与井口装置的压力极限，确定泵注方式、泵注排量、所需设备的功率与地面泵压。

（4）确定压裂施工时压裂液与支撑剂的泵注程序。

（5）对上述各项结果进行经济评价，使之最优化，即一个少投入、多产出的设计方案。

（6）对这一优化设计进行检验，该设计应满足：开发与增产的需要；现有的压裂材料与设备具有完成施工作业的能力；保证安全施工的要求。

2. 压裂设计作用

压裂设计报告是单井压裂施工的指导性技术文件，其主要作用是能在给定的油气层、注采井网、压裂材料（压裂液、支撑剂）与泵注设备等条件下优选出经济有效的增产方案，并作为检验施工质量、增产效果和经济效益的重要依据。

三、压裂设计基本元素

一个压裂优化设计流程，首先应采集准确可靠的设计参数，在此基础上使用水力压裂模型进行设计计算，取得不同参数组合下的裂缝几何尺寸和裂缝导流能力；然后通过油藏模型与经济模型对上述不同几何尺寸和导流能力的水力压裂裂缝进行压后产量预测及经济评价，最终获得一个优化的压裂设计方案。一般而言，完整的压裂设计需要具备以下十个元素。

1. 压前储层评估

通过对储层地质条件、就地应力、开发与完井条件的综合分析研究，为方案设计提供必需的油藏背景材料，采集并确认准确可靠的设计参数，为制订方案做好准备，列出不同参数组合的数组，使其能够覆盖油藏的整体特征。

压前储层评估主要包含储层砂体特征、储层物性特征、储层流体特征、储层敏感性分析、储层应力特征、储层岩石力学特征、储层温压系统等内容。

2. 以往压裂情况分析

通过对邻井及本井以往压裂施工情况进行评估分析，矫正储层就地应力等参数，明确储层改造难点。

3. 压前生产动态分析

通过对邻井及本井压前生产动态进行生产动态拟合等敏感性评估分析，明确储层改造潜力及初步改造需求。

4. 改造难点与对策

通过上述储层评估、以往压裂情况分析及生产动态分析，明确储层改造难点及改造思路对策。

5. 裂缝参数优化

应用油藏数值模拟，以产量、采出程度或经济效益为目标，评价优选裂缝半长、裂缝导流能力、裂缝缝间距等水力裂缝参数。

6. 压裂材料优选

压裂液和支撑剂作为压裂所需的两项基本材料，对其评价优选的要求是：（1）必须与油藏地质条件和流体性质相匹配，最大限度地减少对储层和水力裂缝的伤害；（2）必须满足压裂工艺要求；（3）必须获得最大的压裂开发效果与效益。

7. 施工参数优化

应用压裂优化设计软件，进行裂缝模拟，确定优化的排量、前置液量、支撑剂量、支撑剂浓度、顶替液量和压裂泵注程序等施工参数优化。

8. 压裂管柱优选

根据选择的分层 / 分段压裂工艺要求，施工压力，套管条件优选压裂管柱、工具和井口装置，并进行强度校核，以确保施工安全；根据优选的分层 / 分段压裂工艺、储层改造要求优选射孔方式。

9. 裂缝诊断与监测

水力裂缝诊断旨在使用多种测试技术确认方案实施后实际产生的裂缝的几何尺寸、导流能力与裂缝延伸方位与方案设计的符合程度，其目的是为评价压裂效益，提高完善方案设计提供依据。需要注意，裂缝诊断技术虽有多种，但无一被公认为是最准确可靠的。因此，这项工作需在同一井层上，为同一目的（如确认裂缝方位）进行不同方法的测试，经比较分析，确认它们的一致性与可信度。

10. 压后评估

压后评估是检验、分析方案实施后实际产生的效益与方案设计预计结果的符合程度。因此，应研究如何以更少的投入换取同一效果，或如何以同一投入获得更大的效益。如果方案设计与实际结果相差较大，则必须再次从油藏综合评价出发，逐段逐项地找出症结所在，并修正完善。

第二节　压裂设计基本理论发展

一、水力压裂数学模型控制方程

水力压裂模型的基本控制方程包含弹性方程、流体流动方程、支撑剂运移方程及裂缝扩展条件[69]。

弹性方程用于计算裂缝面上各点由于净压力（局部流体压力减去局部围压）变化引起的缝宽变化，三维的弹性方程可以表述为积分形式的方程：

$$p(x,y,t)-\sigma_c(x,y)=\int_{\Omega(t)}C(x,y,\xi,\eta)w(\xi,\eta,t)\,\mathrm{d}\xi\mathrm{d}\eta \tag{3-2-1}$$

式中，p 为裂缝内流体压力，Pa；σ_c 为局部最小原位应力（围压），Pa；w 为缝宽，m；C 为全域刚度函数，Pa/m，它包含了分层弹性介质的所有信息；Ω 为裂缝面所包含的区域。

裂缝内流体流动满足雷诺方程：

$$\frac{\partial w}{\partial t}+\frac{\partial q_x}{\partial x}+\frac{\partial q_y}{\partial y}=\delta(x,y)q_{\rm i}-q_{\rm l} \tag{3-2-2}$$

式中，$\delta(x, y)$ 为狄拉克函数，m^3/s；q_i 为泵注排量，m^3/s；q_x 和 q_y 分别为裂缝内单位宽度的 x 和 y 方向的流量，m^2/s，满足动量方程[70]：

$$\left.\begin{aligned} q_x=-2^{-\frac{n+1}{n}}\frac{n}{2n+1}w^{\frac{2n+1}{n}}K^{-\frac{1}{n}}\left[\left(\frac{\partial p}{\partial x}+\rho g_x\right)^2+\left(\frac{\partial p}{\partial y}+\rho g_y\right)^2\right]^{\frac{1-n}{2n}}\left(\frac{\partial p}{\partial x}+\rho g_x\right)\\ q_y=-2^{-\frac{n+1}{n}}\frac{n}{2n+1}w^{\frac{2n+1}{n}}K^{-\frac{1}{n}}\left[\left(\frac{\partial p}{\partial x}+\rho g_x\right)^2+\left(\frac{\partial p}{\partial y}+\rho g_y\right)^2\right]^{\frac{1-n}{2n}}\left(\frac{\partial p}{\partial y}+\rho g_y\right)\end{aligned}\right\} \tag{3-2-3}$$

式中，n 为携砂液的幂律指数；K 为幂律系数，$Pa \cdot s^n$；ρ 为携砂液的密度，kg/m^3；q_l 为流体滤失速率，m/s，其定义为：

$$q_{\rm l}=\frac{2C_{\rm L}}{\sqrt{t-t_0(x,y)}}+2S_0\delta\left[t-t_0(x,y)\right] \tag{3-2-4}$$

式中，C_L 为滤失系数，$m/s^{0.5}$，S_0 为初始滤失（表示在裂缝面滤饼形成前早期的初始滤失），m；$t_0(x, y)$ 是裂缝前缘到达坐标（x，y）的时间，s；$\delta(x)$ 为狄拉克函数。

支撑剂的运移归结为求解关于支撑剂体积浓度 c 的对流方程（质量守恒方程）：

$$\frac{\partial(cw)}{\partial t}+\nabla\cdot\left(cwv^{\rm p}\right)=0 \tag{3-2-5}$$

式中，v^p 为支撑剂的运移速度。支撑剂的运移速度可以通过携砂液速度和滑移速度计算得到，滑移速度包含支撑剂的沉降、颗粒间相互作用等影响因素。

通常水力压裂数值模型裂缝扩展条件采用传统的线弹性断裂力学准则，即

$$K_{\rm I}=K_{\rm Ic} \tag{3-2-6}$$

式中，K_I 为应力强度因子，K_{Ic} 为材料的断裂韧性。

为了精确模拟水力压裂裂缝扩展过程，需完全耦合求解弹性方程、流动方程、支撑剂运移方程及裂缝扩展条件所组成的非线性偏微分方程组。事实上，学者们采用了各种算法（诸如 Picard 迭代、牛顿迭代以及针对支撑剂运移的弱耦合算法）来求解上述耦合方程组。由于边界元法（BEM）的高效率（将弹性方程缩减为积分方程，且只需对裂缝面进行离散求解），及它对线弹性断裂力学的高精确性，在大多数的水力压裂模拟器中，边界元 + 有限体积法（或有限差分法、有限元法）是最常用的算法，后者用于求解裂缝中的流体流动问题。

二、水力压裂裂缝扩展模型

水力压裂数值模拟二维理论模型发展于 20 世纪 50 年代，Perkins 和 Kern（1961）采用 Sneddon 平面应变裂缝解开发了 PK 模型，之后，Nordgren（1972）通过考虑液体滤失

影响改进 PK 模型形成了 PKN 模型[71]。Khristianovic 和 Zheltov（1955）以及 Geertsma 各自独立开发了 KGD（平面应变）模型[72]。Sneddon（1946）求解了恒定流体压力作用下的径向模型（硬币模型）。Green 和 Sneddon（1950）研究了扁平椭圆裂缝在恒定荷载（远场应力或内部压力）作用下的扩展问题[73]。

PKN 模型（图 3-2-1）适用于长裂缝，有限缝高及椭圆垂向截面。KGD 模型（图 3-2-2）适用于短裂缝，水平截面满足平面应变假定，缝宽与高度无关。径向模型（图 3-2-3）适用于注入区域为点源的均质储层，例如井眼轨迹指向最小主应力方向或流体从射孔区域注入储层，而储层相对于裂缝无限大的情况。PKN 模型、KGD 模型、径向模型及它们的改进模型直到 20 世纪 90 年代还在实际工程中广泛应用，即使是在拟三维模型（P3D）及三维模型广泛使用的今天这些二维模型也仍常被使用。

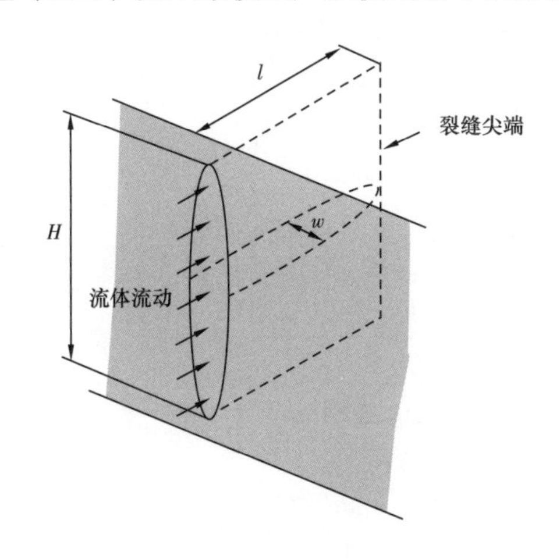

图 3-2-1 PKN 模型示意图

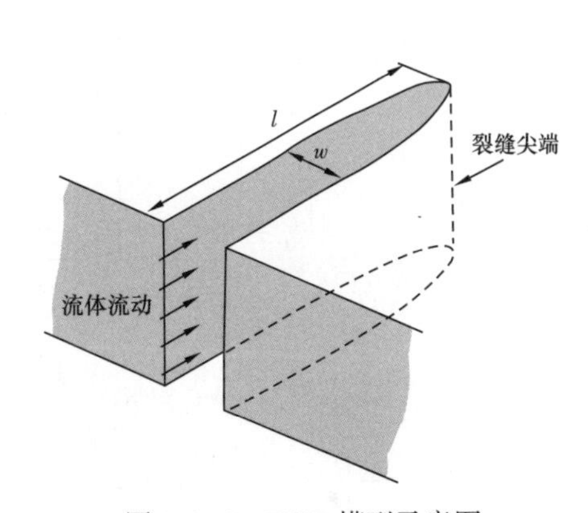

图 3-2-2 KGD 模型示意图

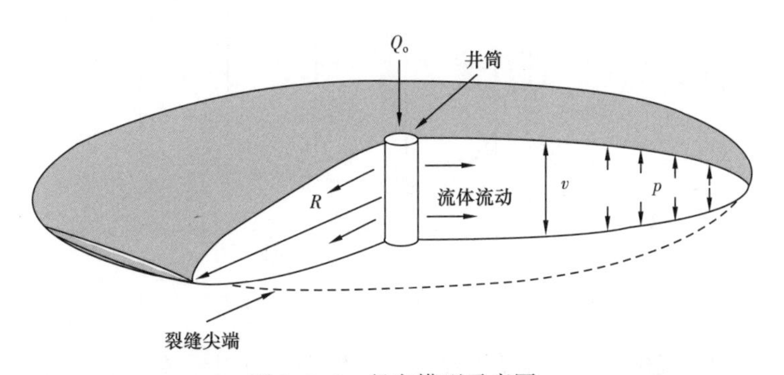

图 3-2-3 径向模型示意图

拟三维模型发展于 20 世纪 80 年代，Simonson 等（1978）在拟三维模型方面做了一些开创性工作，建立对称三层裂缝高度生长模型来模拟裂缝高度由低应力区进入高应力区随压力的变化[74]。之后的拟三维模型大都是在 Simonson 等（1978）工作的基础上扩展至多层情况。拟三维模型虽然简单，但是非常有效率，能够以最低计算代价来捕捉平面三维水力裂缝的物理行为。整体来讲，拟三维模型分为两大类：集总模型和基于单元的模型（Adachi[69] et al，2007）。在集总模型每个时间步中，裂缝的几何形态包含上下两个半椭圆，它们相汇于裂缝长度方向的中心线。缝长、上半椭圆、下半椭圆在每个时间步都会更新。流体流动沿着预先确定的流线从射孔处流向椭圆边缘（沿裂缝长度方向一维流动）（图 3-2-4）。在基于单元的模型中，沿缝长划分一系列类似于 PKN 模型的单元，每个单元有自己的计算高度（图 3-2-5）。拟三维模型的一个基本假定是储层弹性性质是均匀的，对包含裂缝高度在内的所有层的弹性参数取平均值。在计算缝宽时，围压应力对弹性性质起主导作用，因此这一假定在很多情况下是成立的。在层间物性变化比较剧烈时，拟三维模型精度下降。

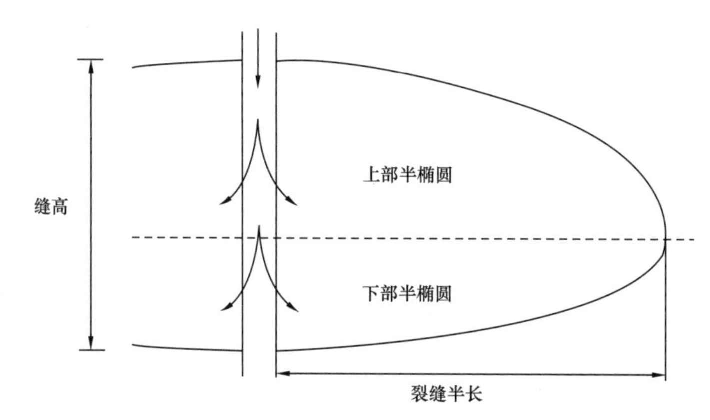

图 3-2-4　拟三维集总椭圆模型裂缝形态示意图

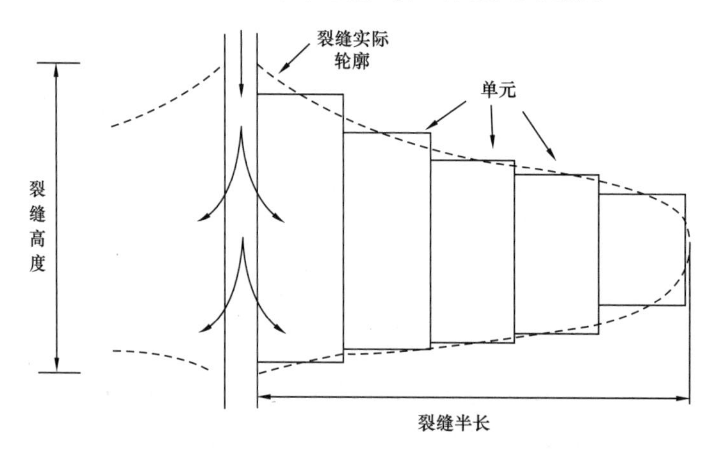

图 3-2-5　拟三维基于单元模型裂缝形态示意图

20 世纪 80 年代到 20 世纪末推动了平面三维模型（PL3D）的发展。模型假定裂缝轮廓以及耦合的流体方程用二维网格来描述，典型的网格［如移动三角形网格[75]（图 3-2-6）或固定长方形网格（图 3-2-7）］形成一个垂直的平面，采用全三维弹性方程来描述裂缝宽度作为流体压力的函数。平面三维模型相对拟三维模型更精确但是计算成本更大。平面三维模型适合模拟层间应力、物性变化比较大的地层，以及裂缝高度不受隔层控制的情形。特别针对层状储层导致的沙漏形状裂缝轮廓（如三层介质系统中间层相对上下层更硬，中间层的缝宽就相对缩小）宜采用平面三维模型来模拟。

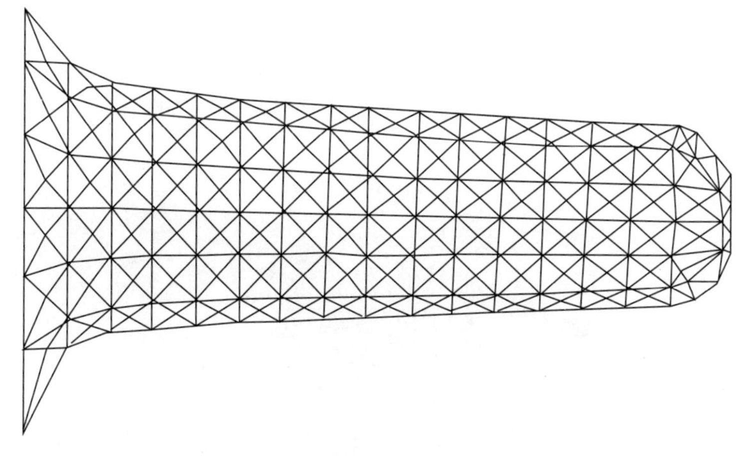

图 3-2-6 移动三角形网格系统平面三维模型示意图

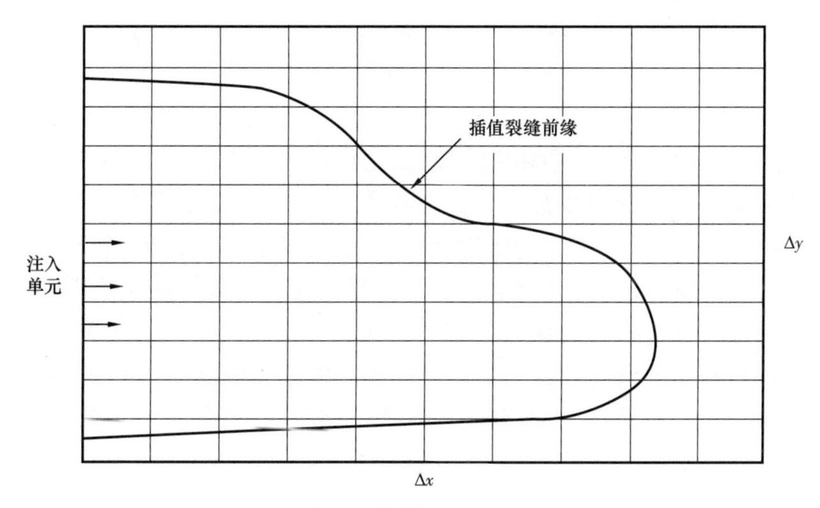

图 3-2-7 固定长方形网格系统平面三维模型示意图

针对非平面缝多缝扩展、应力阴影问题，需要采用全三维模型来模拟水力压裂。相比平面三维模型，全三维模型裂缝尖端承受不仅仅Ⅰ型应力奇异性，而是Ⅰ型、Ⅱ型、Ⅲ型应力奇异性的组合，因此全三维模型的求解更复杂。全三维模型基于边界元方法求解建立在裂缝面上的积分方程来提高计算效率，裂缝面被划分为一系列三角形或四边形单元，同时这些单元随着裂缝前缘的发展而做出调整，即使如此全三维模型的求解也非常耗时且经常面临数值解不稳定性问题，因此全三维模型更多用于研究性工具而非工程设计软件。Lam 等（1986）建立了早期的全三维水力压裂模型，用来模拟弯曲裂缝的扩展并与室内实验做对比。Yamamoto 等（2004）开发了全三维模型来模拟多条非平面缝的相互作用[76]。Xu 和 Wong（2013）建立非平面三维模型用来模拟多簇射孔多缝扩展以及应力阴影对裂缝扩展的影响。图 3-2-8 给出了采用该模型模拟两口井拉链式压裂的一个算例。Rungamornrat 等（2005）建立了非平面三维裂缝模型[77]。Castonguay 等（2013）改进此模型来模拟水平井多缝同步扩展[78]。Li 等 2020 年基于三角形网络的位移不连续法，建立了全三维模拟，能够更精确地模拟裂缝边缘形态以及空间扭曲形态。全三维裂缝扩展模型虽然能够模拟复杂非平面缝，但是它在高效模拟水力裂缝与天然裂缝相互作用、复杂缝网形成时仍然有很大的局限性，在现场应用方面仍然有很大的改进空间。

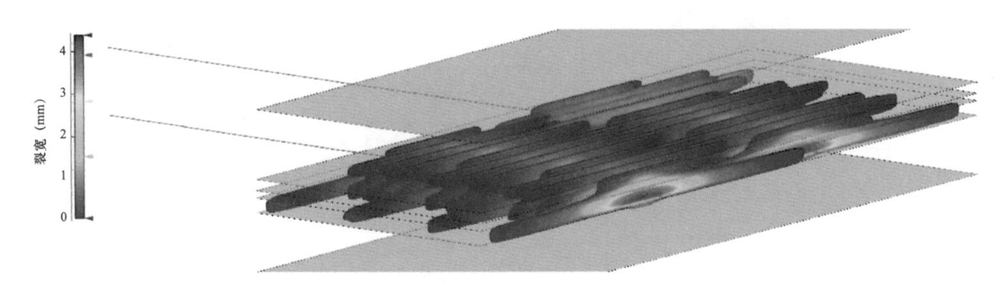

图 3-2-8　三维裂缝扩展模型算例（图例为裂缝长度：深蓝色 –0.1μm；浅蓝色 –0.3μm；黄色 –0.5μm；红色 –0.7μm）

针对水力压裂形成复杂缝网的模拟，以 Weng 等（2011）提出的基于拟三维模型的复杂缝网模型［即非常规裂缝模型（UFM）]，最具代表性。在此基础上，研发出更为精确的堆叠高度生长模型（stacked height growth model），该模型能够模拟复杂缝网的扩展、变形及流体流动[79]。UFM 模型采用和传统拟三维模型类似的假定和控制方程，耦合求解裂缝网络的流体流动和裂缝的弹性变形。但是不同于求解单个平面裂缝，UFM 模型能求解复杂缝网的控制方程。UFM 模型采用传统拟三维模型模拟裂缝高度生长，采用三层支撑剂运移模型（底部支撑剂沉降、中部悬浮液、顶部纯液）来模拟缝网中支撑剂运移。运移方程求解泵入的液体和支撑剂的各个组分。UFM 模型与传统平面裂缝模型的一个关键差别在于它能够模拟水力裂缝与预置天然裂缝的相互作用。另外，UFM 模型考虑了应力阴影的影响。图 3-2-9 给出了 UFM 模拟复杂裂缝扩展的一个算例。2020 年结合中国页岩油非均质特征等，开展了采用自适应时间步长算法和并行计算算法提高裂缝扩展数值模拟效率，计算效率提高了 30% 以上。

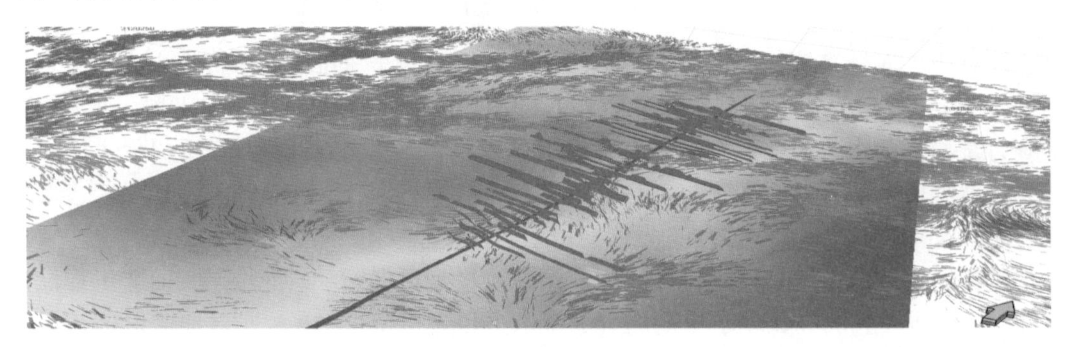

图 3-2-9　UFM 模型裂缝扩展算例［底图为三维地应力场分布（红色为低应力，蓝色为高应力），紫色为天然裂缝］

综上所述，随着水力压裂实际工程的需求，水力压裂裂缝扩展模型经历从解析二维模型到拟三维模型再到平面三维模型、全三维模型的一个发展历程，研究对象也从单裂缝发展到分层、分段、分簇裂缝扩展再到复杂裂缝网络的形成，其整体发展情况如图 3-2-10 所示。

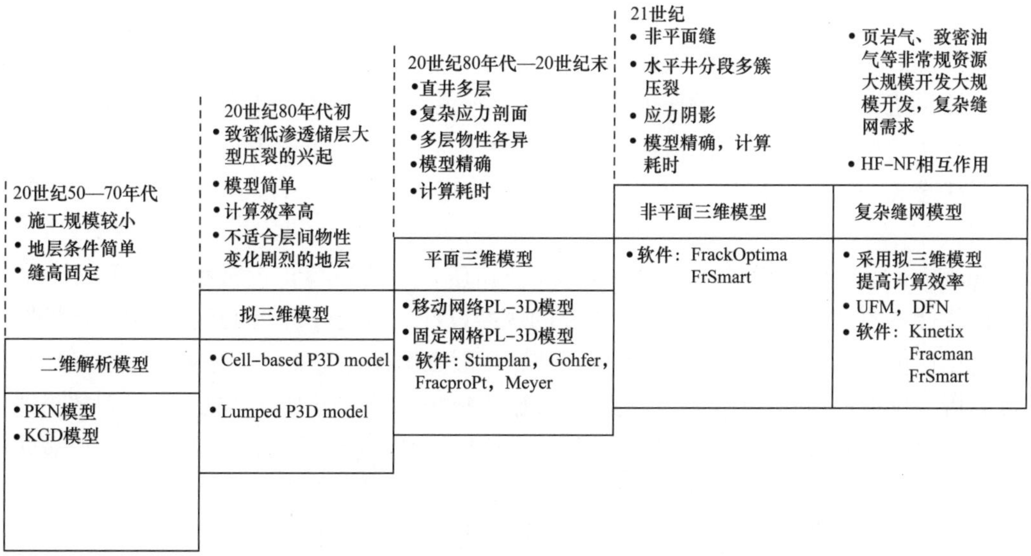

20世纪50—70年代
• 施工规模较小
• 地层条件简单
• 缝高固定

二维解析模型
• PKN模型
• KGD模型

20世纪80年代初
• 致密低渗透储层大型压裂的兴起
• 模型简单
• 计算效率高
• 不适合层间物性变化剧烈的地层

拟三维模型
• Cell-based P3D model
• Lumped P3D model

20世纪80年代—20世纪末
• 直井多层
• 复杂应力剖面
• 多层物性各异
• 模型精确
• 计算耗时

平面三维模型
• 移动网络PL-3D模型
• 固定网格PL-3D模型
• 软件：Stimplan，Gohfer，FracproPt，Meyer

21世纪
• 非平面缝
• 水平井分段多簇压裂
• 应力阴影
• 模型精确，计算耗时

非平面三维模型
• 软件：FrackOptima FrSmart

• 页岩气、致密油气等非常规资源大规模开发大规模开发，复杂缝网需求
• HF-NF相互作用

复杂缝网模型
• 采用拟三维模型提高计算效率
• UFM，DFN
• 软件：Kinetix Fracman FrSmart

图 3-2-10 水力压裂裂缝扩展模型发展情况

第三节 压裂优化设计软件发展

一、设计软件基本特征

压裂设计软件基本可以分为两大类：传统压裂优化设计软件和地质工程一体化软件。传统压裂优化设计软件其基本功能包含一维分层建模、压裂设计、酸压设计、简单产能模拟、测试压裂分析、实时数据分析、经济评价等，能够实现直井分层、水平井分段压裂优化设计，地质模型简单不适用于非常规储层。常见的商用软件基本为国外企业所研发，例如 FracPro、Gohfer、StimPlan、Meyer 等。地质工程一体化软件一般要求具备复杂的三维地质建模、天然裂缝建模、就地应力建模、压前评价、压裂设计、微地震解释、产能模拟（油藏数值模拟）、经济评价等一体化工作流功能，其建模功能、产能模拟功能较传统压裂软件更先进，裂缝扩展考虑了任意天然裂缝分布影响，与地质和油藏结合得更紧密。常见软件有 Mangrove、JewelSuite、Fracman 等。

二、国外软件功能介绍

1. 压裂优化设计软件

常规压裂优化设计软件以 FracPro、StimPlan、Gohfer、Meyer、FrackOptima 为例。

FracPro 压裂优化设计软件由 Carbo 公司研发，其裂缝扩展模型采用集总参数的三维压裂裂缝模型，本质上为拟三维模型。该软件的主要特点是能够有效地使用现场数据，提供支撑剂和酸化压裂增产的设计、模拟、分析、执行和优化功能。Fracpro 的独特技术是它的实时数据管理和灵活的分析能力，根据裂缝分析可进行校正的裂缝模型，以及压裂处理后进行生产分析和经济优化的简单油藏模拟功能。基本功能包含：（1）压裂设计：提供施工泵序一览表的压前设计；（2）压裂分析：能够进行详细的压前设计、实时数据分析、净压力拟合、限流法模拟等功能；（3）产能分析：历史拟合并预测压裂井的生产状态；（4）经济优化：压裂裂缝模型链接在油藏模型上，确定经济上最优化的施工规模。

Stimplan压裂优化设计软件由NSItech公司研发，其裂缝扩展模型采用平面三维模型。该软件具备进行压裂优化设计所需要的压裂设计、压裂分析 / 诊断、压裂油藏模拟和经济优化评价功能，能够完成压前地层评估、压裂方案设计与优化、全三维压裂模拟与敏感性分析、压裂过程及压后压力降落实时数据采集与分析、压力历史拟合和压裂效果评价等工作。典型功能包括：水平井分段压裂、限流法压裂、应力干扰、酸压设计、压裂防砂设计和分析，非常规储层压裂设计等功能（页岩、泥岩、页岩气）。

Gohfer压裂优化设计软件由Stim-Lab公司研发，其裂缝扩展模型采用三维网格结构算法。其特点包括：（1）考虑地层各相异性、多相流多维流动、支撑剂输送、压裂液流变性及动滤失、酸岩反应等有关各种因素，能够计算和模拟多个射孔层段的非对称裂缝扩展。（2）丰富的压裂液、酸液和支撑剂综合数据库，每年扩展升级。（3）完备的“产能预测和经济评价”模块。（4）完备的小型压裂模拟（拟合）工具。

Meyer压裂优化设计软件由Meyer & Associates，Inc. 开发，其裂缝扩展模型采用集总椭圆拟三维裂缝网络模型。基本功能包括：常规压裂设计与分析，实时数据处理与显示，小型压裂数据分析，预测压裂和水力裂缝几何形态，近井筒三维模拟，产能分析，经济优化，二维裂缝模拟，缝网压裂设计与分析（针对页岩气、煤层气）。

FrackOptima压裂设计软件由加州大学河滨分校徐冠水教授研发，其最主要功能与特点在于采用更为精确的全三维力学模型模拟水力裂缝的扩展，支撑剂运移及缝内温度场变化。主要功能包括：实现空间应力非均质情况下裂缝扩展模拟，实现不同流变性能幂律流体压裂液模拟，模拟支撑剂运移、沉降现象，考虑压裂液滤失、关井、孔眼磨蚀对裂缝扩展的影响，限流法模拟多簇射孔、多缝扩展，针对裂缝尖端机理的模拟（黏度和断裂韧性控制的裂缝生长特性及流体前缘和裂缝前缘的不一致特性），砂堵模拟与分析。其功能更偏向与裂缝扩展模拟，目前缺少产能分析和经济评价两大主要功能。

2. 地质工程一体化软件

地质工程一体化软件以Mangrove、FracMan、JewelSuite为例。

Mangrove由斯伦贝谢公司开发，基本实现了地质工程一体化的压裂优化设计工作流程。一体化油藏描述，无缝应用所有数据；完井工程设计实现分级射孔优化、储层品质和完井品质评价；水力压裂设计模型包含平面三维模型、拟三维模型、线网模型以及针对复杂缝网的非常规裂缝模型（UFM），同时提供压裂液和支撑剂库；油藏数值模拟，采用Intersect油藏模拟器，实现高精度高性能流固耦合数模技术；四维岩石力学模拟，实现重复压裂前应力场及重复压裂分析。

FracMan 由高达集团研发，基本实现了地质工程一体化的压裂优化设计工作流。在地质方面，实现了地质统计学分析、裂缝建模、地质力学建模、甜点区评价的功能；在工程方面，考虑应力时变的真三维压裂模拟、缝网压裂规模优化、重复压裂选井选段、单井压裂方案优化；在油藏方面，实现多种裂缝模式的试井模拟、井位部署、快速产能预测；在模型算法方面，裂缝扩展采用离散元与有限元耦合分析方法，油藏模拟方面采用离散裂缝网络模型与等效渗透率模型耦合模拟，实现大规模高精度流体模拟。该软件特点在于裂缝统计分析及建模，实现了真三维的水力压裂复杂缝网模拟，但在水力压裂设计方面不够完整，暂时不能真正模拟支撑剂运移、射孔摩阻等问题。

JewelSuite 由贝克休斯通用公司研发，它的一体化平台设计理念在于使不同专业、使用不同软件工具的用户可以协同工作并分享彼此的数据和结果，该平台包含七大功能模块：地质力学模块、储层改造模块、油藏模拟模块、钻井工程模块、实时监测模块、储层测试模块及可视化模块。七大模块相对独立，通过数据库实现数据的共享，其储层改造模块所用的模型实为 Meyer 压裂优化设计软件。

三、国内软件功能介绍

国内压裂优化设计软件，以全三维双翼对称裂缝扩展、单井产能模拟、经济评价三个模块为主，有复杂裂缝扩展模块，整体上国内软件稳定性、功能性、可持续开发性仍不完备，与地质结合仍处于开发完善阶段，且均未实现商业化。2022 年 1 月中国石油勘探开发研究院在压裂优化设计软件研发方面取得了重要突破，发布了 FrSmart 1.0 Beta 版，该软件从地质工程一体化压裂优化设计理念出发，攻克了非平面全三维裂缝模拟、基于嵌入式离散裂缝的压后产能模拟两项核心技术，开发了水力裂缝模拟和压后产能模拟 2 个核心模块和地质力学建模、经济评价、实时决策与数据库 4 个配套模块。主体模块间实现了成果的无缝一体化自动衔接，核心模型与国际先进水平同步，与顶级商业化软件对比，裂缝模拟结果差异小于 5%，压后产能模拟结果差异小于 2%。软件具备了直井、定向井、水平井单井压裂优化设计功能。一些大学和研究院所开发以局部范围内使用的研究性压裂优化设计软件 / 程序（表 3–3–1）。

表 3–3–1 国内研究性压裂优化设计软件 / 程序

软件名称	研发单位	模型及功能
万庄 2000	中国石油勘探开发研究院	裂缝扩展：全三维模型，对称双翼缝，考虑温度影响
裂缝扩展软件 NetworkFrac3D 1.0	中国石油大学（北京）	裂缝扩展：全三维（有限元 + 离散元），天然裂缝、层理，不考虑基质滤失和分簇射孔影响，未商业化
水平井分级压裂优化设计软件	西南石油大学	裂缝扩展：拟三维裂缝模型 + 支撑剂运移模型，考虑纵向应力场、排量、黏度等 产能模拟：水平井压后产能预测 经济评价：NPV 评价方法

续表

软件名称	研发单位	模型及功能
3D-HFODS 压裂软件	西南石油大学	裂缝扩展：三维裂缝模型、支撑剂运移，考虑纵向应力场、温度场、排量、黏度等 产能模拟：压后生产动态 经济评价：NPV 评价方法
Frac_Hor 水平井压裂优化设计软件	中国石油大学（北京）	裂缝扩展：拟三维模型、泵注工序，裂缝延伸情况及泵压变化 产能模拟：半解析－压裂水平井多条裂缝相互干扰的产能预测模型
水平井分段压裂优化设计系统	中国石油大学（华东）	产能模拟：考虑水平井、直井联合布井情况，预测压裂水平井生产动态
复杂工况整体压裂优化软件	中国石油大学（华东）	产能模拟：有限元求解、复杂几何模型构建及网格剖分，对渗透率各向异性低渗透油藏任意转角整体压裂优化
FtSmart 软件	中国石油勘探开发研究院	裂缝扩展：非平面三维模型 产能模拟：嵌入式离散模型

第四节 压裂优化设计方法与工艺

一、压裂优化设计方法

压裂优化设计是使用各种含压裂裂缝的油气藏模拟器、水力压裂模拟器及经济模拟器，对给定的油气藏地质条件与不同的泵注参数条件，反复计算与评价不同裂缝参数（裂缝半缝长、裂缝导流能力、水平井缝间距等）的压裂裂缝所产生的经济效益，从中选出能实现少投入、多产出的压裂设计方案[80]。

1. 单井优化设计方法

直井压裂方案设计至今已形成了一套较为完整的技术体系。

1）压前油藏综合评价

这项工作是压裂方案设计研究的基础。通过对油藏地质，就地应力场、开发与完井条件的综合分析研究，为方案设计提供必需的油藏背景材料，采集并确认准确可靠的设计参数，为制订方案做好准备，列出不同参数组合的数组，使其能够覆盖油藏的整体特征[81]。

2）压裂材料的评价优选

压裂液和支撑剂是压裂所需的两项基本材料。评价优选要求：（1）必须与油藏地质条件和流体性质相匹配，最大限度地减少对储层和水力裂缝的伤害；（2）必须满足压裂工艺要求；（3）必须获得最大的压裂开发效果与效益。

3）压裂方案的优化设计

依据上述两项研究结果，进行压裂方案的设计工作。将具有一定支撑缝长、导流能力与方位的水力裂缝置于给定的油藏地质条件和开发井网（井网形式、井距、井数与布井方位）之中，借助水力裂缝、油藏和经济模型，使其达到最佳的优化组合，并提出可实现的工艺措施，以保证油藏压裂后能够获得最大的开发效益和经济效益。对开发井网的优化结果要反馈给油藏工程方案和油田开发方案[82–83]。

4）水力裂缝诊断

水力裂缝诊断旨在使用多种测试技术确认方案实施后实际产生的裂缝的几何尺寸、导流能力和裂缝延伸方位与方案设计的符合程度，为评价压裂效益，提高完善方案设计提供依据。需要注意，至今裂缝诊断技术虽有多种方法，但无一被公认为是最准确可靠的。因此，这项工作需在同一井层上、为同一目的（譬如确认裂缝方位）进行不同方法的测试，经比较分析，确认它们的一致性与可信度。

5）压后评估

压后评估是检验、分析方案实施后实际产生的效益与方案设计预计结果的符合程度。因此，应研究如何以更少的投入得到相同效果，或如何以同样的投入获得更大的效益。如果方案设计与实际结果相差较大，则必须再次从油藏综合评价出发，逐段逐项地找出症结所在，并修正完善。

2. 井网优化设计方法

水力压裂作为低渗透油藏改造的主要措施，随着对其认识的不断深化，20 世纪 80 年代中后期在设计思想上有了新的突破：把原来以单井产量或经济净现值为准则的单井优化设计扩展为以油藏（区块）作为总体单元、以获得最大的油藏经济净现值或采收率（扫油效率和波及系数）为准则的整体压裂优化设计（图 3–4–1）。

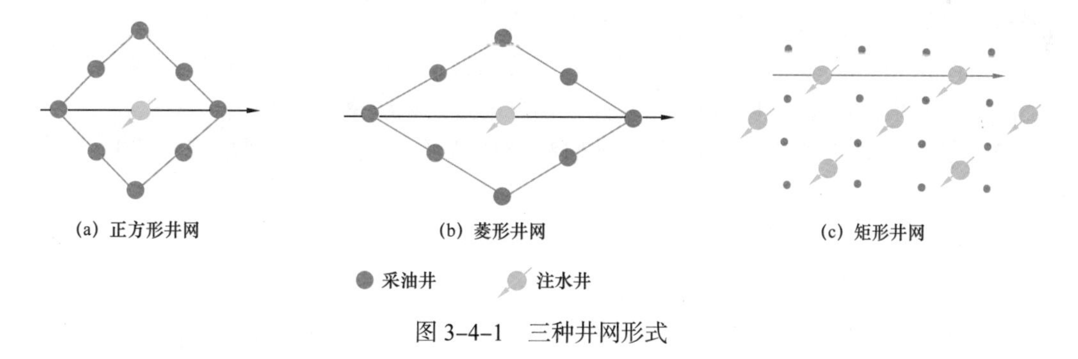

图 3–4–1 三种井网形式

1）整体压裂概念

对已经形成注采井网且须经压裂的注水开发油藏来说，水力压裂的目的不仅在于提高井的产量，而且还在于提高油藏的面积波及系数，以获得最大的最终采收率[84]。水力裂缝的方位、长度与导流能力是影响面积波及系数的敏感参数。因此，一个优化的压裂设计必须考虑该设计的水力裂缝对油藏面积波及系数的影响。整体压裂方案优化要应用的基础概念包括：

（1）面积波及系数（扫油效率）：水淹面积与井控面积之比，计量单位为小数或百分数。

（2）流度比：在注水油藏中，驱替液体（注入水）的流度与被驱替液体（原油）流度的比值。

（3）有利裂缝方位与不利裂缝方位：水力裂缝的方位与注水井排或生产井排的连线相平行，该裂缝方位则为“有利”；反之，如与注采井的连线（注入水的主流线）相平行，则为“不利”。

（4）裂缝穿透率：裂缝的支撑半长与注采井距之比。

（5）无因次导流能力：裂缝导流能力与地层有效渗透率和裂缝支撑半长乘积之比。

2）井网类型

低渗透油藏注水开发井网形式通常有正方形五点井网、菱形反九点井网、矩形井网三种。对于天然裂缝不发育、平面渗透率各向异性的储层，选用正方形反九点面积注水井网，正方形井网对角线与最大就地应力方向平行；对于天然微裂缝发育储层，考虑到油水井数比例及后期调整灵活性，常选用菱形井网；对于渗透性差，难以建立有效驱替的储层，矩形井网具有一定优势。

3）井网压裂优化设计方法

井网压裂的工作对象（工作单元）是从全油藏出发，就是将压裂缝长、缝宽、导流能力与一定延伸方位的水力裂缝置于给定的油藏地质条件和注采井网之中，然后反馈到油藏工程和油田开发方案中，从而优化井网、井距、井数及布井方位，以取得好的开发效果和效益。

与单井压裂比较，井网压裂具有以下四个方面特征：

（1）立足于油藏地质、开发现状与开发要求，从宏观上对全油藏压裂做出规划部署，用来指导规范每一单井压裂的优化设计与现场施工。

（2）以获得全油藏最大的开发与经济效益为目标，强调水力裂缝必须与注采井网达到最佳的匹配关系，在注水开发条件下提高全油藏的最终采收率。

（3）是一项系统工程，需由多学科的渗透融合并与工程上各项配套技术进步相辅相成。

（4）由研究、设计、实施与评价四个主要环节组成并不断循环深化。

4）井网裂设计基本原则

井网压裂优化设计应满足以下三项基本原则：

（1）最大限度地提高单井产量，以达到油田合理开发对产量的要求。

（2）最大限度地提高水驱油藏波及体积和扫油效率，以达到最高的原油最终采收率。

（3）合理设置压裂参数、努力节省工程费用，最大限度地增加财务净现值和提高经济效益。

以上三个方面互相密切关联，要综合考虑、统筹安排、合理配置。

5）井网压裂优化设计主要影响因素

（1）裂缝方位。对于超低渗透油田，由于自然产能较低，需要压裂投产，压裂裂缝方位是关系开发效果好坏的最关键因素。一般而言，对于大型岩性油藏，就地应力变化有一定趋向性，裂缝方向分布相对稳定。在鄂尔多斯盆地，最大主应力方位大致在北东 75° 左右。但在构造或复杂断块油藏，会出现共轭缝、多向缝，研究难度加大。对于新开发油田，需要利用探井、评价井取心和测井资料研究就地应力方向，并通过压裂井实时裂缝监测方法确定裂缝方位。

（2）井型与压裂方式。在直井开发方式下，对生产井和注水井压裂对策需区别对待。菱形井网条件下，为避免主向角井过早水淹和纵向吸水剖面，原则上注水井不进行压裂，生产井要合理控制裂缝穿透比。矩形井网条件下，注水井和生产井都要进行压裂，采用线性注水、排状驱替方式。

（3）天然微裂缝发育情况。油水井周围存在天然裂缝时（即使不与油井或人工裂缝连通），有利于解决近井压力梯度高的问题，能在一定程度上提高注水井的注入量和油井的产量。布井时应考虑天然裂缝的位置、方位和裂缝发育情况。

3. 水平井优化设计方法

在给定储层条件下实施直井压裂或水平井分段压裂，需要采用何种裂缝形态、压裂多少条裂缝、裂缝如何布置、形成的水力裂缝长度多少、是否实现水平井多段压裂、满足油藏条件的裂缝参数能否通过现场施工实现、这些参数是否满足经济要求，回答以上问题是进行压裂裂缝参数优化与施工参数优化的目标（图 3–4–2）。

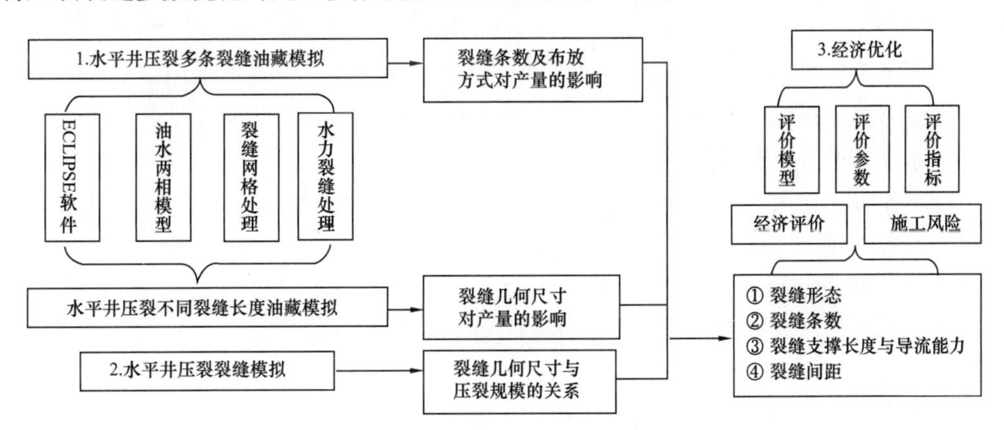

图 3–4–2　水平井分段压裂多段裂缝优化方法框图

（1）应明确优化的对象。在既定的油藏条件下，储层物性等客观存在的因素不能人为改变，也谈不上优化，能够优化的都是可以改变的要素（如裂缝条数、长度、导流能力、位置等裂缝参数以及规模、排量、砂液比等施工参数）。此外，水平段方位和长度会影响到产生的裂缝形态和产能，此外还要考虑合理布井的问题。

（2）要明确优化目标。裂缝参数在满足油藏要求的情况下，要考虑能否在现场实现、经济上是否有效益，如弹性开采条件下裂缝条数越多意味着初产越高，同时也意味着对施工能力要求的提高、施工风险的增大和经济投入的增多，但最终能否实现效益开发还需要进行具体评价。因此，水力裂缝优化应综合考虑油藏、施工和经济的因素，优化的目标就是使优化的裂缝参数和施工参数能够同时满足油藏、施工和经济的要求。

（3）要明确实现优化目标的方法。对水平井压裂水力裂缝优化的方法：通过油藏数值模拟进行水力裂缝参数产能优化，得到裂缝条数、裂缝长度、裂缝导流能力、裂缝位置等裂缝参数；在此基础上，通过压裂裂缝模拟进行施工参数优化，得到施工规模等施工参数；对优化的裂缝参数和施工参数进行经济评价，最终确定满足经济要求的裂缝和施工参数。

水平井压裂优化与直井压裂优化相比，仍有几个方面需要论证。

（1）油藏类型是否适合水平井开发。

通常认为单一厚层状油藏是最适合水平井开发的，如果内部比较均质、没有明显的隔夹层，则水平井开发尤为有利。开发方案中还应该对油层的纵向沉积韵律、平面沉积相带进行论证，为水平井的轨迹和方位设计提供依据[85]。

对于层状油藏，如果油层分布井段相对集中或者有少数几个主力油层，也可以考虑采用水平井或者穿越多层的分段压裂开发。但是必须论证储量的动用程度，或者明确哪些层用水平井开采、哪些层用直井开采，哪些层采用水平井、直井、定向井相结合的方式开采。对于油层较薄的层状油藏，还必须论证水平井单井控制储量，并与直井的单井控制储量进行对比，说明水平井开采的优势所在。

水平井开发裂缝性低渗透油藏也具有明显优势，但要重点论证水平井轨迹方位与裂缝之间的关系，考虑地应力、天然裂缝、压裂裂缝之间的相互关系及其对水平井开发的影响。

而对于非常规油气藏中的致密油页岩油、页岩气等储层，则基本采用水平井开发。如四川盆地页岩气、准噶尔盆地玛湖致密油、吉木萨尔页岩油、古龙页岩油等。

（2）水平井开发的技术优势。

论证水平井与直井开发的单井产能比、单井和油藏的高峰产量、稳产期、含水上升速度、最终采收率等。

（3）水平井开发的经济优势。

要对投入产出比、投资回收期等方面与其他井型开发进行对比。

（4）储量动用程度。

论证水平井开发对油藏储量的动用程度、储量损失状况。

二、压裂改造工艺

压裂改造工艺以井型划分，可大体分为直井分层压裂工艺与水平井分段压裂工艺。

1. 直井分层压裂工艺

早期直井分层主要采用投球和限流法分层，随着技术的发展，目前广泛采用的主要是封隔器滑套分层压裂和连续油管拖动分层压裂，限流分层压裂和投球分层压裂作为新的压裂工艺技术也将在下文介绍。

1）封隔器滑套分层压裂

封隔器滑套分层压裂是目前广泛采用的一种压裂工艺技术，国内主要采用油管下入喷砂器带滑套施工管柱，采用投球憋压方法打开滑套。该压裂方式可以不动管柱、不压井、不放喷、一次施工分压多层，对多层进行逐层压裂和求产。封隔器分层压裂关键在封隔器，选择的封隔器要能够替出井内压井液，并建立多个独立的油套环形空间，将作业层段分开，以保证其在施工过程中互不影响。

优点：工艺流程较简单、每个层位压裂间隔时间短、压裂后恢复井口即可排液并投产。

缺点：发生砂堵处理较麻烦、封隔器出现窜漏现象将无法有效分层。

后期由于水平井技术的发展，套管滑套封隔器方法在直井的应用比例逐步提高，该技术的具体使用水平井分段压裂部分详细介绍。

2）连续油管分层压裂

（1）连续油管 + 跨隔式封隔器压裂技术。

连续油管 + 跨隔式封隔器压裂技术是通过连续油管管内进行加砂压裂的技术，用跨隔式封隔器实现分层封隔。由于该技术在连续油管内加砂，使得该技术存在显著的局限性。一是该技术要求连续油管通径要大，一般为 $2^3/_8$in[1] 或 $2^7/_8$in 连续油管；二是管内加砂，无论施工井深度多少，液体与支撑剂均需要通过全盘连续油管的长度，沿程摩阻大大增加，因此最大深度受到限制，一般最大使用垂深应小于 2400m。三是管内加砂使得支撑剂对管壁的冲蚀相当严重，极大地缩短了连续油管的使用寿命，有关资料统计：一盘连续油管一般在施工 50 层或者 1200t 支撑剂之后，寿命损失 70% 以上。目前该技术现场应用逐渐减少。

（2）连续油管 + 水力喷砂射孔 + 环空加砂压裂技术。

连续油管 + 水力喷砂射孔 + 环空加砂压裂技术应用最为广泛，也是目前直井分层压裂的主体技术，适用于多薄层的油藏、气藏和煤层气藏，适合的井形为直井、斜井和水平井，地层实际垂深小于 3050m，井底温度小于 139℃，套管 / 衬管尺寸为 $4^1/_2$in 或 $5^1/_2$in，连续油管尺寸为 $1^3/_8$～$2^3/_8$in，可采用砂塞或底部单封隔器实现分层封隔。

技术特点：① 一趟管柱完成射孔及压裂，大大缩短了作业周期；② 环空加砂可以适当提高排量，最大排量可达 4m³/min，同时减小了对连续油管的磨损；③ 环空加砂可以使用较小外径的连续油管，如 $1^1/_2$in 或 $1^3/_4$in 的连续油管；④ 井下工具简单，施工效率很高，施工风险小；⑤ 作业后使用连续油管冲砂。

压裂施工基本步骤：① 置放工具到目的层；② 对第一段喷砂射孔；③ 压裂，通过环空注携砂液，连续油管内小排量供液；④ 填砂封堵已压裂层；⑤ 上提管柱到第二射孔层；⑥ 冲洗管柱，清理管内残余支撑剂，准备进行第二次射孔；⑦ 重复第②道至第⑥道工序，实现多层分压。

施工过程中判断封堵成功判断依据：压实处理过程中，井底加压至比瞬时停泵压力高 7MPa，停泵后若压力损耗低于 3.5MPa/min 则可视为成功，反之继续重复。

该技术的关键是连续油管的定位技术，需要用深度校正器将工具准确置放到目的层，现有的深度校正器外径有 $2^1/_4$in、$3^1/_4$in 和 $3^1/_2$in 三种。深度校正步骤：连续油管保持恒定

[1] 1in=2.54cm。

泵速，磁性探头探测到套管接箍，电磁阀推动活塞关闭循环孔，连续油管压力上升，循环孔打开，连续油管压力下降，实现深度校正。此外，连续油管压裂井口及保护器也是该技术的关键组成部分。

与常规压裂相比，连续油管分层压裂具有以下优势：① 可以对常规压裂无法处理到的小层进行压裂以达到增加储量的目的；② 处理由于小夹层的存在采用常规压裂不能充分处理的层段从而完全覆盖完井层段；③ 处理采用常规笼统压裂由于就地应力差导致缝高过度延伸、缝长不足的层段，使缝长达到优化目标。

3）限流分层压裂

限流分层压裂是采取低密度射孔、大排量施工，压裂液依靠通过射孔孔眼时产生摩阻，大幅度提高井底压力使其实现自动转向，从而相继压开破裂压力相近的各个目的层。

为达到一次施工同时压开多层的目的，必须在各层段限制射孔孔眼数和直径。有限的孔眼数和孔径所产生的摩阻使井底压力迅速提高，并超过所有层段的破裂压力和缝内净压力，达到同时压开每一层段的目的。限流分层压裂主要依据孔眼摩阻来调节各目的层之间由于最小水平主应力不同而导致破裂的不同时性，使之同时破裂并进一步延伸，这就要求准确了解各目的层之间的最小水平主应力值，射孔孔眼布置设计要依据最小应力剖面。对于就地应力较低的层段，相应的孔数要少些，对于就地应力较高的层段，相应的孔数要多些。这样结合最小水平主应力剖面，适当改变每个层段的射孔数及孔眼直径，就可以达到一次压裂施工同时压开多层的目的[86]。因此，虽然限流法压裂对层间就地应力差没有明确限制，但也不能差异太大，隔层厚度一般在20～40m最适宜。

限流压裂特点：多层压裂完井不采用机械分层，一次性处理多个层；使单一厚油层在纵向上均得到处理；提高薄油层和差油层的出油能力；较好地控制裂缝在油层内部延伸；保护套管、水泥环及夹层免受射孔损坏[87]。

限流分层压裂适用于地层层系多、油层薄、有底水及夹层软的油层，对巨厚及多层油层压裂完井，可增大层内压开程度及层间压开率。它对油井完善程度没有影响，压后不必补孔，即可投入生产。

4）投球分层压裂

投球分层压裂是利用已压开层吸液量大的特点，在完成一个目的层施工后，用压裂液将一定量的堵塞球带入已压开层的射孔炮眼处封堵炮眼。憋起地面施工泵压，从而迫使压裂液压开另一个破裂压力更高的目的层[88-89]。如此反复，直到所有目的层都被压开为止，达到一次施工压开多个目的层的目的。

（1）影响封堵效率因素。

① 液体流向孔眼对球所产生的拖曳力必须大于球的惯性力，才能使堵塞球坐在孔眼上；② 使球保持在孔眼的力应大于由压裂液流动而使之脱落的力，才能使堵塞球堵住孔眼；③ 压裂后，油井投产时，堵塞球应从孔眼脱落。

（2）堵塞球分类及数量计算。

投球分层压裂的堵塞球有两类：一类是高密度的，即球的密度比压裂液的密度大；另一类是低密度的，即球的密度比压裂液密度小，它具有明显的浮力效应。

如果使用橡胶作为堵塞球的制作材料，采用下面的经验关系式确定堵塞球与孔眼的直径关系：

$$\begin{cases} D \geqslant 1.25D_{\mathrm{p}} \\ n = (1.1 \sim 1.2)n_{\mathrm{p}} \end{cases}$$

式中，D 为堵塞球直径，cm；D_{p} 为射孔孔眼直径，cm；n 为堵塞球数，个；n_{p} 为孔眼数，个。

（3）技术特点。

常规投球层压裂技术的主要缺陷：无法准确判断压开层段的先后顺序，支撑缝长可能与设计预期相反；由于层间差异，很难保证投球后能压开所有层段；如目的层的跨距较大，较高的排量可能引发缝高的过度增长；难以控制层间的窜流和支撑剂的干扰现象。

前置投球选择性分层压裂技术，可不必提前了解准确的应力剖面、判断层位的射开先后顺序，且简单、适用，可最大限度地提高特低渗透、薄互层的压开程度，并改善其支撑剖面[90]。其目标是如何在前置液阶段将所有层依次压开，然后一次加砂就完成对所有层段的有效支撑。主要思路包括：

① 排量设计：排量小一般小于 $3\mathrm{m}^3/\mathrm{min}$，需要多次投球；排量大，会造成缝高过度延伸。

② 投球时机及投球数量设计：投球时机按预期压开层需用的前置液量来计算，投球数量按预期压开层射孔数的 110%～120% 计算。

③ 投球期间前置液量的设计：考虑到压开层的先后顺序，先开层可适当多注入，依此类推。

④ 封堵球的各种承受力分析：封堵球能否座住孔眼，加砂前能否按计划全部掉落井底，需计算其承受的座封力及脱落力等。

2. 水平井分段压裂工艺

随着低渗透、非常规资源开发的快速发展，为了最大化地扩大油藏泄流面积，在井筒和储层之间形成有良好连通能力的裂缝系统，水平井分段压裂工艺得到了大幅度发展[91]。目前水平井分段压裂工艺主要有桥塞射孔联作、裸眼封隔器滑套、水力喷射以及套管滑套分段压裂工艺。

1）桥塞射孔联作分段压裂

水平井套管固井后，采用电缆传输桥塞与射孔联作工艺，实现水平井的下段封隔与上段射孔作业。在桥塞与射孔枪的下入过程主要分为两个阶段：直井段工具串依靠自重下入，在水平段采用泵注方式将带射孔枪的桥塞泵入水平段指定封隔位置；通过分级点火装置，实现桥塞座封，并上提射孔枪到达上段射孔位置进行射孔作业。分段压裂过程中，通过逐级下入桥塞、射孔，实现水平井分段压裂改造。分层压裂改造完成后用连续油管快速钻磨桥塞，桥塞由复合式材质构成，易钻性强，同时桥塞顶部与底部的不可旋转特性可实现多个桥塞一次性同时钻探作业。该技术具有封隔可靠、改造层段精确、压后易钻磨的特点。

快钻桥塞分簇射孔分段压裂使用的桥塞包括大通径桥塞和全可溶桥塞，在国内也有少量应用。该技术已成为目前国内水平井分段压裂主体工艺，占比达到85%以上。

2）裸眼封隔器滑套分段压裂

水平井裸眼封隔器滑套分段压裂是近几年发展起来的水平井压裂改造技术，它主要有遇油膨胀式裸眼封隔器、机械封隔式裸眼封隔器等类型，是水平井分段压裂改造的应用技术之一。

该技术是利用机械封隔器进行分段压裂。按地质和工艺的需要把水平井分为若干段，在相应位置下入水力坐封式封隔器，在需要改造的对应位置下入滑套，封隔器坐封后（液压坐封）把水平段封隔开，依次投球打开滑套实现分段压裂作业。它一般应用于裸眼水平井，也可以应用于套管固井完井的水平井。

裸眼封隔器分段压裂不需要在水平段下套管完井，完钻后4～5d就能完成井筒处理、下工具及回接等工序，施工周期短，能有效地缩短建井周期，节约钻井和完井的综合成本。采用投球压裂滑套方式具有五个优点：球座设计能保证密封、不卡球，球能够返回地面或就地溶解；减少作业时间和成本；各层独立作业；压裂滑套外覆复合材质铠皮，防止杂质；球座易磨铣。

3）水力喷射分段压裂

水力喷砂分段压裂技术原理是根据伯努利方程，通过高速水射流射开套管和地层，形成一定深度的喷孔，喷孔内流体动能转化为压能，当压能足够大时，诱生水力裂缝。同时环空注入液体使井底压力刚好控制在裂缝延伸压力以下，射流出口周围流体速度最高，其压力最低，环空泵注的液体在压差作用下进入射流区，与力喷嘴喷射出的液体一起被吸入地层。在射流出口远端的流体速度最低，压力最高，高出的压力加上井底的裂缝延伸压力驱使裂缝向前延伸。压裂下一层段时，因井底压力刚好控制在裂缝延伸压力以下，已压开层段不再延伸。因此，不用封隔器与桥塞等隔离工具，实现自动封隔，通过控制喷嘴在水平井筒中的位置，依次压开所需改造井段。

根据油气田水平井改造的不同需要，水力喷砂分段压裂工艺主要有三种。

（1）水力喷砂压裂工艺：油管连接水力喷砂工具，喷砂射孔、加砂压裂，上提管柱再压裂后续段。

（2）油田水力喷砂与小直径封隔器联作拖动压裂工艺：油管连接水力喷砂工具与小直径封隔器连作，喷砂射孔、加砂压裂，上提管柱再压裂后续段。

（3）气田不动管柱多级滑套水力喷砂压裂工艺：压裂油管连接水力喷砂工具喷砂射孔、加砂压裂，利用滑套开关不动管柱压裂后续段。

4）套管滑套分段压裂

套管滑套分段压裂技术，在采用套管固井完井过程中，根据测井结果确定改造井段，将套管滑套随同套管一起下入井底并固井。压裂施工时，采用连续油管打开滑套，实现定点压裂。

套管滑套分段压裂的优点包括：（1）裂缝只在套管滑套处起裂，裂缝位置固定；

（2）定量控制每条裂缝的改造液体和砂量；（3）在分段之间连续作业耗时短，只需解封桥塞，上提管串定位下一级滑套，坐封桥塞开启滑套，再进行下一级压裂；（4）压裂过后无须钻塞即可投产，并且保持井筒全通径；（5）对于出现未打开滑套或需在滑套之间新增压裂分段的情况，连续油管自带喷射射孔短节可重新射孔并压裂，从而基本上可以实现水平段的无限级数的分段。

三、深层改造工艺

1. 重晶石解堵及基质酸化

1）重晶石解堵

库车山前超深储层天然裂缝发育，钻完井液密度高，在钻进目的层过程中存在钻完井液漏失，钻井液侵入天然裂缝，液相部分渗入地层孔隙基质中，剩余的固相部分（重晶石等加重材料）残留在裂缝中，经过长时间老化，在地层裂缝中以结块状态存在，造成重晶石等固相堵塞和钻井液滤液伤害。

重晶石解堵液主要是解除裂缝中由于老化结块而形成的重晶石堵塞。进入裂缝的解堵剂主要通过螯合、溶蚀，将老化结块而造成地层裂缝堵塞的重晶石松散之后在返排过程中随返排液被携带出来，从而起到解堵作用。螯合剂与多价金属离子发生螯合，尤其能够螯合 Ba^{2+}，与重晶石形成溶液。

反应方程式为 $BaSO_4+2YNa=\{Y^-Ba^{2+}Y^-\}+SO_4^{2-}+2Na^+$，YNa 为螯合剂的钠盐。

重晶石解堵关键技术包括：（1）解除地层的重晶石污染，确保重晶石解堵体系及反应残液不会对储层造成二次伤害；（2）储层高温、高压，在作业时应考虑高温高压下解堵液对管柱的腐蚀，所有工作液必须耐高温；（3）控制注入排量，让解堵液进入到受污染天然裂缝中，使其与重晶石充分接触。

重晶石解堵技术在库车山前裂缝性碎屑岩增产中已得到成熟应用。

2）基质酸化

基质酸化是在低于岩石破裂压力下，将酸注入储层孔隙（晶间、孔穴或裂缝），其目的是使酸大体沿径向渗入储层，溶解孔隙及天然裂缝空间内的胶结物颗粒及堵塞物，通过扩大孔隙空间，消除井筒附近储层堵塞（污染），恢复和提高储层渗透率，从而达到恢复油气井产能和增产的目的。为了保持天然液流边界以减少或防止水、气采出而不能进行压裂酸化时，一般最有效的增产措施就是基质酸化。

基质酸化增产作用主要表现在：

（1）酸液挤入孔隙或天然裂缝与其发生反应，溶蚀孔壁或裂缝壁面，增大孔径或扩大裂缝，提高储层的渗流能力。

（2）溶蚀孔道或天然裂缝中的堵塞物质，破坏钻井液、水泥及岩石碎屑等堵塞物的结构，疏通流动通道，解除堵塞物的影响，恢复储层原有的渗流能力。

储层流体（油、气、水）从储层径向流入井内时，压力损耗在井底附近呈漏斗状。在油气井生产中，80%～90%的压力损耗发生在井筒周围 lm 的范围内。因此，提高井底附近的渗流能力，降低压力损耗，在生产压差不变时，可显著提高油气产量。因此，对于受污染的油气井，采用酸化措施，可以大大提高油井产能，而对于未受到污染的井，解堵酸化效果有限。

基质酸化技术在库车山前一般在近边水、底水气藏，或薄层的酸化改造，应用较为广泛。

2. 深层酸压改造

酸化压裂（也称酸压）是在高于储层破裂压力或天然裂缝的闭合压力下，将酸液挤入储层，在储层中形成裂缝，同时酸液与裂缝壁面岩石发生反应，非均匀刻蚀缝壁岩石，形成沟槽状或凹凸不平的刻蚀裂缝，施工结束裂缝不完全闭合，最终形成具有一定几何尺寸和导流能力的人工裂缝，改善油气井的渗流状况，从而使油气井获得增产。

由于库车山前裂缝性碎屑岩储层天然裂缝发育，且天然裂缝内钙质充填物含量通常大于 10%，酸液溶蚀钙质充填物能够改善天然裂缝导流能力并且沟通天然裂缝网络，同时采用酸压技术也为酸液能够沿天然裂缝流向地层深部，解除钻井液污染和疏通远井天然裂缝。

酸压施工中，酸液壁面的非均匀刻蚀是由于岩石的矿物分布和渗透性的不均一性所致。沿裂缝壁面，有些地方的矿物极易溶解（如方解石、白云石、铁矿等），有些地方则难以被酸所溶解，甚至不溶解（如石膏，砂等）。易溶解的地方刻蚀严重，形成较深的凹坑或沟槽，难溶解的地方则凹坑较浅，不溶解的地方保持原状。此外渗透率好的壁面易形成较深的凹坑，甚至是酸蚀孔道，从而进一步加重非均匀刻蚀。酸压施工结束后，由于裂缝壁面凹凸不平，裂缝在许多支撑点的作用下不能完全闭合，最终形成具有一定几何尺寸和导流能力的人工裂缝，大大提高了储层的渗流能力。

酸压的增产原理主要表现为：

（1）压裂酸化裂缝增大油气向井内渗流的渗流面积，改善油气的流动方式，增大井附近油气层的渗流能力。

（2）消除井壁附近的储层伤害。

（3）沟通远离井筒的高渗透带、储层深部裂缝系统及油气区。

3. 深层压裂改造

深层压裂技术实现主要途径是利用储层两个水平主应力差值与裂缝延伸净压力的关系。当裂缝延伸净压力大于储层天然裂缝或胶结弱面张开所需的临界压力时，产生分支缝或净压力达到某一数值能直接在岩石本体形成分支缝，形成初步的“缝网”系统；以主裂缝为“缝网”系统的主干，分支缝可能在距离主缝延伸一定长度后又回复到原来的裂缝方位，或者张开一些与主缝成一定角度的分支缝，最终都可形成以主裂缝为主干的纵横交错的“网状缝”系统，这种实现“网状”效果的技术统称为缝网改造技术。通过压裂手段将储集体“打碎”，形成三维立体裂缝网络，使裂缝壁面与储集层基质的接触面积最大，油气从基质经裂缝向井筒的渗流阻力最小。该技术已成为非常规油气藏开发的三大关键技术之一[92-94]。油藏改造体积 SRV 的提高可以通过增加平面上网络裂缝复杂程度和垂向上储层改造动用程度实现。

对于库车山前的克深、大北超深、超高就地应力、超高水平应力差储层而言，“打碎”储集体是不现实的，其改造形成的复杂网络裂缝是通过水力诱导裂缝沟通天然裂缝形成的。根据 Gu-Weng 提出的非正交天然裂缝与水力诱导裂缝相交作用准则[95]（图 3-4-3），图中曲线右侧为水力诱导裂缝穿过天然裂缝，左侧为天然裂缝发生张剪破裂捕获水力诱导裂缝。根据 Byerlee 的研究，天然裂缝壁面的摩擦系数 μ_f 在 0.6～1.0，通常取 0.6。对于克深、大北气藏而言，最小水平主应力约为 140MPa，水平应力差为 25～40MPa，水平应力非均质性参数 SHmax/Shmin 为 1.178～1.286[96]。由图 3-4-3 可以看出：水力裂缝将穿过夹角大于 60° 的天然裂缝，而被夹角小于 60° 的天然裂缝捕获，形成复杂网络裂缝。

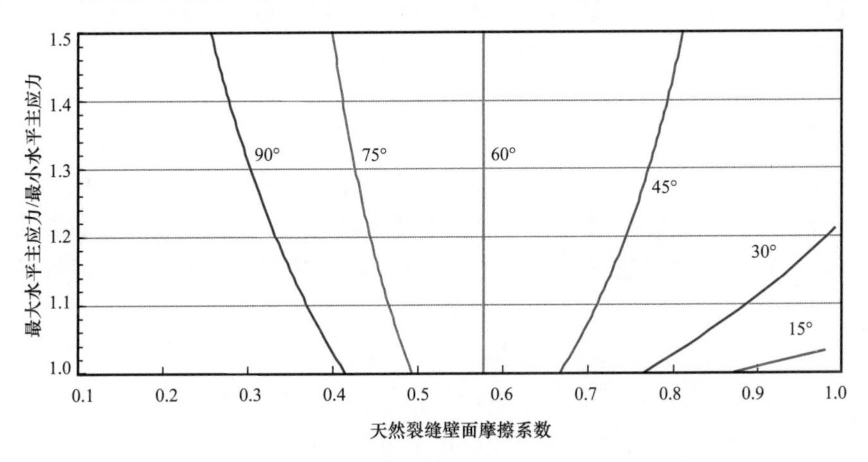

图 3-4-3 非正交天然裂缝与人工裂缝相交作用准则

库车山前的酸压改造工艺经历了缝网酸压、“纵向转层”复合酸压、“纵向转向 + 缝内转向”复合酸压三个发展阶段。典型泵注程序为线性胶（滑溜水、黄胞胶、非交联压裂液）→前置酸→主体酸→后置酸→顶替液→停泵。

“纵向转层”复合酸压技术主要探索了 ϕ3～ϕ4mm 纤维球 + 纤维颗粒、ϕ6mm+ϕ3～ϕ4mm 纤维球 + 纤维颗粒等两种不同粒径组合方式的纵向转层效果。利用 ϕ3～ϕ4mm 纤维球通过射孔孔眼在裂缝入口端桥堵，随后注入 ϕ1mm 纤维球和（或）纤维颗粒控制封堵层渗透率，而 ϕ6mm 纤维球主要用于封堵射孔孔眼。典型泵注程序为线性胶（滑溜水、黄胞胶或非交联压裂液）→前置酸→主体酸→低黏度压裂液（低排量注入时加入纤维球和纤维颗粒，在转向剂到达井底时降低排量，使裂缝宽度变小，强化暂堵转向效果）→前置酸→主体酸→后置酸→顶替液→停泵测压降[97]。“纵向转层 + 缝内转向”复合酸压探索了 ϕ6mm+ϕ3～ϕ4mm 纤维球 + 纤维颗粒、ϕ6mm+ϕ3～ϕ4mm+ϕ1mm 纤维球、ϕ6mm 纤维球等三种纵向转层组合方式；纤维颗粒、ϕ1mm 纤维球、ϕ1mm 纤维球 + 纤维颗粒、ϕ1mm 纤维球 + 纤维丝等四种缝内转向组合方式，由于在水力裂缝沿天然裂缝转向延伸处的宽度较小，暂堵剂易于在该处桥堵聚集，迫使裂缝内流体压力增大，使之前未激活的天然裂缝激活或起裂形成新的水力裂缝。

四、“缝控”改造优化设计技术理论内涵

1.“缝控”改造优化设计技术概念

“缝控”改造优化设计技术概念是以油气区块整体为研究对象，以一次性最大化动用和采出“甜点区”和“非甜点区”油气为目标，通过优化井网、钻井轨迹、完井方式、裂缝布放位置和形态、补能模式和排采方式，构建与储层匹配的井网、裂缝系统和驱替系统，实现注入与采出“一体化”，最终改变渗流场和油气的流动性，提高一次油气采收率和净现值，实现地下油气规模有效开发和油气资源的全动用[98]。“缝控”改造优化设计技术关键是形成与储层匹配的裂缝和能量补充系统。实现初次压裂后裂缝对周围区域的储量动用和原油的最大程度采出，缝间和井间剩余油气最小是核心。

1）“缝控”改造优化设计技术与常规改造技术区别

目前应用的常规储层改造技术强调平面和纵向的“甜点”区的优选和改造，与常规的非常规储层改造技术相比，“缝控”改造优化设计技术更强调的是对“甜点区”和“非甜点区”立体动用和最大化获得一次改造后的油气储量动用程度。采用“勘探—开发—工程一体化”的技术理念，优化井网、裂缝体系和补能方式，一次性构建完善的裂缝系统，通过优化井间距“控制”砂体范围，通过优化裂缝系统“控制”可采储量，通过优化补能方式“控制”单井产量递减。

2）“缝控”改造优化设计技术内涵

“缝控”改造优化设计技术有三个方面的内涵：（1）研究对象以整个区块为目标，涵盖“甜点区”与“非甜点区”。（2）研究目标上从以往以井为主体的井控储量计算和开发模式，转变到更多强调“裂缝”为主体的实现缝所在单元的储量动用模式，每条裂缝会因就地的物性不同，更多的呈现个性化状态。（3）强调一次性储量的动用和采出，即使重复压裂也是恢复“老缝”的渗透率，而不会以造新缝为目标。

3）“缝控”改造优化设计技术目标函数

为了量化储层改造技术应用效果，根据“缝控”改造技术概念，对目标函数进行了定义。

$$M=\sum_{i-1}^{n}\sum_{j=1}^{m}\left[\frac{V_{\mathrm{P}}^{j}(T)}{V_{\mathrm{M}}^{i}}\right]$$

$$S=\frac{V_{\mathrm{P}}(T)}{V_{\mathrm{F}}}$$

式中，M 为控藏系数，无量纲；n 为油藏被划分的独立区域数量，个；m 为井控目标区域内单元数量，个；i 为油藏被划分的独立区域编号；j 为井控目标区域内单元编号；V_{P} 为缝控产量，t；T 为时间，d；V_{M} 为井控目标储量，t；V_{F} 为缝控目标储量，t；S 为改造系数，无量纲。

井控目标储量 V_{M}：勘探或开发过程中，将油藏分成 n 个独立区域，每个区域部署

1 口井，将这个区域定义为井控目标区域，而单元内的油气储量即该井的井控目标储量［图 3-4-4（a）和图 3-4-4（b）］。

缝控目标储量 V_F：将某一井控目标区域划分成 m 个单元，每个单元部署 1 组单一裂缝或 1 组相互连通的复杂裂缝，通过这组裂缝（网）控制和采出该单元内的油气储量，该单元内的油气储量即是这组裂缝（网）的缝控目标储量［图 3-4-4（c）至图 3-4-4（f）］。

缝控产量 $V_P(T)$：井控目标区域内的 m 个单元中，某单元内某组裂缝（网）既定时间 T 内能够采出的缝（网）周围的油气储量，理论上该值等于通过这条缝（网）既定时间 T 内获得的累计油气产量。

控藏系数 M："缝控目标储量"与"井控目标储量"之比。

改造系数 S：某单元内"缝控产量"与该单元的"缝控目标储量"之比。

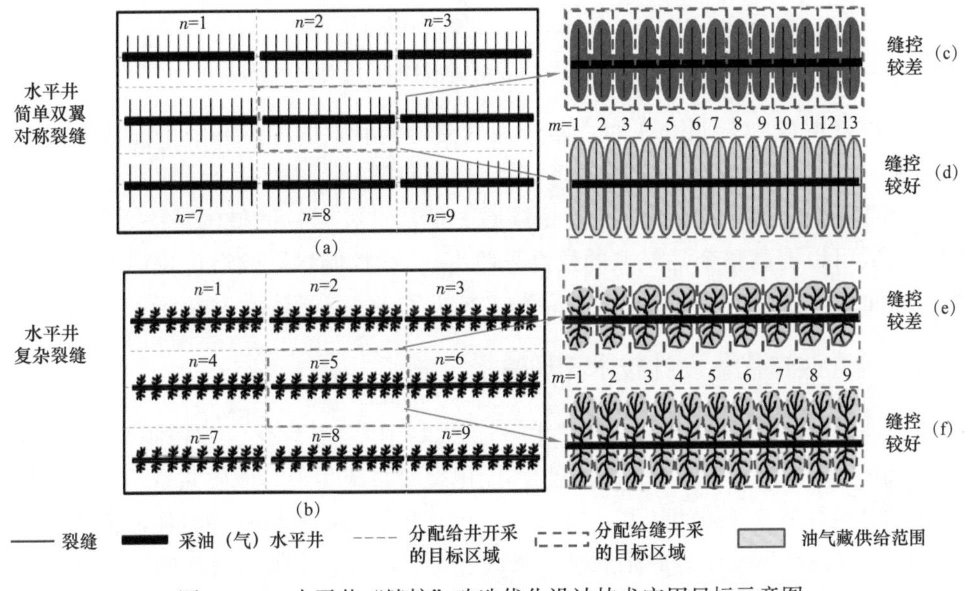

图 3-4-4　水平井"缝控"改造优化设计技术应用目标示意图

井控目标储量和单井控制储量的区别：单井控制储量是指采油井单井控制面积内的地质储量。按照目前各种文献上提及的计算控制储量方法，单井控制面积是开采过程中油气供给边界内的区域（图 3-4-5 中蓝色线区域），即能够"井"能控制的实际区域[99]。而本文提出的井控目标储量是开发方案中分配给井的"责任田"，即需要该井开发的（图 3-4-5 中红色虚线区域），至于开发过程中能否真的得到有效控制，则要视储层的物性和开发过程中的各种开采参数。

由定义可以看出，对于改造系数较差的情况，水平井井控目标区域内平面范围或者层间纵向范围内有很大的"空白"区域，生产后期这些"空白"区域得不到有效动用，成为剩余油气，改造系数 S 远远小于 1。对于改造系数较好的情况则，裂缝在纵向和平面上波及范围较广，能够覆盖油气所有区域，并且在井生命周期结束后，区域内油气得到充分动用，改造系数 S 趋近于 1。

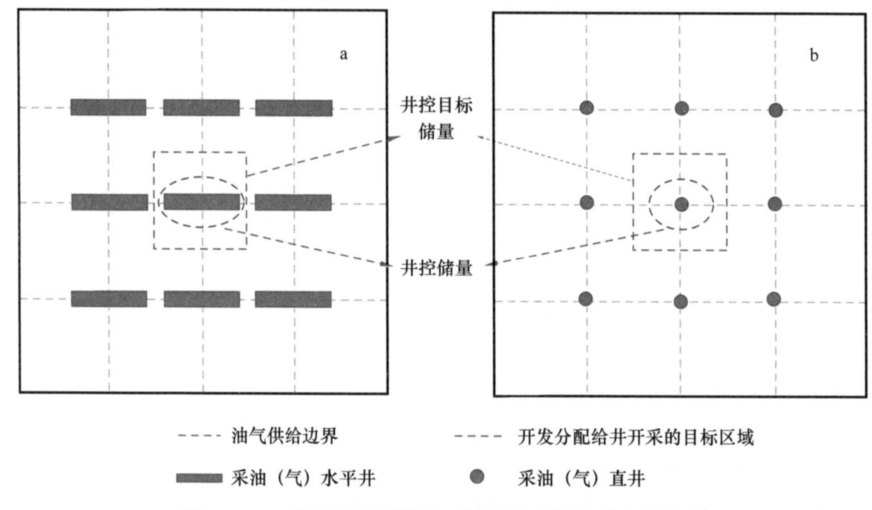

图 3-4-5 单井控制储量和井控目标储量对比示意图

同时当控藏系数 M 趋近与 1 时，整个油气藏得到有效的控制井间平面范围或者层间纵向范围内“空白”区域很小，油气得到有效控制和采出。

提高改造系数（使 S 趋近于 1）是提高致密储层井控目标区域内最终采收率的关键。提高控藏系数可以提高整个油气藏的最终采收率。“缝控储量”改造优化设计技术从油气采出程度方面的终极目标是改造后改造系数 S 趋近于 1，控藏系数 M 趋于 1。

2. “缝控”改造优化设计技术实现途径

为了实现“缝控”改造优化设计技术目标，采用以“三优化、三控制”的技术路线，即通过优化井间距实现对砂体范围的控制、优化裂缝系统实现对地质储量的控制、优化能量补充方式实现对单井递减的控制。其核心技术方法包括：基于大平台作业模式下的井间距优化、以改造系数最大化为原则的裂缝参数优化、以补能增效为目标的注入流体优化。

1）储层物性评价

储层物性是技术应用的基础，实现相对精确的刻画，可以确保后续实施方案的合理性。因此，储层评价和天然系统裂缝预测技术是“缝控”改造优化设计技术的重要基石。目前的技术手段，多充分利用非常规油气资源已有的勘探和开发大数据信息技术，获得岩性、物性、烃源岩、含油性、脆性、就地应力、各向异性等地质、测井参数，建立反映地下实际情况的地质物理模型和三维应力场模型，对储层砂体的物性进行精细刻画，为产能模拟和裂缝扩展模拟提供可靠模型。

2）裂缝系统评估及认识

对压裂改造所能形成的裂缝几何尺寸的认识是压裂方案优化的基础，综合利用微地震监测（图 3-4-6）、微形变和示踪剂等技术，分析压裂裂缝体系的复杂程度，确定地下真实压裂裂缝体系。在此基础上，利用人工裂缝反演和数值模拟等技术（图 3-4-7），建立能够反映地下实际情况的压裂裂缝体系模型，根据该模型，可进行压裂改造的有效性评价、预测油气生产动态和补充能量开发方式。

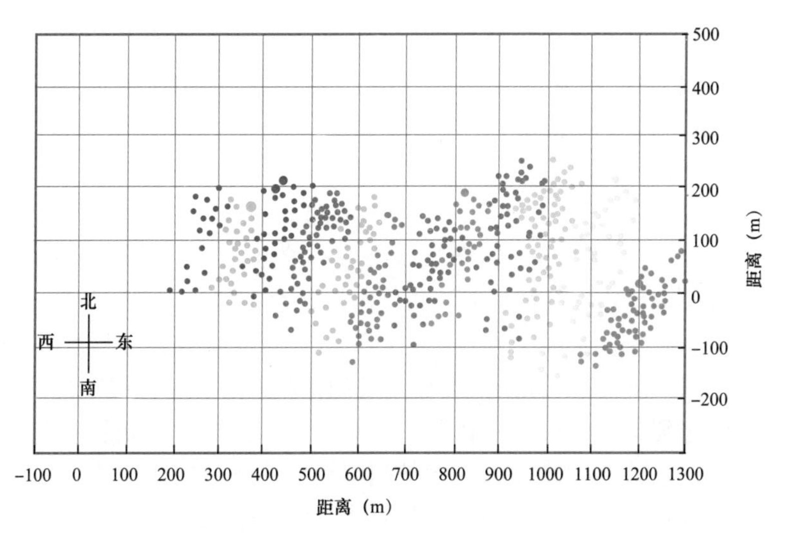

图 3-4-6　LAH 井微地震监测结果

微地震事件点（颜色代表不同分压级次的事件）

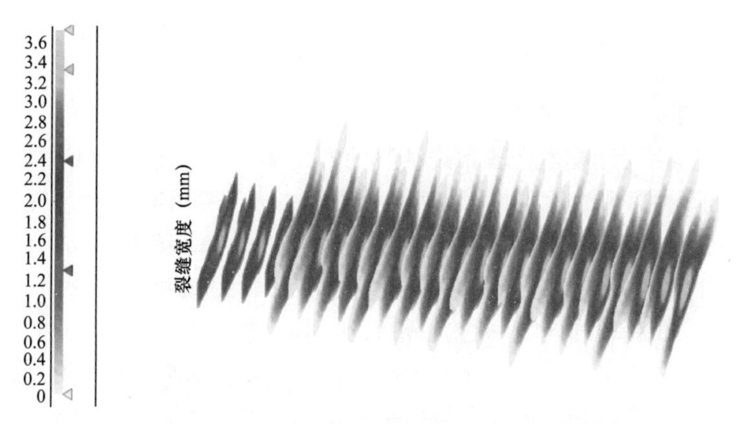

图 3-4-7　某水平井多段压裂裂缝扩展剖面示意图

3）长水平井段设计与实施

基于优质储层的井眼轨迹优化、采用 PDC 钻头与高效率螺杆钻具、“一趟钻”钻井设计、使用优质水基钻井液体系等来减少井筒复杂，提高钻井速度，降低钻井成本；采用地质工程一体化甜点预测、水平井地质导向和三维绕障钻井技术，提高储层钻遇率，实现优质储层“零”丢失；结合储层砂体展布特征和井场设计，增加长平井段长度至 2000～3000m，增加水平井筒与油气藏的接触面积，提高水平段长度的产油气能力，降低单位长度钻井成本，减少单位面积上所需平台数量、地面工程及中游基础建设费用。

4）小水平井间距设计

美国几大主要致密油气区块的水平井井间距从 400m 缩小到了 100～200m，在 Barnett、Eagle Ford、Marcellus 试验了最小井间距 76m 的平台水平井。截至 2022 年底，中国的致密油和页岩油井距一般在 300～800m，以裂缝体系评估认识到的裂缝长度为上限，考虑井间的布缝模式（如图 3-4-7 所示的相对布缝模式和交错布缝模式），进行井距的优化设计，使得压裂形成的裂缝对两井间的储层基质形成的“缝控”单位面积变小，“缝控”内的基质向裂缝的渗流距离进一步减小，减小井间难动用区域面积，提高波及效率；缩小井距同时降低了对平台压裂时对压裂裂缝长度的要求，使得压裂技术的应用与控制更易，设计的有效裂缝长度更易达到设计要求。

5）“四段式控缝”精准裂缝“布放”一体化技术思路

裂缝的“布放”是系统工程，需要从源头进行控制，基于此研究提出了“四段式控缝”精准裂缝布放技术思路，即从裂缝的角度出发，在布井、完井、压裂、返排四个关键环节需要对裂缝进行控制（简称“四段式控缝”）。在布井阶段通过井距、水平井段长度、井眼方位及井眼轨迹的设计，“控制”裂缝波及的体积，形成与砂体匹配的裂缝系统；在完井阶段优化裂缝起裂位置和数量（射孔方式或者裸眼方式），控制裂缝间距，“控制”缝间储量；在压裂实施阶段控缝质量，主要是利用液体性能、施工排量、泵砂程序等优化，结合微地震监测结果对参数进行适当调整“控制”人工裂缝的形态；在返排阶段通过优化焖井时间、优化油嘴尺寸控制返排速度，实现地层不出砂及近井裂缝高导流，保障压后改造效果，控制支撑裂缝形态。

3. 工业试验应用成效

1）致密油和页岩油应用成效

“缝控”改造优化设计技术在非常规油气的开发实践中取得了显著增产效果，针对鄂尔多斯长7页岩油储层两向应力差大、脆性指数低、人工裂缝与天然裂缝方向基本一致、难以形成复杂裂缝等难题，采用水平井缝控储量改造技术和动态暂堵转向配套工艺，2018年以来，采用水平井缝控储量改造技术，压裂段长由113.3m缩短至59.7m，最小32.8m，平均单段簇数由2～3簇增加至5～6簇，最大达到14簇，簇间距由32.2m缩小至10.9m，单井初期产量由10～12t/d上升至18t/d以上，第1年递减率由40%～45%下降至35%以下，水平井缝控压裂37口井，单井产量提高到18.0t/d以上，陇东页岩油示范区日产原油突破1000t，动用地质储量1.76×10^8t，释放出鄂尔多斯盆地巨大资源，建成了5000万吨大油气田。2017年以来，新疆油田玛131井区开发方案中采纳该理念，将水平井间距由400m降到300m井距，缝间距从勘探阶段60～100m到开发试验间距30m，150天累计产量提高了近60%，稳定产量23.5t/d，产量提高1.9倍，预计油藏采收率可提高2%以上，2020年已建产220×10^4t，助力新疆地区5000×10^4t油气当量上产。2017年以来，在吐哈油田三塘湖致密油马56区块开展缝控先导试验，水平井井间距由400m缩小至100m，压裂井缝间距由46m缩小至12m左右，每段簇数由2簇增加至5簇，完成现场先导试验5井47段195簇，其中马58-2H井初期51t/d，试验井平均25.7t/d，与邻井相比增产1.7倍，预计井组采收率增加0.92%。

2）页岩气应用成效

储层改造在四川长宁、威远、昭通示范区以地质工程一体化优化设计，低黏度滑溜水携砂、大排量、大规模为依据。积极开展密切割、控液增砂、提高加砂强度等现场试验，段长由76m降到60m，簇间距25m降到20m，加砂强度1.2t/m增加到1.86t/m，用液强度由 24.6m^3/m 增加到 29.4m^3/m，综合应用 500 井次以上，平均单井测试产量 20×10^4m^3/d。同时针对深层页岩气缝网形成难度大等难题，采用水平井缝控储量改造技术和密切割、高强度、大排量、可溶桥塞配套实施工艺，黄 202、足 202-H1 井分获日产气量 22×10^4m^3、45×10^4m^3；泸 203 井测试日产气量达到 137.9×10^4m^3，创造了国内页岩气单井测试产量新纪录；阳 101H1-2 井复制泸 203 井的高产模式，测试日产量 46.89×10^4m^3，两口井预测 EUR 分别为 2.5×10^8m^3 和 1.6×10^8m^3，现场试验取得单井突破，为 2020 年建产 120×10^8m^3 和 2025 年落实 7 年行动方案建产 300×10^8m^3 奠定了基础。

第五节　裂缝诊断及评估技术

一、裂缝监测技术发展历程

目前，水力压裂技术已经成为“三低”油气藏不可或缺的增产手段，水力压裂中准确获得水力裂缝空间展布对优化压裂设计至关重要。裂缝监测技术是获得水力裂缝扩展规律的重要手段，目前水力裂缝现场监测的方法包括三种[100]：（1）间接监测方法：主要包括净压力分析、试井和生产分析，该方法主要缺点是分析结果常具有非单一性，需要用直接裂缝监测结果进行校正；（2）井筒附近的直接监测：包括放射性示踪剂、温度测井、生产测井和井径测量等，该方法主要缺点是只能获得井筒附近 1m 以内的裂缝参数；（3）直接的远场监测：包括地面测斜仪、井下测斜仪和微地震技术，远场监测技术从临井或地面进行监测，可获得裂缝在远场的扩展。

微地震裂缝监测技术现状。（1）国外：20 世纪 80 年代微地震监测技术在美国和欧洲一些国家引起重视，Pinnacle 等公司率先进行了技术研究，经过几十年的发展，微地震监测服务公司越来越多，技术逐渐成熟。国外主要的微地震服务公司 Pinnacle 公司、ESG 公司、Magnitude 公司、Microseismic 公司和 ASC 公司，各个公司都可以自主研发采集设备和采集处理解释软件，侧重点各不相同，主要功能速度模型校准、实时微地震储层监测、微地震事件定位、不确定性分析、实时可视化、裂缝方位和走向分析、体积改造包络成图、综合地震勘探、地质、地质力学和生产动态数据一体化交互分析解释等[101]。应用领域包括水驱压裂成像和解释服务、二氧化碳气体排放及注水情况监测、核废料处理、地热开采和矿山开采。（2）国内：2010 年，中国石油加大微地震监测技术的研究力度，针对微地震信号能量弱、微震破裂机制类型多样、微地震波型复杂、微地震震源高精度实时定位等挑战，开展了微地震监测采集处理解释技术攻关。中国石油于 2012 年成功推出了基于 Geo-East 平台和基于 GeoMountain 平台、具有自主知识产权、具备工业化生产能力的微地震实时监测软件系统，拥有采集设计、处理、解释、油藏建模等一体化服务功能，实现了中国石油微地震监测软件从无到有的跨越。井中微地震监测已经趋于常规化，正在积极探索地面或浅井微地震监测。

测斜仪裂缝监测技术现状。（1）国外：Pinnacle 公司，成立于 1992 年，专门从事水力压裂裂缝诊断技术和软件研发，主要产品有地面测斜仪、邻井测斜仪、压裂井测斜仪监测技术；地面测斜每年在全球应用超过1000多次的裂缝诊断；2000年以来，Pinnacle公司与哈利伯顿合作，开始将井下测斜仪技术用于压裂施工井中直接进行人工裂缝检测，避免了在邻井中放倾斜仪并得关井停产的必要，使原来由于井距的因素导致绘图传导效果不好的地方能够采用测斜仪进行实时绘图；截至目前已经在油气压裂施工井或观测井中安置测斜仪，对上千口水力压裂井里直接进行裂缝监测解释。（2）国内：中国石油自2008年引入地面测斜仪和邻井测斜仪监测技术以来，在不同井型、不同储层共应用82口井373层（段），深化了对水力裂缝扩展规律的认识。针对裂缝复杂特征和复杂程度定量评估问题，自主建立了2个新参数，基于地面测斜仪监测结果定量描述裂缝的复杂程度；建立了基于测斜仪监测技术的SRV评估方法，该方法的建立为SRV评估提供了新的技术手段。

二、裂缝评估技术基本功能

近年来，中国能源对外依存度不断增大，能源获取难度进一步加大。常规能源增长疲软，非常规油气已经成为中国能源新的增长点。中国非常规资源丰富，资源量评价表明煤层气地质资源量$36.8\times10^{12}m^3$，页岩气可采资源量（10～13）$\times10^{12}m^3$（中国工程院，2012）。但由于非常规储层低孔、低渗透的特征，必须进行压裂改造才能获得有效开发。页岩储层具有低孔、低渗透的物性特征（孔隙度一般在4%～6%，渗透率小于0.001mD），油气溢出阻力比常规天然油气大，基本无自然产能。北美页岩气能够规模有效开发主要源于三大工程技术：水平井钻井、压裂改造和地震技术。页岩储层非常致密的特征决定了其开发必须采用强化手段——储层改造技术，即通过人工手段在地层形成裂缝或裂缝网络，改善油气流渗流条件，达到有效开采的目的。因此，页岩气藏也可称之为“人造气藏”，是压裂改造技术——水平井多段改造技术的突破，推动了北美页岩气的快速发展，改变了世界能源格局，北美页岩气获得成功开发，页岩气正成为全球油气资源勘探开发的新亮点。对页岩储层进行大规模压裂改造是形成页岩油气工业产能的主要技术手段。获知水力裂缝的形态、尺寸等参数，对于科学认识储层水力裂缝延伸规律，优化压裂设计和制定合理的开发方案具有重要意义。裂缝延伸过程的实时监测及解释是储层改造质量控制和评估关键，储层改造时对裂缝延伸范围的监测及最终改造体积的识别对后续的整个储层的泄流体积、产能预测以及后续的最终采收率预测等都有着重要的影响。通过裂缝监测技术获得水力裂缝的空间展布特征，为进一步储层改造及开发井位部署提供技术支撑。

三、裂缝评估技术方法及原理

1. 微形变测斜仪评估技术及原理

1）水力裂缝微形变测斜仪工作原理

水力压裂诱发了地层特有的倾斜变形模式，诱发的这种地层倾斜反映了水力裂缝的几何尺寸形态和方位变化。测斜仪水力裂缝测量的原理是利用类似于“木匠水平仪”一样的仪器（图3-5-1）裂缝所造成的岩石变形，并以此来推算出水力压裂的几何形状和方位[102-103]。裂缝所造成的岩石变形场向各个方向辐射，通过电缆将一组测斜仪布置在井下和将一组测斜仪布置在地面就可以测量这种变形（图 3-5-2）。不同裂缝产生不同的形变特征。

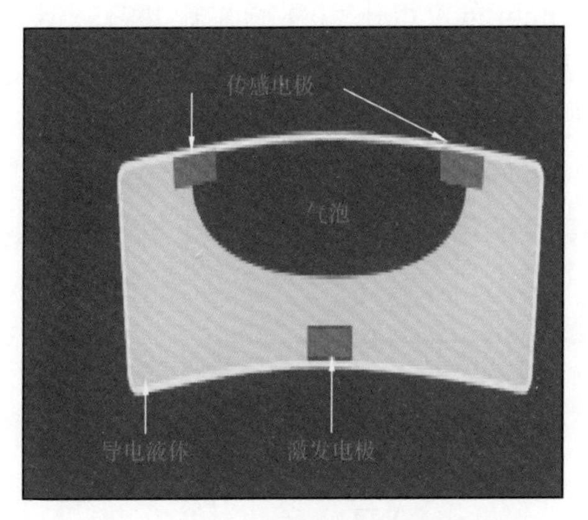

图 3-5-1　水力测斜仪裂缝诊断原理

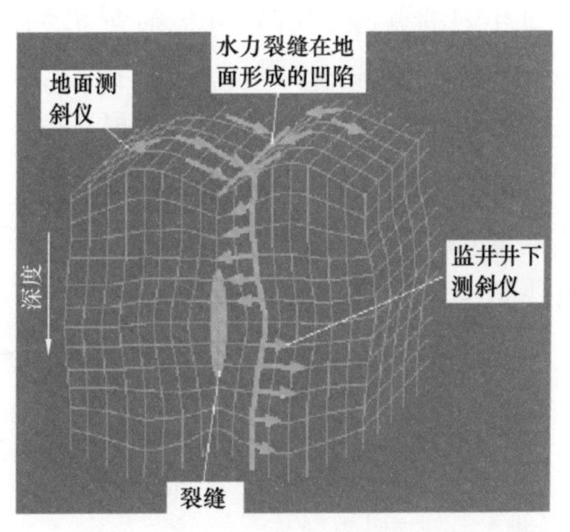

图 3-5-2　水力裂缝引起的地层倾斜变形

2）地面微形变测斜仪测量原理

地面微形变测斜仪测试法是将一组测斜仪布置在压裂层位在地面垂直投影周围来测量在裂缝位置以上接近地面的多点处由于压裂引起岩石变形而导致的地层倾斜，经过地球物理反演来确定造成大地变形场压裂参数的一种裂缝测试方法[104]。当仪器倾斜时，在充满可导电液体的玻璃腔内的气泡产生移动，精确的仪器探测到安装在探测器上的两个电极之间的电阻变化，这种变化是由气泡的位置变化所导致。最新一代的高灵敏度测斜仪能够探测到一纳弧度的倾斜角变化。

地面测斜仪通过所观测到的信号参数与理论上的模型矢量进行比较，然后得到最佳拟合结果并以此来确定裂缝参数。

3）井下微形变测斜仪测量原理

井下微形变测斜仪压裂测量要在一口井中使用多枚测斜仪（一般 7～10 个），通过常用的单芯电缆车下到井内，在某些情况可在两个邻井中下入。井下测斜仪要下到水力压裂相对应的同一地层，用磁力器使其与井壁紧紧连接，压裂过程中这些测斜仪连续记录地层倾斜信号参数。井下测斜仪测量裂缝所造成的倾斜可通过地球物理和岩石力学的拟合求解，从而确定导致变形场的裂缝参数，其原理与地面测斜仪的原理很相似。但是井下测斜仪的排列对测量裂缝尺寸非常敏感，而对裂缝方位灵敏度较低。

反演测得的倾斜数据进行迭代求出裂缝参数，以达到最大限度符合测斜仪所测得的结果。

2. 水力裂缝微形变测斜仪布置方式

1）地面微形变测斜仪布置方式

确定倾斜仪井眼位置时，首先绘制一张包括压裂井井位及监测井周围区域的地图，分别以压裂井压裂层平均深度的 30%、50%、75% 为半径，以压裂井压裂层井眼位置在地面垂直投影为圆心画 3 个圆（图 3-5-3）。最大的压裂信号在距井眼投影位置为 30%～50% 压裂层深度为半径的圆环区域，但是分布在距井眼投影位置 30%～75% 压裂层深度为半径的圆环内的井眼的信号分析时都可利用。井眼也可布置得比 30% 圆靠近井口，但太靠近井口，监测到来自井场的卡车或设备的额外噪声将掩盖压裂信号。井眼也可布置得比 75% 压裂层深度为半径的圆环远离井口，但监测到的信号将太小。在井的东、西、南、北尽量布置大致相同数目的井眼。随机的布置比对称的布置更可取，这样的结果更可信，不必精确地把井眼都布置在 30%～50% 压裂层深度为半径的圆环内，根据压裂井周围的地面条件而定倾斜仪井眼位置。

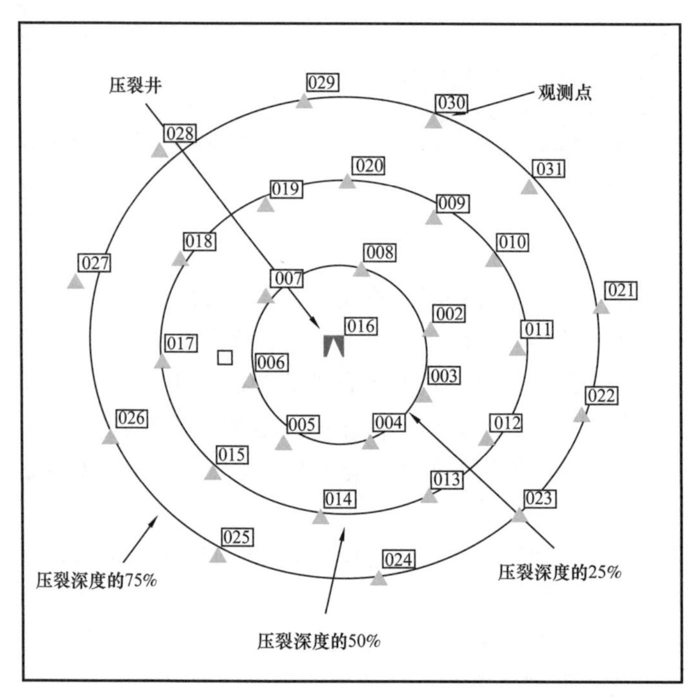

图 3-5-3　典型的地面微形变测斜仪阵列布置

用明显的目标（已知井眼、井场和道路等）对井眼位置进行三角测量，用罗盘、标尺等对设计的井眼位置进行实际调整。井眼位置的随机分布是首选的，受到地下管线、道路、建筑物等的影响时可以对设计井眼位置进行移动。随着压裂层深度的增加，设计井眼位置可移动的距离也随之增加，井眼位置的移动，应在地图上正确标明，尽量使总体布置平衡。

每个地面测斜仪均安装在 PVC 管胶结的浅层井眼中（深度为 10～12m），并用水泥固好（图 3-5-4）。测斜仪的数目与井深施工规模等因素有关。

2）井下微形变测斜仪布置方式

按仪器工作要求选择观测井，井下测斜仪用电缆车安装在观测井中（图 3-5-5）。根据压裂井和观测井的数据，设计下井测斜仪的数量和仪器之间的连接长度，使仪器串的长度能包容压裂目的层的厚度，使最下部的仪器深于压裂目的层的底部，使最上部仪器的深度小于压裂目的层的上部深度。测斜仪底部距井底不能小于 9m。

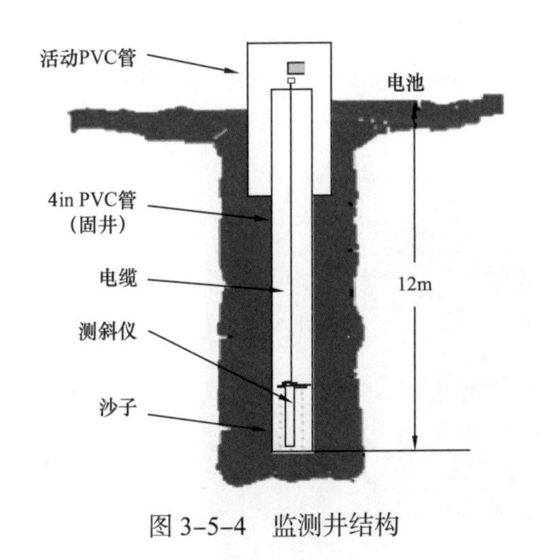

图 3-5-4 监测井结构

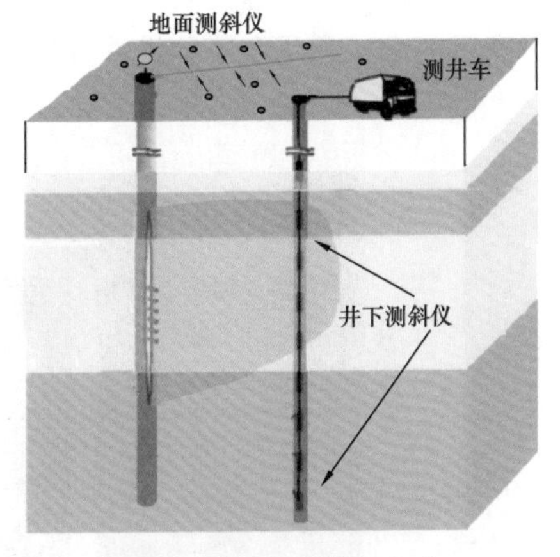

图 3-5-5 井下布置方式

3. 微地震评估技术及原理

微地震裂缝是水力压裂改变了原位就地应力和孔隙压力，导致脆性岩石的破裂，使得裂缝张开或者产生剪切滑移。通过水力压裂、油气采出等石油工程作业时，诱发产生的地震波，由于其能量与常规地震相比很微弱，通常震级小于 0，故称“微震”。微地震监测技术理论基础是声发射和天然地震，与地震勘探相比，微地震更关注震源的信息，包括震源的位置、时刻、能量和震源机制等。水力压裂微地震监测主要有井下监测、地面监测和浅井监测三种方式。

1）井下微地震监测技术

井下微地震裂缝监测是目前应用最广泛、最精确的方法，井中微地震监测接收到的信号信噪比高、易于处理，但费用比较昂贵，并且受到井位的限制。

现场常用的井下微地震波监测试验如图 3-5-6 所示。井中监测仪器通常为三分量检波器，三个地震波检波器布置成互相垂直，并固定在压裂井邻井相应层位和层位上下井段的井壁上，检波器能检测到水力压裂微地震的最远距离 2km。首先将仪器下井并固定，同时确定下井的方向进行压裂。记录在压裂过程中形成大量的压缩波（纵波，P 波）和剪切波（横波，S 波）波对，确定压缩波的偏差角以及压缩波和剪切波到达的时差。由于介质的压缩波和剪切波的速度是已知的，所以，可将时间的间距转化为信号源的距离，得出水力裂缝的几何尺寸，测出裂缝高度和长度，再根据记录的微地震波信号，绘制微地震波信号数目和水平方位角的极坐标图，以此确定水力裂缝方位。井中监测可以采用单井或多井同时监测，监测设备级数大于 10，井数和级数多，微地震事件定位精度越高。

2）地面微地震监测技术

地面微地震监测是将地震勘探中的大规模阵列式布设台站与基本数据处理手段移植到压裂监测中来，在压裂井地面布设点安装一系列单分量或三分量检波器进行监测（图 3-5-7），采用噪声压制、多道叠加、偏移、静校正和速度模型建立等方法处理数据。

通常地面检波器排列类型主要有三种：星型排列、网格排列和稀疏台网。布设点达到几百个，每点又由十几到几十单分量垂直检波器阵组成，检波器总数可以万至数万计。

图 3-5-6　井下微地震波测试示意图

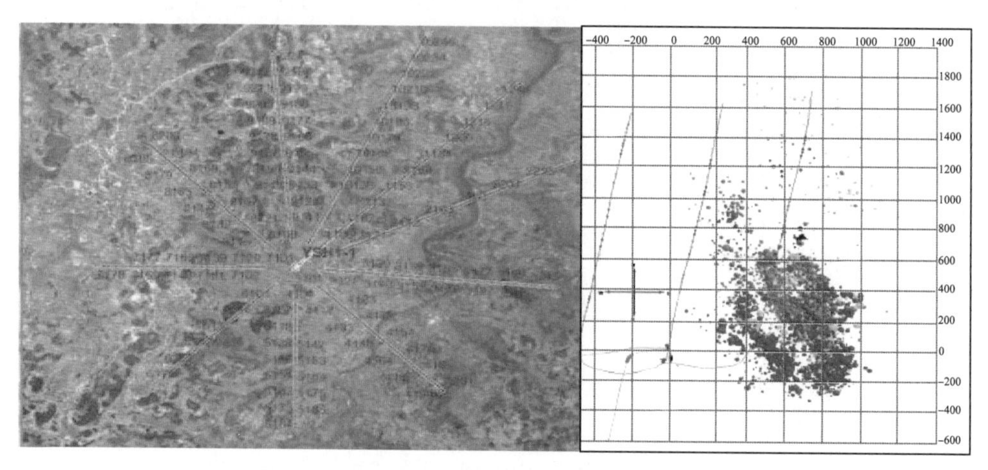

图 3-5-7　地面监测时采用的 FracStar 阵列图

该技术施工条件要求低，数据量大，具有大的方位角覆盖，有利于计算震源机制解，但易受地面各种干扰的影响，信噪比低、干扰大。地面微地震监测在国内外油气田的生产实践中得到了越来越多的应用，其监测结果可确定裂缝分布方向、长度、高度等参数，用于评价压裂效果。

（1）噪声压制主要根据视速度和频谱特征差异进行相干噪声和单频噪声压制，噪声压制后突出信号能量，提高事件定位精度。

（2）地面微地震精确定位需要合适的速度模型，初始速度模型通过声波测井、VSP 资料建立。在已知射孔位置和初始速度模型的情况下，结合已划分的地质层位调整各个层位的速度值，直到理论初至与实际初至吻合程度满足精度要求。

（3）静校正主要是消除因地形起伏和近地表速度结构等接收条件变化造成的直达 P 波走时所引起的时差。静校正消除复杂表层结构的影响是微地震事件精确定位的关键技术之一。

（4）多道叠加主要是多个通道波形数据叠加成一个通道数据，有助于压制随机噪声，提高信噪比。

3）浅井微地震监测技术

浅井微地震监测技术（图 3-5-8）是采用 100～600 个三分量检波器埋置于某一深度（10～50m）进行监测，主要为了避免地表随机噪声的影响和第四纪对地震波能量的吸收。该技术适合对大范围的油田区块进行工厂化作业的丛式井组和长期储层开发动态监测，它结合了地面监测的低成本和深井观测的高信噪比优点，可以更好地获得高信噪比的数据，同时也满足求解震源机制的需求。

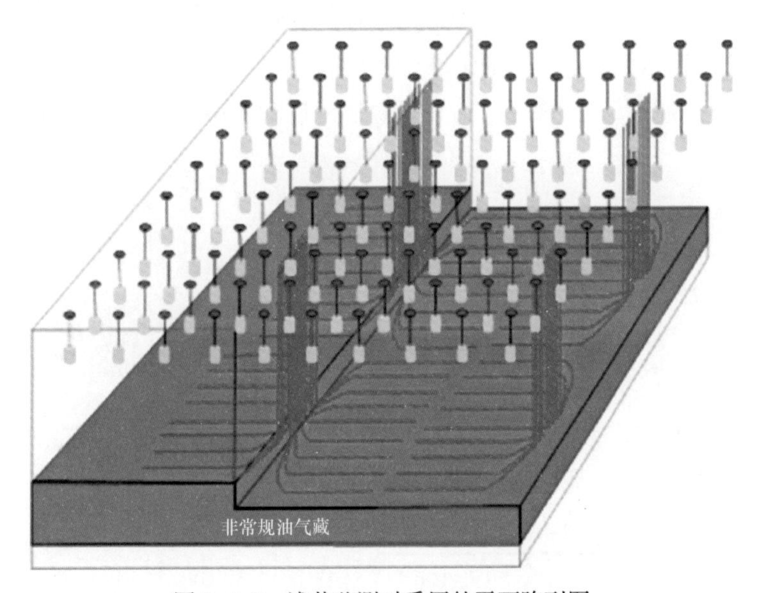

图 3-5-8　浅井监测时采用的平面阵列图

仪器井的深度主要根据信号的信噪比确定，深度越深，采集信号的信噪比越高。仪器井距压裂井越远，波形时差越大，到时精度越高，但信噪比随距离的增加而降低，一般间距为 0～3km。

4. 微地震处理与解释

微地震常规数据处理包括确定微地震特征参数（如能量、事件数、G-R 统计的 b 值、发震时间等参数）和精确定位，再根据精确定位的微地震事件“云图”边界，确定有效储层改造体积（SRV）。其中影响定位精度的因素包括波形信噪比、P 波和 S 波时拾取精度、速度模型和定位算法。

1）到时自动拾取

到时拾取是精确定位的关键，由于微地震数据量较大，通常采用自动拾取到时的方法。常用的到时拾取方法为短长时间平均比法（STA/LTA）、修订能量法（MER）和赤池信息量准则法（AIC）。常用的速度模型为均匀各向同性介质模型、时变均匀各向同性介质模型、横向各向同性介质模型、时变横向各向同性介质模型和射线追踪。

AIC 准则法是通过找到全局最小值即为初至点，需要判断一段记录中是否存在微地震有效信号，如果存在一个比较清晰的初至信号，在起跳点会出现一个全局最小的 AIC 值[105]。在信噪比较低的情况下，初至起跳点不明显时，AIC 会出现多个局部最小点，但全局最小点仍然可能是初至起跳点。因此，信噪比低的微地震信号影响初至拾取的精度。

2）极化旋转分析

井中微地震事件的定位中，一个重要步骤就是极化旋转分析确定微地震事件的发生方位。矢端曲线是地震波传播时，介质中每个质点振动随时间变化的空间轨迹图形，它反映地震波的偏振情况，利用极化旋转分析来确定波的传播方向和波的类型。极化旋转分析的基本思想是寻找一定时窗内的质点位移矢量的最佳拟合直线（图 3-5-9）。如时窗内的波形被确认为 p 波，则该拟合直线方向即为波的传播方向；如时窗内的波形被确认为 s 波，则该拟合直线的方向与波的传播方向垂直、极化分析的时窗选择对分析结果的可靠性至关重要。

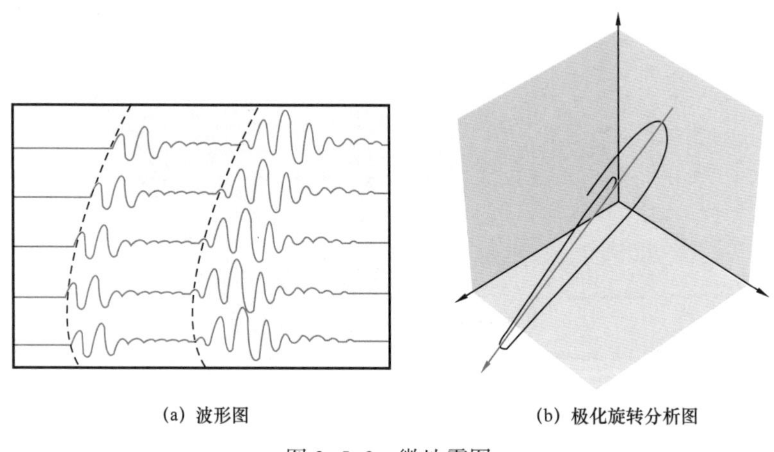

(a) 波形图　　(b) 极化旋转分析图

图 3-5-9　微地震图

3）速度模型建立

波传播速度是微震精确定位的关键参数，建立速度模型是微震数据处理必需的一个环节。根据工区条件和数据采集设备条件，可用不同的方法建立速度模型，但所得速度模型精度也各不相同。

为建立速度模型首先要在水力压裂前作辅助放炮，即在压裂井中目的层段人工激发地震波，在监测井中进行记录地震波数据。当设备条件有限，监测井中只有少量几个检波器时，通常在压裂井中专门布置不同位置的多个炮点激发，另外一种简便方法是在监测井中记录水力压裂前射孔时激发的地震波。下一步是根据监测井中的地震记录，读取纵横波初至时间。由于震源位置和接收点位置都是已知的，按直射线假设便可计算出压裂井和监测井间的平均速度，再利用声波等测井资料、录井或岩心等资料，可建立完整准确的速度模型。

4）微地震事件定位

微地震事件定位有双差算法、Geiger 算法、纵横波时差法和网格搜索法等。

双差算法是一种相对定位法，如果两个地震源间的距离相对于地震源到台站的距离以及介质速度变化的尺度足够小，则两条射线的路径可以近似是相同的，在同一站台记录到的两事件的走时之差就可以归结为两事件的空间位置的差异。

Geiger 算法是天然地震震源定位中应用最为广泛的一种方法，大部分微地震事件线性定位方法，都是在 Geiger 算法的基础上发展起来的。Geiger 算法是根据多个传感器数据到时时差，选取一个合适的迭代初值，通过求导获取修正量不断迭代修正，使时间残差函数趋于最小化，取得最优定位解。Geiger 算法的优点：一是条件数评估反演的稳定性；二是协方差矩阵优势分析可以做成误差椭球体（x、y、z 的误差估计）。

纵横波时差法：在井中观测微地震事件，接收的信号信噪比高，纵波和横波信息清晰。在多种定位方法中，纵横波时差法能较充分利用清晰有效信号，较准确地对微地震事件进行定位处理。其原理是对三分量信号进行极化旋转，确定微地震事件来源方向，再利用 P、S 波时差确定微地震事件的空间位置。

网格搜索法是基于枚举算法，在设定的搜索空间内，按照一定的规则，寻找最优解的方法。虽然工作量很大，但是对求解具有相对少量参数的反演问题是行之有效的方法。它可以准确的收敛到最优解，而且在计算均匀介质或水平层状等地层情况下，搜索速度也可以接受。而当地层模型比较复杂时，单纯使用直接网格搜索法，则需要耗费巨大的工作量和计算时间，使得此法不能满足实际使用的要求。

四、裂缝评估技术及发展方向

1. 分布式光纤监测技术

光纤的纤芯材料为二氧化硅，因此该传感器具有耐腐蚀，抗电磁干扰等特点，其灵敏度高，可靠性好，使用寿命长。光纤既作为传感器，又作为传输介质，结构简单，不仅方便施工，潜在故障大大低于传统技术，可维护性强，而且性能价格比好[106]。但如何降低成本，成为常规的水力压裂裂缝监测成为关键。

2. 地面、浅井微地震监测技术

地面和浅井微地震是勘探阶段水力压裂监测发展的主要方向。这类监测施工方便，监测的方位角度大，但监测的微地震信号常常被噪声湮没，利用常规处理解释方法难以见到明显微地震事件，另外震源定位的实时性也难以做到。下一步重点发展方向为信号有效提取技术、快速实时震源定位技术和快速求取震源机制解。

3. 有效改造体积监测及解释技术（复杂裂缝的形态、分布和破裂机制）

微地震监测技术基础是声发射学和地震学，其原理具有相似性。由于室内声发射监测具有高信噪比、合理的观测系统、易于实现和成本低等优点，可先通过声发射进行先导性研究，把声发射技术应用于室内大型物理水力压裂模拟系统，发展新方法、新技术，进而推广于现场微地震监测，结合岩石物理实验挖掘微地震有效信息，更好地发展微地震成果解释方法[107]。通过建立室内水力压裂声发射复杂裂缝诊断和评估方法，对微地震信号进行精确定位和裂缝破裂机制研究（张性破裂、剪切破裂等），建立有效体积改造解释方法，利用微地震特性参数、精确定位结果和裂缝破裂机制等共同确定裂缝连通性，精确描述水力压裂裂缝形态，指导体积改造优化设计与产量预测[108]，综合地质力学、地质、地震勘探和测井等信息解释微地震结果。

4. 重复压裂裂缝转向与有效改造体积监测解释技术

非常规日益成为开发的热点，储层改造是非常规储层投入开发的必要手段，受岩性、脆性、天然裂缝等因素影响，改造时容易形成复杂裂缝[109]。复杂裂缝的尺度、密度、导流能力是影响改造效果的重要因素，也是技术适应性和针对性的评判依据。此时，仅用形态、方位、尺寸等传统参数描述裂缝是远远不够的，还需要解释是否形成了改造体积，破裂性质是什么，有效体积改造大小等问题，对复杂裂缝的客观、精准解释越来越成为大家关注的方向。同时，低渗透油气藏重复压裂水力裂缝转向也是未来裂缝监测发展的一个方向。

第四章　储层改造主体装备发展现状及方向

储层改造装备主要包括压裂泵车、配套作业装备、连续管作业装备等。现场施工的压裂机组是多种设备的组合，主要由压裂泵车、混砂车、仪表车、管汇车和各种辅助压裂设备组成。压裂机组的主要功能是按照压裂设计方案，将含有一定比例支撑剂的压裂液增压后泵入储层。储层改造装备是实现压裂工艺的重要手段和工程技术保障。本章主要包括压裂泵车、配套作业装备、连续管作业装备等内容，通过开展国内外技术对标，总结近年来国内外储层改造装备的技术现状和趋势，为今后发展提供重要参考。

第一节　压裂泵车作用及总体特征

一、基本构成

压裂泵车是压裂施工中的主要动力设备，主要由底盘、发动机、传动系统、压裂泵、压裂管汇以及其他控制系统及配套设备组成（图 4–1–1）。其中，高压压裂泵是压裂泵车的主机，它要在各种复杂工况下稳定、可靠工作，其性能指标对整个压裂机组的运行有重要影响。

图 4–1–1　压裂泵车组成

二、基本职能

压裂机组主要由压裂泵车、混砂车、仪表车、管汇车和各种辅助压裂设备组成。在压裂作业时，混砂车将压裂液体、支撑剂与各种添加剂按一定比例进行混合、搅拌，通过管汇系统输送至多台压裂泵车。压裂泵车对混合液进行加压，然后利用专门的高压管汇集中输送至井筒内，直到待改造的储层层段（图 4–1–2）。

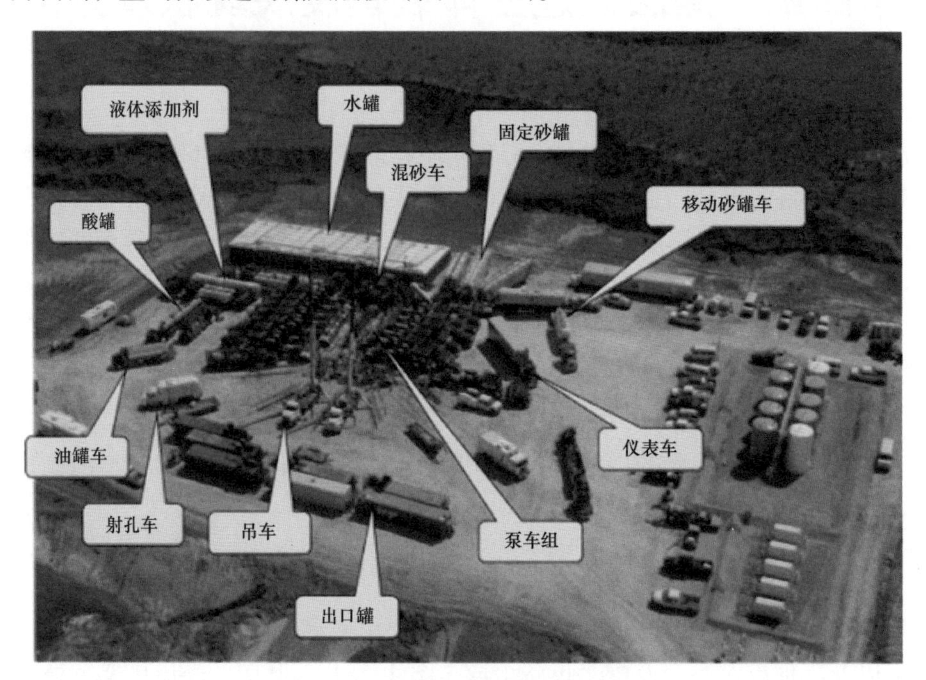

图 4–1–2 北美页岩气井工厂压裂现场

发动机是压裂泵车的动力源，一般采用柴油发动机，12 缸和 16 缸两种，主要厂家有卡特、康明斯和戴姆勒公司，还有少数泵车采用涡轮发动机和电动机作为动力。传动系统一般为液力变速箱形式，负责将所需的功率和扭矩传递至压裂泵，主要厂家包括卡特、双环和艾里逊。压裂泵是泵车的核心系统，分为三缸和五缸两种高压柱塞泵，主要厂家有德西尼布、格南登福和伟尔等。底盘为重载专用平台，主要厂家为奔驰和曼恩公司。

三、压裂泵车的总体功率情况

1. 国外压裂装备功率情况

近五年美国年钻井量在 16000～46000 口，其中水平井占 53%～76%。2017 年压裂装备总功率达到 2200×10^4hp，2021 年底达到 3000×10^4hp，预计 2025 年达 3800×10^4hp，百万水功率与井数配比关系接近 10∶1，有力地支撑了北美非常规资源的规模建产。

2. 国内压裂装备功率情况

截至 2018 年底，中国 2000 型以上压裂装备能力达到 315×10^4hp，中国石油占 41%，装备能力 156×10^4hp，数量 744 台（压裂车），中国石化国内市场占 29%，装

备能力 93×10^4hp，数量 360 台压裂车（图 4-1-3）。中国压裂装备的功率（315×10^4hp）仅为北美（2500×10^4hp）的 12.6%。

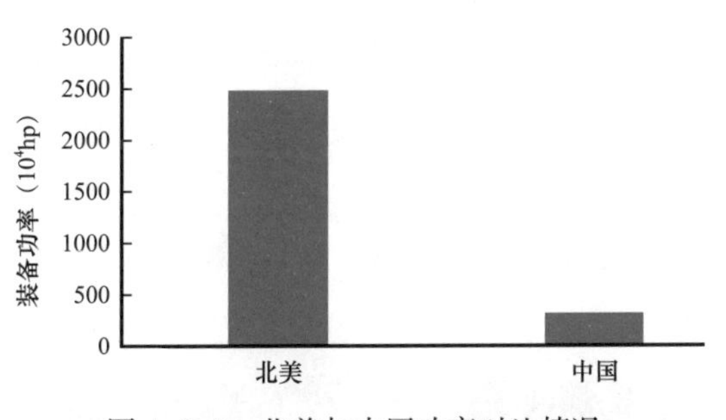

图 4-1-3 北美与中国功率对比情况

2018 年底，中国石油共有压裂泵车 744 台，压裂设备总功率达 156×10^4hp，其中：工程技术服务企业压裂泵车 592 台，总功率 124×10^4hp，占 78.7%；各油田公司压裂泵车 147 台，总功率 32×10^4hp，占 20.3%。截至 2021 年底，中国石油自有设备已达 206×10^4hp，工作能力大幅度提高。

压裂装备总体运行时间超过 5 年的装备占比 56%，新度系数比为 0.42～0.57，平均新度系数仅 0.45，装备整体新度系数偏低。另外，投产时间超过 15 年的压裂泵车 74 台，占设备总数的 11.4%。设备性能大幅下降，且 2000 型及以下的泵车数量多，无法满足非常规大排量长时间作业需求。

在装备租赁方面，中国石油各单位累计租用压裂泵车 647 台，租赁设备总功率已经达到 141.4×10^4hp，约为自有设备总水功率的 90.6%，自有与租用比例 1.1 : 1。其中，租用单位为川庆钻探、西部钻探、长城钻探三家钻探公司，主要满足四川页岩气、新疆玛湖致密油和长庆页岩油密油重点上产区域的产能建设任务。总之，近年来中国石油压裂装备租赁数量明显呈快速增长之势。

第二节 压裂泵车发展历程及指标

一、压裂泵车发展历程

2000 年以前，北美地区以 2000hp 以下压裂设备为主，近年来为适应页岩气与致密油开发，2250～3000hp 的成套压裂装备开始得到广泛应用[110-111]。混砂车输出排量有 $16m^3/min$ 和 $20m^3/min$，输砂能力分别为 7200kg/min 和 9560kg/min。固定砂罐可进行大规模连续输砂，自动化程度高，输砂能力 6750kg/min，配套连续混配和连续供液系统。

在国内，目前已研发并推广了 1000～3000 型系列压裂泵车及配套的混砂车、系列管汇、仪表车和其他设备，可组合成不同配置的成套压裂机组。柱塞泵最高耐压 140MPa，现场试验了涡轮压裂泵车[112-113]。压裂泵车以柴油为主要动力来源，油气混合动力、电驱压裂泵车均在现场试验成功。目前国内现场以 2500 型柴油动力压裂泵车为主（图 4-2-1）。

二、主要类型及参数指标

压裂泵车按照不同动力可分为柴油驱动、多燃料驱动和电驱动泵车三类。

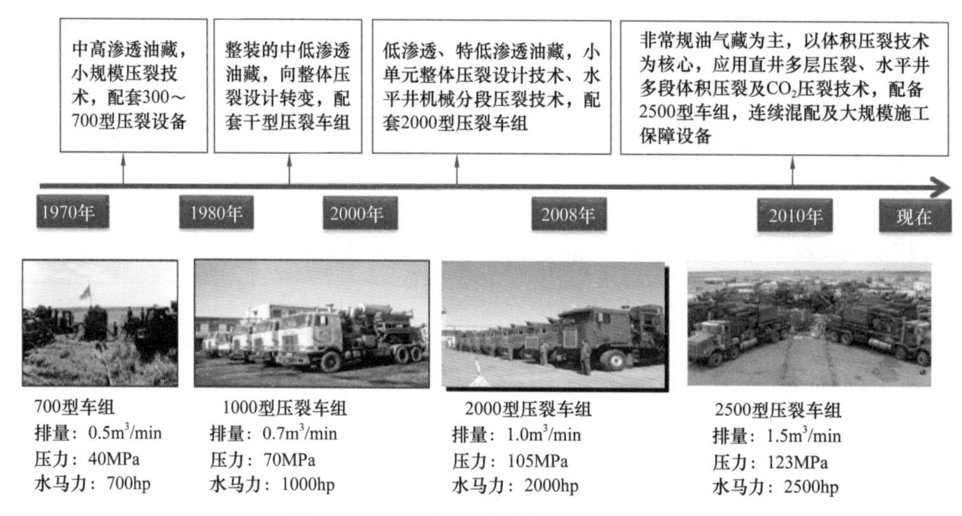

图 4-2-1 国内压裂泵车发展历程简述

1. 柴油驱动压裂泵车

1）中国石油宝鸡石油机械有限公司

2015 年，中国石油宝鸡石油机械有限责任公司（以下简称宝石机械）成功研制出自主知识产权的 2500 型压裂车并在现场使用，目前一直作为主力设备在长宁—威远、湖北宜昌页岩气地区作业。宝石机械的 3000 型压裂橇已参与四川威远 204H6 平台、长宁 H4 和 H24 平台等页岩气工厂化作业。作业过程中设备运行正常，网络控制系统稳定可靠，完全满足现场压裂工艺需求。宝石机械压裂泵车组如图 4-2-2 所示。

图 4-2-2 宝石机械压裂泵车组

宝石机械研发的涡轮压裂装备采用橇装形式，如图 4-2-3 所示的 TFP-4000 型压裂橇，配备 2830kW 涡轮发动机，FMC 三缸压裂泵，最高输出压力为 105MPa，外形尺寸为 4200mm × 2000mm × 1150mm，质量为 18.4t，由于涡轮发动机功率富裕，可以更换压裂泵以实现规模更大的压裂作业。

图 4-2-3 宝石机械的橇装涡轮压裂设备

2）三一重工股份有限公司

国内著名工程机械制造商三一重工股份有限公司（以下简称三一重工）将大型液压工程装备的开发经验移植到压裂装备的设计、制造和试验中，成功开发了 2500 型液压传动压裂车，该产品可多台发动机互为备份，设备运行更加可靠（图 4-2-4）。

图 4-2-4 三一重工的 2500 型液压传动压裂泵车

产品主要特点:（1）可靠性和安全性更好。多台发动机互为备份，可同时工作、单独工作或组合工作，液压传动设置超压溢流，实现机、电、液多重保护。（2）排量大，调节范围宽。4in 柱塞最大排量可达 2718L/min，压裂泵排量可在 25～2718L/min（3～330 次 /min）连续调节。（3）通过性好，噪声低。选用 8×8 全驱底盘，整车结构紧凑，重量轻，动力系统采用多台小型发动机。（4）易维护。发动机、液压元件等均采用市场通用产品，采购周期短，维护成本低。（5）更加智能。控制系统可实现在线检测、远程监控、维护保养自动提示等功能。

产品主要技术参数：最大工作压力为 124MPa，最大输出流量为 2718L/min，最大输出水功率为 1905kW/2254hp，整车外形尺寸为 12330mm×2500mm×3850mm，设备总重量为 45t，台上发动机功率为 2100kW。

3）烟台杰瑞石油服务集团股份有限公司

烟台杰瑞石油服务集团股份有限公司（以下简称杰瑞油服）提出了“小井场大作业”

成套页岩气压裂解决方案，通过大幅提升压裂泵的单机功率密度，让相对狭小的中国井场实现大规模的工厂化作业（图 4-2-5）。基于该理念，杰瑞开发出新型 3100 型压裂车。主要技术参数：最高工作压力为 140MPa（4.5in 柱塞）和 110MPa（5in 柱塞），最大排量为 $3.57m^3/min$。

图 4-2-5 杰瑞油服的 3100 型压裂泵车

2014 年，杰瑞油服在第十四届中国国际石油石化技术装备展览会上发布世界首台涡轮压裂车——“阿波罗涡轮压裂车”，该车采用 5600hp 多燃料涡轮发动机驱动 5000hp 车载压裂泵（图 4-2-6），与传统的 2000 型压裂车相比，减少 55% 的井场占地和车组人员数量。

(a) 5600hp多燃料涡轮发动机

(b) 杰瑞超级行星压裂泵——5000hp

图 4-2-6 杰瑞油服的涡轮压裂泵车

4）中国石化石油工程机械有限公司第四机械厂

中国石化石油工程机械有限公司第四机械厂（以下简称四机厂）研发了 SYL3000-140Q 型压裂泵车，最高工作压力为 140MPa，最大排量为 $2.08m^3/min$。相对于 2500 型压裂车，该压裂车的最高作业压力与之相同，最大排量比 2500 型压裂车提升 6.6%（图 4-2-7）。

图 4-2-7　四机厂的 SYL 3000-140Q 型压裂泵车

2. 多燃料驱动压裂泵车

美国贝克休斯公司开发了 Rhino 双燃料引擎驱动压裂车并于 2013 年进入现场使用，该压裂车既可以使用柴油做燃料，也可以使用井口天然气、管道天然气、压缩天然气（CNG）或液化天然气（LNG），甚至可以使用柴油与天然气混合物，CO_2 排放减少到 0，氮氧化物（NO_x）减少 50%，颗粒物减少约 70%，显著提升了压裂作业的环保性。

在现场应用方面，Cabot 石油公司在 Marcellus 页岩气田采用 14 台 Rhino 双燃料引擎驱动压裂车对 10 口井进行了 170 段压裂施工。整个过程共耗时 28 天，最高纪录为 1 天完成 9 段压裂。施工共消耗天然气 $43 \times 10^4 m^3$，折合节约柴油 $416.35m^3$，燃料替代率达到 70%，节约了约 15 次的油罐车运输费用[114]（图 4-2-8）。

图 4-2-8　双燃料引擎驱动压裂泵车

国内目前在多燃料驱动压裂泵车方面还是空白。

3. 电驱动压裂泵车

1）宏华集团有限公司

电驱动压裂装备通过电动机驱动压裂泵，将传动的柴油发动机驱动变成电动机直接驱动。宏华集团有限公司（以下简称宏华集团）在国内首先开发了具有自主知识产权的大功率橇装电动压裂装备 HH6000（图 4-2-9）。主要特点：（1）结构简单可靠，比常规进口压裂设备减少三个部件（底盘、发动机和传动箱）。（2）电动机融合设计，单机功率大，排量大。（3）电动机直驱传动。（4）VFD 交流变频控制，响应快，调速范围宽，可实现流量和压力无级调节。（5）可实现恒泵压和恒排量的工作模式。（6）配备双重安全保护系统（智能电子控制结合机械安全阀），施工更安全。（7）噪声比内燃机压裂泵低，满足环保要求。

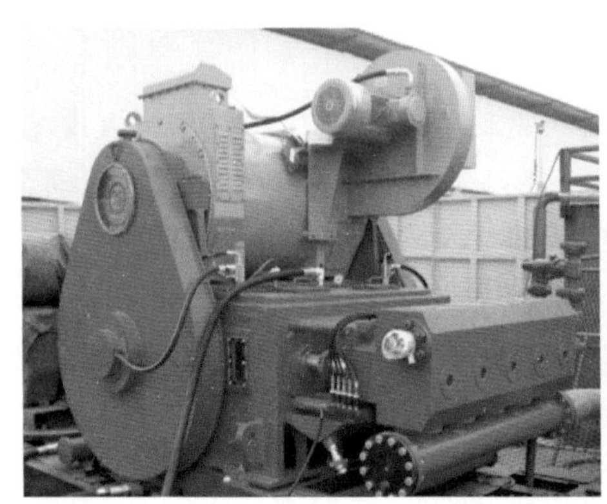

图 4-2-9　电驱动压裂泵橇

宏华集团于 2015 年在美国加州开展了 12 口井 45 段的电驱动压裂施工，设备整体运行安全、可靠。2015 年，2 台 HH6000 机组在四川宜宾上罗 9H 平台参与页岩气压裂作业，1 号泵累计运行 132h，作业 66 段，2 号泵累计运行 107h，作业 48 段，两台泵供液能力 3～4.5m^3/min，单泵最大排量 3m^3/min。为期两个月的试验表明，该技术可有效降低泵冲次，提高易损件寿命，设备运行更稳定。根据统计，现场节约 20%～40% 的易损件费用，节约 50% 的人力成本，节约 50% 左右的能耗费用。如果现场使用 5～6 台电动压裂机组取代内燃机组，将取得更好的综合经济效益。该压裂泵车的主要参数见表 4-2-1。

表 4-2-1　宏华集团电驱动压裂泵橇技术参数

输入功率	6000hp（4500kW）	缸间距	320mm
缸数	5 个	阀腔尺寸	4#
冲程长度	10in	齿轮传动比	4.5806：1
最高冲数	275spm	恒功区冲数	205～264spm

续表

柱塞直径	4in、5in	电动机电压	2200V
最高工作压力	105MPa（15230psi）	电动机电流	1417A
最大排量	4.42m³/min（51.9MPa）	恒功转速范围	938～1207rpm
排量（70MPa）	3.47m³/min	电动机质量	8.5t
排量（105MPa）	2.32m³/min	泵组体积	约 3200mm×2650mm×2800mm
最大连杆力	940000N	泵组质量	28t

2）四机厂

中国石化石油机械公司第四机械厂依托国家“十三五”重大科技专项“超大功率电动成套压裂装备研制”（2016ZX05038-001），从 2014 年开始自主研发电动压裂装备，目前已经形成了 4500 型（3307kW）、5000 型（3675kW）、5500 型（4042kW）和 6000 型（4410.0kW）四种型号、单泵和双泵多种结构形式的系列化电动压裂泵装备，与其配套的电动混砂、配液、泵注以及油电混合控制实现了电动成套装备的集成配套[115-116]。四机厂 5000hp 电驱压裂橇性能参数见表 4-2-2。

表 4-2-2 四机厂 5000hp 电驱压裂橇技术参数

额定输出功率（hp）	5000
最高工作压力（MPa）	134
最大排量（m³/min）	5
电动机最大功率（kW）	4100
额定电压（V）	3300
整机质量（t）	41
外形尺寸（mm）	9000×2500×2900

3）宝石机械厂

7000 型电驱压裂橇形成了大功率、长寿命电驱压裂橇研制和自动控制与在线监测预警等多项技术创新，其功率可达 5520kW，电压可达 6.6kV，最大施工压力达 138MPa，最大排量可达 2.03m³/min（表 4-2-3）。单台可替代 2～3 台 2500 型柴驱压裂车，作业排量达 2.6m³/min，井场高压区占地减少 50%。同时国产化率已达 100%，可降低采购成本 30%，降低能耗 25% 以上，人员减少 28%，占地减少 31%，大幅减少污染物排放，噪声由 110dB 以上降至 90dB 以内，施工时间可延长 3h 以上，主要部件也达到三年免日常维护，展示出“降本、环保、高效、国产化”四大优势。

表 4-2-3　7000 型电驱压裂橇技术参数

功率（kW）	5220
电压（kV）	6.6
柱塞直径（in）	5
冲程（in）	11
连杆负荷（kN）	1754
最高压力 / 排量［MPa/（m^3/min）］	138/2.03
最高压力时冲次 /min	115
115 冲时排量（m^3/min）	2.03
质量（t）	37

三、压裂泵车主要生产厂家

1. 国外压裂泵车厂家

美国是生产压裂设备的主要国家，包括哈里伯顿、道威尔 – 斯伦贝谢、西方公司、斯图尔特 – 斯蒂文森等公司。加拿大有戴尔公司，法国有道威尔公司。当前哈里伯顿公司的产品代表着世界先进水平。除斯图尔特 – 斯蒂文森公司外，其他美国公司既从事设备制造，又从事工程技术服务。柱塞泵是压裂车组的关键部件，国外拥有高功率柱塞泵制造能力的企业仅有哈利伯顿、斯伦贝谢、伟尔公司、加顿 – 丹佛以及格南登福、德西尼布、OFM、拜伦杰克逊等公司。哈利伯顿和斯伦贝谢的柱塞泵全部为自产自销，不对外销售。伟尔公司是全球最主要的独立柱塞泵供应商。

2. 国内压裂泵车厂家

国内压裂设备供应商包括杰瑞油服、四机厂、宝石机械、宏华集团等。

1）中国石油宝鸡石油机械有限公司

中国石油宝鸡石油机械有限公司前身是宝鸡石油机械厂，始建于 1937 年，2002 年由宝鸡石油机械厂与原中国石油物资装备（集团）总公司共同出资完成改制，是中国石油所属的国内规模最大、制造能力最强的石油钻采装备研发制造企业。2005 年被国家科技部认定为“国家火炬计划重点高新技术企业”，2006 年被国家发改委授予“全国振兴装备制造业重要贡献单位”。

中国石油宝鸡石油机械有限公司主要设计制造 1000～12000m 九大级别、四种驱动形式的常规陆地钻机、极地钻机和海洋成套钻机、海上钻采平台设备和海洋平台总包，500～3000hp 的各系列钻井泵以及井控和井口设备、特种车辆、钢管钢绳、大直径牙轮钻头等钻采装备配套产品和电气控制、非常规油气设备和减排设备等，产品覆盖50多个类别、1000多个品种规格，其中12大类51项产品获得了美国石油学会API会标使用权，产品远销中东、美洲、非洲、中亚、东南亚、欧洲、澳洲等61个国家和地区。

2）四机厂

作为中国石化大型石油钻采装备专业制造企业，中国石化石油工程机械有限公司第四机械厂被国家经济贸易委员会列为国家重大技术装备（修井、固压设备）国产化基地。企业地处湖北省荆州市，占地面积$250\times10^4km^2$，建筑面积$32\times10^4km^2$，年生产能力30亿～40亿元。拥有专业技术人员800余人，建立了企业管理信息网络，全面实施PLM产品数据管理系统和ERP企业信息化管理系统。

近年来，工厂产品技术创新取突飞猛进的成果，产品遍布国内各大油田，形成了四大系列50种规格、多种型号的产品。2008年依托国家科技部863项目“2500型大型数控成套压裂装备研制”，四机厂研发的大功率2500型压裂机组，在四川达州和德阳市投入工业应用，井口最高工作压力和单机输出水功率两项指标均达到国内之最，整机的工作性能达到国际先进水平，实现了产品的自主创新并填补了国内空白。2010年被国家人力资源和社会保障部授予“博士后科研工作站”。大型装备批量出口到北美、南美、俄罗斯、中亚、中东和东南亚等地区，年均出口近2亿美元以上。2012年四机厂的“十二五”重大专项3000型压裂装备已经完成工业试验，并投入油田使用，填补了中国同类产品的空白。

3）烟台杰瑞石油服务集团股份有限公司

烟台杰瑞石油服务集团股份有限公司是中国油田、矿山设备领域迅速崛起的、极具竞争优势的多元化民营股份制企业，由九个成员公司、四个驻外办事机构组成。主营业务包括油田专用设备、油田固井和压裂等特种作业设备，天然气压缩机组的研发、生产和销售；油田、矿山设备维修改造及配件销售；海上油田钻采平台工程作业服务；发动机动力及传动设备销售及维修；网站运营及软件开发等。

烟台杰瑞石油服务集团股份有限公司致力于高端石油装备的研发制造，主要为国内外油气田提供钻修机、固井设备、压裂成套设备、连续油管设备、液氮泵送设备、带压作业设备、智能排管系统等全系列固井、完井、增产作业设备，产品畅销美国、俄罗斯、中东等30多个国家和地区。

4）宏华集团有限公司

宏华集团有限公司是中国航天科工集团公司旗下唯一境外上市公司，被定位为航天科工的能源装备发展主平台。作为全球领先的陆地钻采设备制造商之一，宏华集团有限公司主要从事制造传统陆地钻机、数控钻机、钻机配件及钻机维修用之零部件。凭借其强劲研发能力、优质生产设施及成熟的国际销售网络，80%的产品销往世界各地。宏华集团有限公司在现有陆地钻井装备的坚实基础上，实施多元化发展，壮大成为涉足陆地、海洋两大领域，装备制造、油气资源开发（尤其是非常规油气领域）及工程服务三大板块互动发展的综合性企业。

第三节 连续管装备发展概述

一、连续管技术发展背景

连续管作业技术是一项推动石油工程技术产生“革命性”变化的新技术，它以一根能盘卷的、连续数千米金属或复合材料管沟通地面与井底，替代油管、钻杆、钢丝绳或者电缆向井下传递动力、介质或信息，实现安全、高效、便捷、环保的修复井筒、采集数据、储层改造等作业。与传统的一般带接箍油管作业技术相比，连续管作业技术的主要优点是：（1）连续管起下速度快，效率高。（2）作业过程不停泵，实现不间断循环液体，减少卡钻等井下事故。（3）液体介质不易泄漏，对环境友好。（4）可实现全过程欠平衡和带压作业。

世界上第一台连续管作业机诞生于1962年，先后经历“初期快速发展”“应用停滞”和“扩大规模”三个阶段，广泛应用于石油勘探开发的各个领域，被称为“万能作业机”[117]。连续管作业机主要由注入头、导向器、滚筒、连续管、井口防喷总成、动力系统、液压控制系统以及配套装置等组成（图4–3–1）。连续管作业机按照滚筒的运输方式分为车装式、橇装式和拖挂式连续管作业机。

图4–3–1 连续管作业机

作为连续管作业机的关键子系统，注入头的主要作用是提供足够的提升、注入力以起下连续管，同时控制连续管的下入速度、承受连续管的重量。注入头系统主要由驱动系统、夹紧系统、张紧系统、链条总成、箱体、底座、框架、润滑系统、数据采集系统、注入头支腿和导向器组成（图4–3–2）。注入头的起/下管功能主要通过两个模块实现：一是在夹紧液缸的驱动下，夹紧梁、推板以及与推板接触的链条轴承、托架和夹持块向靠近连续管的方向运动，并最终使夹持块夹紧连续管。二是在液压马达的驱动下，驱动链轮带动链条及链条上的夹持块上/下运动，从而实现注入头起下连续管的功能。注入头下部有两组张紧液缸推动被动链轮使链条张紧，以保证链条的正常工作。

图 4-3-2　连续管注入头系统

二、连续管装备发展现状

连续管作业机主要的生产厂家在美国和加拿大。美国国民油井公司是最大的连续管作业机制造商，生产的连续管配套装备广泛应用于世界油田现场。连续管作业的关键配套部件——连续管，是一种高强度、高塑性并具有一定抗腐蚀性能的、单根长度可达近万米的油气管材，其产品长期被美国的 QT 公司、TENARIS 公司和 GLOBAL 公司垄断。

中国石油在“十一五”期间对连续管装备立项，2006 年正式启动攻关工作，2007 年中国石油工程技术研究院（以下简称工程院）开发出中国首台具有自主知识产权的车装连续管作业机，打破了国外技术垄断。“十二五”开展持续攻关，先后开发出配套 4 种型号注入头、形成了 3 种型式（车装、橇装和拖挂式）、8 种结构的连续管作业装备，特别是大管径连续管作业机的成功研制，标志着中国在该领域达到国际先进水平。国内连续管作业机数量近年来快速增长，2020 年数量已达到 266 台，对各油田上产提供了有力保障（图 4-3-3）。

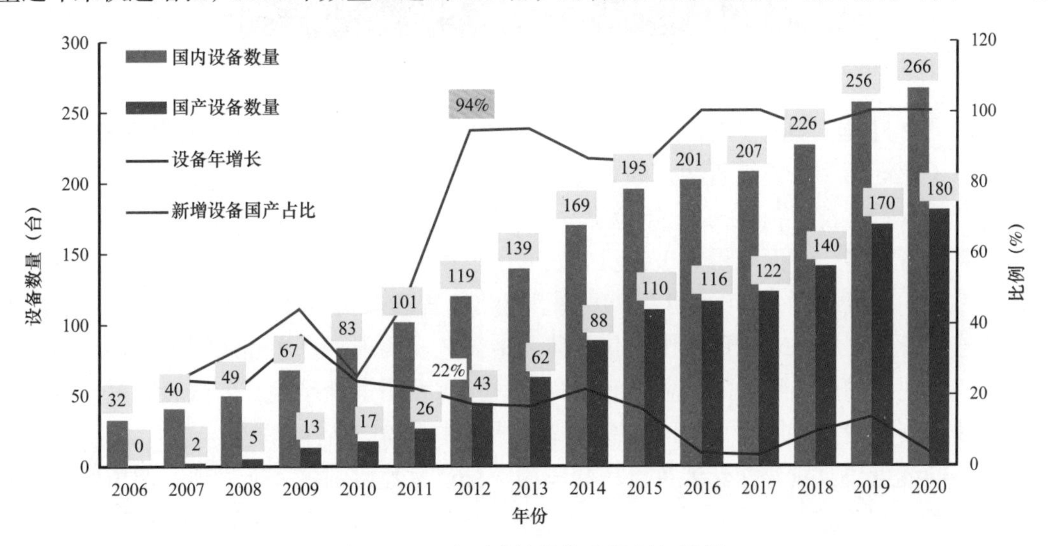

图 4-3-3　中国连续管作业机历年数量

在关键子系统注入头方面，工程院在多方面取得突破：(1) 通过对连续管注入头的研究，形成了夹持系统优化设计和评价方法。(2) 运用数值计算方法创建复杂孔管双向动态接触力学模型，揭示了 4 种异形曲面接触与平面接触之间的摩阻系数关系，基于摩阻和挤毁压力，发现夹持损伤的两大主要因素。(3) 根据以上规律及专用喷涂层配方研究，发明了夹持块增摩、耐磨、耐腐蚀涂层和强结合力均匀喷涂技术，夹持力提升 25%，克服了国外为了提升夹持力，单纯依赖倍增挤压力而导致的咬管、伤管、变形、挤毁等重大技术难题。(4) 采用压力补偿及反馈原理，研制了反馈节流装置，使注入头的最低稳定速度达 0.04m/min（国外 0.08m/min），解决了低速不稳、爬行、测井无法实施的技术难题。(5) 研发了夹紧系统随管自适应技术，研制出夹紧装置整体浮动和夹持块随动自平衡结构。

在重载底盘方面，工程院开发出取代传统大梁型式的新型底盘（图 4-3-4）。主要创新点包括：(1) 建立了 4 轴重载底盘车动力学模型和复杂山区路面谱。(2) 结合动力学数值分析，揭示了专用底盘车在我国复杂道路和井场条件下车架应力分布、变形和固有振动频率等规律。(3) 开发了基于 13t 前桥、截断式大梁框架结构的紧凑型重载底盘，整车最大允许载荷提高 20%，连续管滚筒可沉入底盘大梁上平面之下，使连续管容量增加 33%（2in 管）。(4) 突破了重载长轴距车架的强度刚度、空间限制、载荷集中导致前桥超载、转弯半径大等技术瓶颈，解决了进口连续管作业机因我国苛刻道路条件移运受限或无法行驶的技术难题。

图 4-3-4　分离式大梁、框架式结构底盘车

2009 年，中国石油宝鸡钢管公司（以下简称宝鸡钢管）攻克了连续管制造核心技术，自主建成了亚洲第一条连续管生产线，并成功生产出第一盘 CT80 级、ϕ31.8mm × 3.18mm 规格国产连续管（长度 7600m）。经检验，产品性能与美国同类产品基本相当。

宝鸡钢管在多个方面取得突破：(1) 发明了连续管专用焊接材料，斜焊缝疲劳寿命达管体的 90%，优于国外的 80%。(2) 开发了连续油管卷取机等核心制造设备，建成世界第三条连续管生产线。(3) 形成国产化管体制造工艺，实现了万米连续管无焊接缺陷的连续生产，实现了国产连续管的产业化和系列化。(4) 发明了全尺寸疲劳试验装置，首次建立了连续管疲劳模型，形成了中国连续管检测试验体系和产品标准。

国产连续管作业机及配套装置已广泛应用于松辽盆地、鄂尔多斯盆地、四川盆地、准格尔盆地和塔里木盆地的作业现场，并出国面向伊拉克、印度尼西亚、俄罗斯及委内瑞拉等资源国开展技术服务，累计在国内外 22 个油田 5515 口井中推广连续管作业成套装备

51 套、连续管 268.9×10^4m。

“十三五”期间，工程院研制出国内最大车装连续管作业机（LG 450/50—6600），上提载荷 45t，下推载荷 22.5t，兼顾 6600m（2in）连续管装载要求和川渝山区道路运输条件。在页岩气现场作业 20 井次，最大作业井深 5977m。作业效率提高 2～3 倍，为中国石油页岩气高效开发提供了有力支撑。同时，针对塔里木超深层，研发出 7000m 深层变径式连续管作业装备，提升力达 68t，为塔里木 7000m 井深解堵作业需求提供重要利器。最新开发的拖挂式连续管作业机滚筒容量 8000m（2in），即将投入油田现场（图 4-3-5）。

连续管作业装备今后的发展方向：（1）满足深层超深层的作业需求，开发重载、大容量作业设备（>9000m），电驱动也是重要方向。（2）结合大数据、人工智能技术，进一步提高连续管井下作业效率，部分措施、管体检测等实现自动化。（3）实现整机模块化，满足多工艺、多场景的应用。

图 4-3-5 LG 450/50—6600 连续管作业机

三、连续管装备性能与指标

美国国民油井开发的作业车（HR6140）深度 7000m（2in），上提载荷近 70t，下推载荷 34t。控制室采用人机工程学设计，升降式滚筒容量 9200m（1in）和 2200m（3.5in）。连续油管钢级 QT1400，屈服强度 965MPa，抗拉强度约 1000MPa。

工程院自主研发 ZR180、ZR270、ZR360、ZR450、ZR580、ZR680、ZR900 一共 7 种型号的注入头，最大提升力 900kN，最大注入力 350kN，最大提升速度 60m/s。根据 SY/T 6761《连续管作业机》标准，注入头的主要参数见表 4-3-1。

表 4-3-1 注入头的主要参数

代号	ZR180	ZR270	ZR360	ZR450	ZR580	ZR680	ZR900
最大提升力（kN）	180	270	360	450	580	680	900
最大注入力（kN）	90	135	180	225	230	300	350
最大起升速度（m/s）	60	60	60	50	35	25	20
适用连续管公称外径（mm）	25～50	25～60	25～89	38～89	38～89	50～89	50～140

工程院研发的 LG360/60T 连续管作业机被评为 2014 年中国国际石油化工展览会创新金奖。该作业机是为了满足油田装载 $2^3/_8$in 4500m 连续管而专门研制的特种作业设备。主

车为拖挂式，由牵引车、两轴半挂车和连续管专用设备组成。专用设备由动力橇、液压与控制系统、控制室、滚筒和连续管、软管滚筒等组成。辅车由底盘车和专用设备组成，专用设备包含注入头、导向器、防喷器、防喷盒、随车起重机、长支腿、短支腿以及附件（图 4-3-6）。

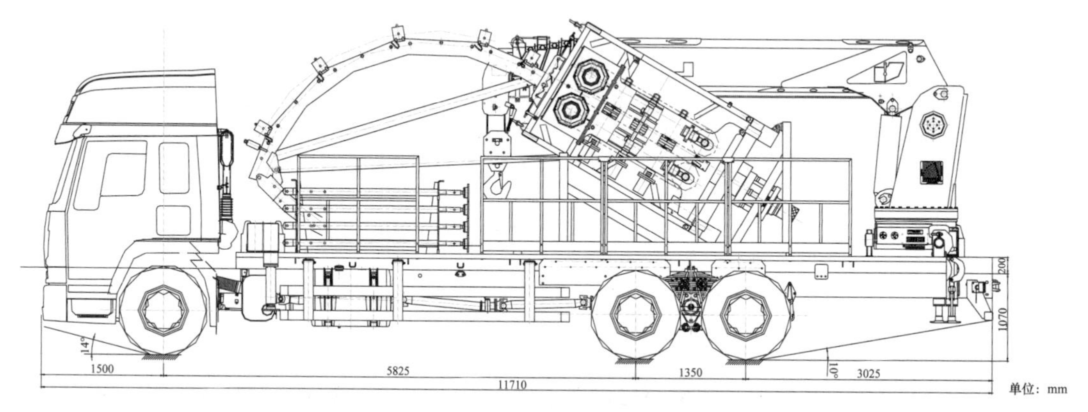

图 4-3-6　LG360/60T 连续管作业机

主要创新和特点：

（1）有效解决了大容量和道路运输之间的矛盾。

（2）注入头最大拉力 360kN，主要参数达到国际先进水平，在液压控制、夹紧方式、夹持块表面处理、链条的同步方面具有创新性。

（3）特种半挂车采用框架结构、分离式大梁，解决了超宽、重载的强度和变形问题。

（4）大容量滚筒采用“液压马达 + 减速器 + 链条驱动”的型式，满足了大容量滚筒对低速大扭矩的动力需求，解决了超宽滚筒自动排管的技术难题。

（5）软管滚筒采用多通道，达到世界先进水平。

（6）创造性地研制了连续管导入装置，解决了大管径、高强度连续管进入注入头的技术难题。

LG360/60T 连续管作业机主要技术指标：

（1）注入头最大拉力为 360kN。

（2）注入头最大注入力为 180kN。

（3）注入头最大起下速度为 45m/min。

（4）适应连续管外径为 $1^{3}/_{4}$～$2^{5}/_{8}$in。

（5）滚筒容量为 4500m（外径 60.3mm 连续管）。

（6）防喷器和防喷盒通径为 103mm。

（7）防喷器和防喷盒工作压力为 70MPa。

（8）随车吊最大起质量为 16000kg。

（9）运输形式为主车半拖挂式。

在 LG360/60T 连续管作业机的基础上，根据我国山区道路条件，又开发了 LG360/50 型车装连续管作业机，以满足西南地区页岩气的开发要求。

主要技术参数：

（1）注入头最大拉力为 360kN。

（2）注入头最大注入力为 180kN。

（3）适用连续管外径为 $1^1/_2$～$3^1/_2$in。

（4）滚筒容量为 4800～6000m（2in 连续管）。

（5）防喷器工作压力为 105MPa。

（6）防喷盒工作压力为 105MPa（侧开门式）。

（7）随车起重机最大起质量为 16000kg。

杰瑞油服研发的新型电控智能连续油管设备 LGT630（注入头型号 ZRT-140K），已应用于北美市场（图 4-3-7）。

图 4-3-7　杰瑞电控智能连续油管作业装备

主要技术特点：

（1）集成式单手柄操作设计，实现注入头、滚筒智能联动操作，降低了对操作者的技能要求。

（2）干式控制室设计，减少了大量液压部件的使用，提高了设备维修便利性。

（3）智能电控设计，注入头异常停机和报警、溜管检测等实现智能化故障处理，作业安全性高。

（4）人性化设计，大广角弧面控制室，漫反射分区操作面板，操作环境安全、舒适。

主要技术参数：

（1）滚筒型号为 LGT175-105-98。

（2）滚筒容量为 $2^3/_8$in-6300m（$2^5/_8$in-4500m）。

（3）注入头连续提升力为 635kN。

（4）注入头连续下推力为 270kN。

（5）井控规格为 5.12in。

（6）最高工作压力为 103.5MPa。

我国研制的连续管外径为 25.4mm、31.8mm、38.1mm、44.5mm、50.8mm、60.3mm、66.7mm、73mm 和 88.9mm，常用钢级有 CT70、CT80、CT90、CT100 和 CT110，壁厚为 1.91～6.35mm，最大长度可达 8000m。连续管力学性能参数见表 4-3-2。

表 4-3-2 连续管产品的主要性能指标

钢级	最低屈服强度		最高屈服强度		最低抗拉强度		硬度
	psi	MPa	psi	MPa	psi	MPa	HRC
CT70	70000	483	80000	552	80000	552	≤22
CT80	80000	551	90000	620	88000	607	≤22
CT90	90000	620	100000	689	97000	669	≤22
CT100	100000	689	—	—	108000	758	≤28
CT110	110000	758	—	—	115000	793	≤30

第四节 配套作业装备发展历程概况

一、CO_2 无水压裂装备

1. 技术背景

中国能源与水问题较世界其他国家更为突出和尖锐，利用水力压裂技术对油气藏进行增产改造，将给生态环境带来巨大压力，进一步加剧中国能源与水的矛盾。此外，水基压裂液体系还存在黏土膨胀、压裂液残渣和水锁效应伤害储集层、返排不完全造成地下水污染以及污水处理费用高昂等缺点。在此背景下，二氧化碳（CO_2）无水压裂技术应运而生。

2. CO_2 无水压裂工艺和应用

CO_2 无水压裂工艺步骤如下：

（1）将若干 CO_2 储罐并联，并依次与 CO_2 增压泵车、密闭混砂车、压裂泵车、井口装置连通，连接仪表车并监控工作状态。

（2）将支撑剂装入密闭混砂罐中，并注入液态 CO_2 预冷，对高压管线、井口、低压供液管线试压。

（3）液态 CO_2 以 −25～−15℃温度注入地层，压开地层并使裂缝延伸，然后打开密闭混砂设备，按照设计指标向地层注入支撑剂。

（4）压裂施工结束后，关井，充分发挥 CO_2 的混相与置换作用。

（5）压后放喷返排，使用 CO_2 检测仪监测出口 CO_2 浓度变化。

CO_2 无水压裂技术自 20 世纪 80 年代首次在北美应用，此后已广泛应用于渗透率在 0.1～10000mD 的各种地层中，在 2500 多口井中进行了压裂作业，最大作业井深超过 3000m，井底温度 10～100℃。该技术在中国起步较晚，2013 年 9 月 1 日，国内第一口 CO_2 无水压裂试验于长庆油田苏里格气田进行，试验井深 3240m，目的层渗透率 0.4～1.2mD，排量 2～4m^3/min，砂量 2.8m^3，平均砂比 3.5%，最高瞬时砂比达到 9%，总液量 254m^3（图 4-4-1）。中国石油川庆钻探公司先后在长庆致密气和延长页岩气现场应用 13 口井 15 层，最大井深 3454m，最高井温 104℃，单层最大加砂量 30m^3，最高砂比 25%，返排周期缩短 50% 以上（图 4-4-2）。吉林油田与杰瑞油服公司合作，开展 CO_2 无水蓄能压裂现场试验 13 口井，单层最高加砂 20.5m^3，液量 696m^3。

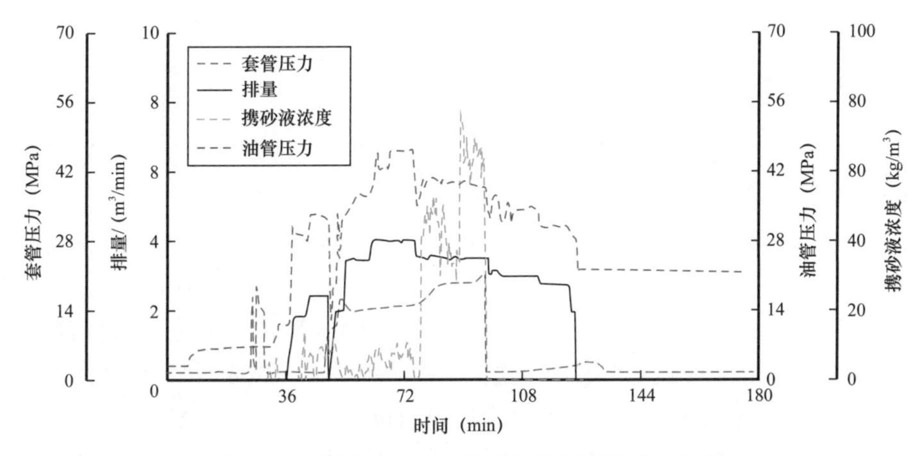

图 4-4-1 国内首口 CO_2 无水加砂压裂井施工曲线

(a) 液体储存罐

(b) 试压施工

图 4-4-2 CO_2 无水压裂现场作业

3. 主要装备

CO_2 无水压裂所用液态 CO_2 压裂液始终处在密闭高压状态下，施工所用设备与常规水力压裂有所不同[118-121]。主要设备及要求如下。

（1）CO_2 储罐：用于储存加压降温的液态 CO_2，温度保持在 -18～-30℃，压力保持在 1.4～2.3MPa。

（2）CO_2 增压泵车：用于将液态 CO_2 增压至 1.8～2.5MPa，适用于 CO_2 储存压力较低的工况，视储存条件可单独使用，也可与热交换机联合使用。

（3）热交换机：用于将液态 CO_2 从储罐内温度降低至 -35～-25℃，适用于 CO_2 储存温度较高的情形。

（4）密闭混砂车：CO_2 无水压裂的关键设备，用于将支撑剂混入液态 CO_2，一般要求耐压 2.2MPa 以上、容积 $5m^3$ 以上、输砂速度不低于 500kg/min。

（5）压裂泵车：用于将压裂液泵入井中，要求单台输出功率不小于 1471kW，由于 CO_2 渗透性较强，柱塞泵密封圈推荐使用金属密封圈。

（6）压裂管汇车：要求配备低温低压、低温高压两种管汇。

（7）放射性密度计、压力传感器、温度传感器：用于对施工过程中的砂比、CO_2 压力温度变化进行动态监测。

（8）井下工具：CO_2 对常规橡胶件有腐蚀性，要求使用耐 CO_2 腐蚀的橡胶材料。

4. 未来发展趋势

CO_2 无水压裂技术的未来发展趋势是进一步提高施工液量、排量、加砂量等，使其适应大规模压裂的需求。要达到该要求，首先需要解决 CO_2 的连续配液问题。由于 CO_2 需要密闭存储，难以采用类似于工厂化压裂的连续配液模式，现阶段单纯使用容积有限的 CO_2 储罐，难以满足大规模压裂需求[122]。其次，需要改进现有压裂液配方，进一步降低压裂液摩阻并提高其携砂能力[123]。最后，需要优化现有施工装备，尤其是密闭混砂车，提高其输砂平稳性和可控性，并优化配套施工工艺，以实现平稳、连续、大规模加砂压裂。

CO_2 无水压裂技术的另一发展方向是由目前的单层压裂发展为分层压裂，长庆油田于 2016 年 7 月在苏里格气田首次实现了 CO_2 无水分层加砂压裂，标志着这项技术在中国取得新突破。另外，复合压裂工艺也是 CO_2 无水压裂技术的发展方向之一。2016 年吉林油田率先开展了前置段塞“CO_2+ 水基加砂”压裂技术试验，保留了 CO_2 节水、造缝网、增能、降黏、降低界面张力的技术优势，同时利用冻胶携砂弥补了 CO_2 压裂液携砂能力不足的缺陷，有望成为低压气藏压裂的主导技术。此外，CO_2 无水压裂技术还可以与 LPG 压裂等其他无水压裂技术结合，在保留无水、低伤害等技术优势的同时，提升储层改造效果。

二、连续混配、连续输砂装备

通过多年的发展，国内石油装备制造企业开发、配套了满足大排量、大液量的连续混配装备，基本满足现场体积改造的需求。在大排量连续混配车方面，单车最大排出流量达 $16m^3/min$[124-126]。在连续输砂系统方面，最大输砂装备 $38m^3/min$，输砂量达到 $300m^3/h$。相关配套装备以杰瑞油服公司为代表。

1. 连续混配装备

杰瑞油服公司研发出大型压裂连续混配系统（图 4-4-3），主要特点如下：

（1）混配流量大、配液质量高：自主研发高效混合器和混合系统，能够高质量地完成瓜尔胶粉与水的混合，浓缩液与水的混合。

（2）自动化程度高：采用一键式智能化控制模式，大幅降低劳动强度。

（3）稳定可靠的系统匹配：采用高品质部件，确保设备长时间作业的可靠性。

（4）控制室采用可升降结构，方便观察到混合罐液面情况。

(a) 配液车尾部结构

(b) 连续混配车外观

图 4–4–3 杰瑞油服公司的压裂连续混配系统

杰瑞油服公司研发的大型压裂连续混配系统的参数见表 4–4–1。

表 4–4–1 杰瑞油服公司压裂连续混配系统技术参数

产品规格	$10m^3$	$12m^3$	$12m^3$ 双车	$16m^3$（浓缩液）
形式	车载 / 半挂 / 橇装			
车载底盘	BENZ/ 北奔			半挂车
发动机	—			DDC/CAT
吸入离心泵（in）	10×8	10×10	10×10	12×12
排出离心泵（in）	10×10	10×8	10×8	—
最大排出流量（m^3/min）	10	12	12	16
化添泵数量（个）	4	4	4	2 个或更多
混配罐	$16m^3$，5 个搅拌器	$18m^3$，5 个搅拌器	$28m^3$，6 个搅拌器	$40m^3$，8 个搅拌器
干粉罐	$5m^3$，双螺旋输送器，带电子秤	$5m^3$，双螺旋输送器，带电子秤	单独粉罐车，4×$5m^3$ 粉罐，可带粉运输，单独带电子秤	—
控制形式	自动 / 手动			
监控功能	黏度、pH 值等数据实时监测，作业数据存储记录			

杰瑞油服公司开发的智能混配橇采用卡车或拖车运输，设备同时具备混砂、混配功能。系统自动化程度高，采用杰瑞油服公司自主研发的控制系统，设备可以根据客户需求实现水、粉料、支撑剂按比例自动添加（图 4–4–4）。一台设备兼具两种功能，以节约设备成本和运输成本。

杰瑞油服公司研发的智能混配橇的技术参数见表 4–4–2。

图 4-4-4　杰瑞油服公司的智能混配橇

表 4-4-2　杰瑞油服公司的智能混配橇技术参数

产品型号	混配混砂 COMBO	排出离心泵（in）	4×3
形式	车载 / 半挂 / 橇载	最大排出流量	$2m^3$/min
车载底盘	BENZ/ 北奔	化添输送泵数量	2 个或更多
发动机	DDC S60/CAT	混配罐	$4m^3$，2 个搅拌器
吸入离心泵（in）	4×3	干粉罐	$1m^3$，带电子秤

2. 连续输砂装备

杰瑞油服公司研发的连续输砂系统根据国内油田实际路况开发（图 4-4-5），主要特点如下：

（1）采用单发动机横向布置，动力系统维修保养空间大。

（2）全液压闭式驱动，系统效率和控制精度高，可精确控制小排量作业。

（3）采用先进的罐中套罐结构，保证砂与液的混配效果。

（4）双吸双排及具有旁通功能的低压管汇保证现场作业的便利性，供液更平稳。

（5）系统液面监控采用导波雷达物位计，液面控制更可靠。

（6）螺旋输送器输送精度高，实现了密度、添加剂和液位的自动控制。

(a) 130bbl混砂车

(b) 240bbl混砂车

图 4-4-5　杰瑞油服公司的连续输砂系统

杰瑞油服公司研发的连续输砂系统的技术参数见表 4-4-3。

表 4-4-3 杰瑞油服公司的连续输砂系统技术参数

产品规格（bbl）	75	100	130	240
形式	车载 / 半挂 / 橇装			
车载底盘	BENZ/mAN/ 北奔			
发动机	DDC/CAT/CUMMINS			
吸入离心泵（in）	10×8	12×12	12×12	—
排出离心泵（in）	10×8	12×10	14×12	闭式混砂泵
最大排出流量（m^3/min）	10	12	12	16
螺旋输送器（个）	12in（2）	12in（2 个）	12in（2 个）+8in（1 个）	—
液添数量（个）	6 或更多	6 或更多	6 或更多	6 或更多
干添数量（个）	2	2	2	2
混合罐容积（m^3）	1.5	1.5	1.8	—
额定输砂量（m^3/h）	240	300	360	—
最大排量（清水）（m^3/min）	12	16	20	38
最大砂液密度（g/cm^3）	2.4	2.4	2.4	2.4
控制方式	自动 / 手动 / 远控			

第五节 压裂装备技术对标及发展方向

一、压裂装备技术对标

经过多年发展，国内压裂装备厂商具有比较完善的配套、维修体系和快速响应能力，关键装备在功率、排量、电动化等方面与国外相当，具体对标情况见表 4-5-1。

表 4-5-1 压裂泵车、混砂车、配液车等压裂装备国内外对标

主要装备	国外现状	国内现状	对标
压裂泵车	（1）2700hp（柴驱），7000hp（电驱），常用 2300hp（柴驱）； （2）最高工作压力 138MPa； （3）最大排量 4.9m^3/min； （4）电驱装备均为拖挂车形式，环保方面零污染，双燃料泵车 CO_2 排放减少到 0，氮氧化物（NO_x）减少 50%，颗粒物减少约 70%	（1）5000hp（涡轮动力），7000hp（电驱动），常用 2500hp（柴驱）和 5000hp、6000hp（电驱）； （2）最高工作压力 138MPa； （3）最大排量 4.4m^3/min（电驱）； （4）电驱装备均为橇装，环保方面零污染； （5）柴驱压裂装备核心部件：以进口为主，发动机（CAT/MTU）、变速箱（艾里逊/CAT）、压裂泵（FMC/SPM）、底盘（MAN/Benz）； （6）电驱压裂装备核心部件：大功率电动机、变频和配电系统均实现国产化	（1）电驱装备：国内在产品型号、系列化方面有优势，以电网供电为主，国外现场应用规模大，以燃气发电供电为主； （2）柴驱装备：国产发动机、变速箱、压裂泵等核心部件的性能指标与进口技术有差距（卡特、康明斯等）

续表

主要装备	国外现状	国内现状	对标
混砂车	（1）混砂车为拖车形式； （2）最大排量 $20m^3/min$（清水）； （3）最大输砂能力 10552kg/min	（1）瞬时最高加砂排量 $38m^3/min$； （2）240bbl 闭式脉冲混砂车，车载形式	国内在橇装式装备方面刚起步
连续混配	（1）单套排量 $20m^3/min$（滑溜水）； （2）单套排量 $8m^3/min$（压裂液）	（1）单套设备排量 $16m^3/min$（滑溜水）； （2）单套设备排量 $8m^3/min$（压裂液）； （3）分体式连续混配车（$10m^3/min$）、干粉型连续混配车（$12m^3/min$，加粉精度 ±1%）、连续混配装置（固定式和移动式两种，最高 $20m^3/min$）	国内在橇装移动式装备方面刚起步
CO_2 压裂密闭混砂	（1）最大排量 $7m^3/min$； （2）最大 CO_2 液量 $160m^3$； （3）最大加砂量 $20.5m^3$； （4）最高砂液比 29.7%	（1）最大排量 $8m^3/min$； （2）最大 CO_2 液量 $860m^3$； （3）最大加砂量 $23m^3$； （4）最高砂液比 6.4%	国内在装备携砂能力还需提高，尚无单层加砂 $50m^3$ 以上的混砂车

二、压裂装备发展展望

油气上产的紧迫需求、储层改造工艺的发展和非常规资源效益开发对压裂装备提出了更高要求，国内外都在积极探索压裂装备的技术发展方向和先进作业模式。

1. 压裂泵车

作为压裂机组的关键装备，压裂泵车的未来发展对地面装备整体水平有非常重要的影响。压裂泵车将向小体积、大功率、电动化、高压大排量、作业高效、自动化和智能化方向发展。压裂泵车将采用功率密度更高的泵，包括 5000hp、6000hp 和 7000hp 的压裂柱塞泵，以满足更大规模压裂工艺的需求。除国内宏华、杰瑞已推出大功率泵外，国外 SPM、GD 等专业泵厂商也推出了相关产品。动力方面，大功率电动机和涡轮动力将逐渐成为主流，相对于传统的柴油机，电动机具有功率密度高、能耗费用低、维护成本低、无污染物排放、噪声小等显著优势。涡轮动力源自航空发动机技术，具有单机功率质量比高、启动迅速、维护保养间隔长、适应多种燃料等特点。采用电动机和涡轮动力的压裂装备已相继在北美非常规现场投入应用，取得很好的效果。在作业时效方面，为适应高强度、大规模体积改造作业的要求，压裂泵车各主要部件、子系统的可靠性在不断提升。压裂柱塞泵的液力端逐渐推广新型不锈钢泵头，阀和阀座采用碳化钨合金加工阀和阀座基体，对柱塞等易损件采用特殊表面处理工艺，在压裂泵主要易损件布设应变片、光纤传感器和采用非接触式测量仪器，形成现场实时监测网络，以进一步延长维护间隔，满足深层非常规资源开发、140MPa 高压及高砂比条件下连续施工的要求。在自动化和智能化方面，国外压裂装备厂商采用云计算、物联网和大数据分析等手段赋能压裂技术和装备，减轻机组人员负担，提高作业效率，助力压裂机组进行 24h 不间断施工。

2. 配套作业装备

与压裂泵车相同，混砂、配液、连续输砂、井口和大通径管汇等将逐步实现电动化，提升压裂机组的电动化比例，最终实现井场平台的全电动化作业是今后的发展方向[127]。国产大功率电动机能满足油田苛刻的现场要求，避免传统装备面临的柴油发动机、变速箱和底盘三大件"卡脖子"的被动局面，同时具有节能优势突出、作业时效高、占地面积小、对环境友好等优点，满足严格的 HSE 要求，适应今后油气开采清洁化、绿色化的要求。基于物联网、大数据等技术，各配套作业装备与压裂泵车高效联动，可满足拉链式压裂、同步压裂等作业模式的要求。智能化压裂系统是远程监控和决策平台，将井筒压裂作业优化和地面装备监控结合起来，利用地面和井下传感器网络，可以为工程师提供实时决策与优化控制，兼顾改善压裂效果和地面装备的预防性维护，提升压裂机组的运行与管理水平。

3. 连续管作业装备

超深层油气资源已成为增储上产的重点方向，超深井作业对现有连续管作业装备提出了更高要求。超长水平井完井和压裂在页岩油气、致密油气等非常规资源开发中应用越来越多，需进一步提高连续管装备能力与作业能力。在特深井连续管作业装备方面，将采用起升载荷 770kN 的注入头、70t 重载运输底盘、2in～9000m 大容量滚筒、140MPa 防喷系统、CT140 高强度连续油管等关键模块和配套技术[128]。在长水平井施工方面，要满足 4000m 超长水平段压裂作业，向 $2^3/_8$in 以上大管径可扩容装备、现场对接加长配套技术方向发展，提升延长水平段下深的能力。借鉴国外先进技术和管理模式，国内逐步建立完善的连续管作业装备、工具、管材的研究试验体系、生产服务体系、技术培训体系。

第五章　储层改造工具发展历程、现状及展望

作为地面压裂装备与储层之间的桥梁，储层改造工具的性能对提高压裂增产效果具有重要意义。储层改造工具可对直井或水平井井筒实施有效的层间隔离，并将施工方案要求的压裂液导入指定层段，某些压裂工具还发挥着投产后生产控制的作用。经过多年的发展，储层改造工具已形成了完整的技术体系及配套工具系列。本章梳理了储层改造工具的国内外发展历程、技术现状和发展趋势，对该领域的未来发展提供了有益的参考。

第一节　压裂工具功能概况及种类

一、压裂工具基本功能

压裂工具是实现储层改造工艺的重要技术支撑。压裂工具的井下工作环境一般都非常苛刻，对压裂工具的技术要求包括高强度、耐高温性好、工作可靠等[129]。与传统开发压裂相比，缝控储量改造工艺对压裂工具提出了更高的要求。

压裂工具分为三类。

（1）隔离类工具：在井筒中需要可靠的实施层 / 段间隔离，保证在压裂施工期间不发生窜漏与泄压。

（2）流动控制类工具：要将携砂液、酸液等压裂流体被导入至所需改造层段。

（3）其他配套工具：如悬挂器、下入工具、联作总成等，也发挥非常重要的作用。

二、压裂工具种类

根据不同的功能和作用，压裂工具可分为以下几个种类。

1. 层间隔离类工具

层间隔离类工具的主要功能是将井筒实施有效分段 / 层，为后续开展多段 / 层改造创造有利条件。该类工具包括封隔器、桥塞、悬挂器等。封隔器分为管内和管外（裸眼）两种封隔器，按工作原理分为机械压缩式、机械扩张式和自膨胀式三种[130]。机械压缩式封隔器是利用管内高压液体驱动活塞，挤压胶筒并贴紧井壁，实现坐封的目的。机械扩张式封隔器利用专门的阀控系统引导高压流体进入带有钢带或帘线增强的胶筒衬层，撑开胶筒以隔离井筒。自膨胀式封隔器的胶筒由特殊的遇液膨胀高分子材料制成，胶筒在井下与流体接触后可吸收水或液态烃，体积逐渐变大，膨胀至井壁后将井筒分成不同的压力系统[131]。机械式封隔器的特点是动作迅速，承压指标高，工具整体尺寸较小，结构复杂，

可靠性需改进，成本偏高。自膨胀式封隔器的特点是结构简单，作业工艺简便，成本低，坐封性能受井筒流体性质影响较大。机械式封隔器的常用型号包括 Y341、Y344、K344、Y241、Y221 等。自膨胀式封隔器包括遇油膨胀（YZF）、遇水膨胀（SZF）两种。

作为可丢手的封隔器工具，桥塞在非常规油气藏开发中获得了广泛的应用，其基本原理与压缩式封隔器基本相同。

2. 流动控制类工具

流动控制工具的功能是连通井筒与储层，将压裂酸化用工作液导入储层的设计层段。该类工具包括裸眼内可开关投球滑套、单球 / 飞镖开多簇滑套、套管有限级 / 无限级滑套、全电动多次开关滑套、趾端阀、压差 / 定压滑套、各类水力喷砂器等[132–133]。以双封单卡压裂技术配套的导压喷砂器为例，工作原理是从上接头泵入高压流体，经喷嘴节流，承压件变向后沿特殊流道注入地层，产生的压差使上下封隔器坐封。对于趾端阀，采用破压可调的破压盘作为关键部件，配合延时启动机构，已经广泛应用于桥塞分段压裂或套管固井滑套压裂工艺中的首段作业。

3. 其他配套工具

根据不同的分段压裂工艺要求，现场采用不同的配套工具，常用工具如水力锚、定位器、悬挂器、各类冲砂洗井工具组合、井下联作工艺用工具组合、连续管作业用工具、耐高压井口 / 管汇装备等。

第二节 国内压裂工具发展历程及现状

中国压裂工具紧密围绕直井分层、水平井分段压裂两大主题，以“下得去、分得开、全通径、智能化”为目标，经多年攻关研究，逐步实现了国产化、规模化应用（图 5–2–1）。

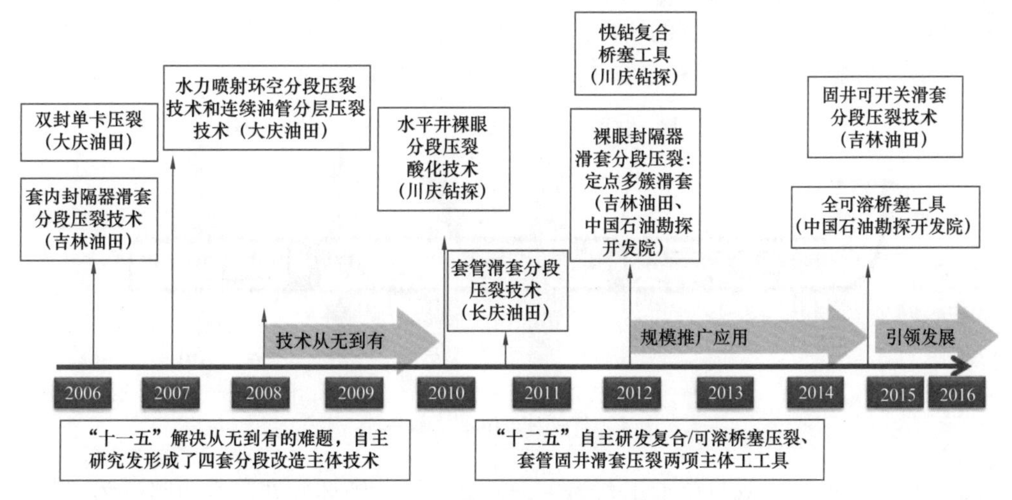

图 5–2–1 国内压裂工具发展历程

一、“十一五”国内压裂工具发展

“十一五”期间，依托“水平井低渗透改造重大攻关项目”，中国石油通过5年时间的攻关，解决了从无到有的难题，自主研发形成了4套水平井分段改造主体技术，服务价格比国外技术降低50%～80%，价格优势明显，适宜大规模工业化推广应用[134]。

（1）双封单卡压裂工具：工艺管柱具有通过能力强、改造针对性强、施工效率高、安全可靠的特点，耐温、承压指标分别达到120℃、80MPa，一趟管柱最多压裂15段，单井多趟管柱组合可实现任意段数压裂，改进后单趟管柱加砂规模突破450m³，最大卡距达到70m[135]。

（2）套内－裸眼封隔器滑套分段压裂工具：工艺管柱耐温150℃、耐压差70MPa，施工全过程液压动作，对各层段改造针对性强，不受卡距限制，一趟管柱可以实现套管内15段的分段压裂施工，能够满足浅、中、深水平井中短射孔段针对性压裂改造[136]。

（3）水力喷射分段压裂工具：在理论与实验研究的基础上形成了油田水力喷砂与小直径封隔器联作拖动压裂工艺，实现了井控条件下多段压裂改造，一趟管柱拖动可分压8段；气井不动管柱多级滑套水力喷砂分段压裂工艺，一趟管柱不动可分压15段，缩短了施工周期，提高了施工效率[137]。

（4）裸眼封隔器滑套分段压裂工具：适用于气藏的分段压裂技术，工具耐温160℃、耐压差70MPa，单井可分压15段，具有施工简便的优点[138]。

1. 双封单卡分段压裂工具

双封单卡压裂技术的工作原理是利用导压喷砂器产生的节流压差使封隔器坐封，压裂液通过喷砂器进入地层，完成目的层压裂，停泵，封隔器胶筒回收，反洗后，上提至第二个目的层进行压裂，如此逐层上提，实现多段压裂。

2006年，大庆油田开展该技术的探索。采用105mm小直径钢丝帘线结构的胶筒，在南230－平257井分3段进行了双封单压加砂压裂获得成功，现场最高施工压力56MPa，共加砂43m³，压后取得了较好的增产效果，初步验证了小直径双封单卡工艺管柱的可行性，但胶筒残余变形较大，管柱存在较大遇卡风险（图5-2-2）。

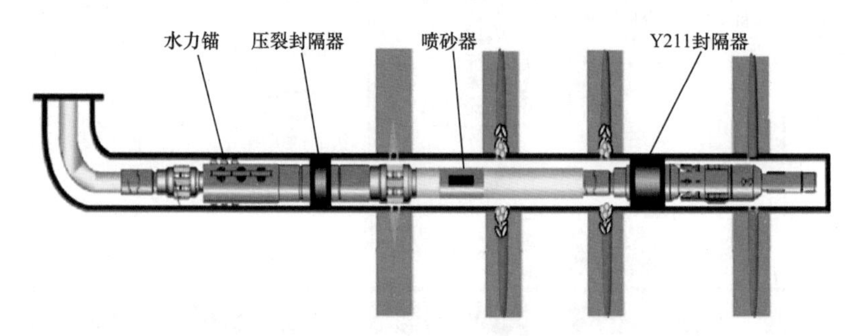

图5-2-2　双封单卡压裂管柱

2007年，开展了以双封单卡工艺为主，机械桥塞、液体胶塞、水力喷砂为辅的水平井配套工艺的攻关研究。小直径双封单卡管柱技术体系基本成型。2009年，开始逐步完善关键工具，提升技术指标，并扩大现场应用规模。2010 年，双封单卡压裂技术日趋成熟，基本满足大庆油田外围低渗透葡萄花、扶余储层及长垣油田新、老水平井分段压裂需求，已成为大庆油田水平井分段压裂的主体技术。

关键工具的技术指标：节流式扩张封隔器耐温、承压指标分别达到 120℃、80MPa；单趟管柱最多压裂 15 段，单井多趟管柱组合可实现任意段数压裂；单趟管柱加砂规模突破 $450m^3$，排量提高至 $7m^3/min$，最大卡距达到 70m。

近年来大庆油田继续对该技术进行改进，卡距增至 150m，解决大卡距施工时管柱振幅大、封隔器易损坏问题，结合暂堵转向技术，实现段内 2～3 条裂缝的压裂施工。双向锚定压裂工艺管柱，提高卡距内管柱的稳定性和安全性。机械式封隔器，通过上提下放管柱实现坐封解封，管柱通径大，节流损失小。一球打双套技术，上提管柱遇阻可逐级丢手，下入旋流冲砂打捞工具进行打捞。

2. 套内－裸眼封隔器滑套分段压裂工具

套内－裸眼封隔器滑套分段压裂工艺的原理是首先通过坐封裸眼－套管封隔器实现段间封隔，然后通过井口投入不同尺寸球，打开相应各级滑套，逐段进行压裂。

技术主要特点是压裂和生产一体化、对储层伤害小、施工效率高。

技术关键工具：（1）管外封隔器：耐高压和冲蚀，在投产以后有较长的工作寿命，目前主要有机械压缩式和自膨胀式两种。（2）压裂滑套：液压动作可开关，通过投球、投飞镖等打开，能满足“高排量＋高液量＋高砂量”的现场要求，今后将向全通径、无限级、裸眼滑套与固井滑套相兼容等方向发展。（3）压裂球 / 飞镖：分为低密度复合球或飞镖和金属球或飞镖，抗冲击强度高，易返排，今后将向自溶解 / 降解方向发展。（4）尾管悬挂器：用于锚定尾管柱，分为液压卡瓦式和膨胀式。

2010 年，中国石油川庆钻探工程有限公司（以下简称川庆钻探）开发出水平井裸眼分段压裂酸化技术及配套工具（图 5-2-3）。技术主要指标：最高改造段数 11 段，适应井

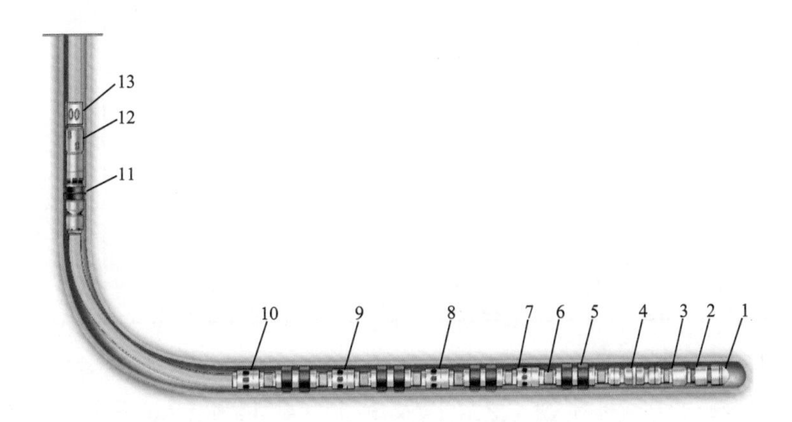

图 5-2-3　水平井裸眼完分段改造工具管柱结构示意图

1—引鞋；2—回压阀；3—自封式坐封球座；4—压差滑套；5—裸眼封隔器；6—$3^1/_2$in 油管；7—投球滑套Ⅰ；8—投球滑套Ⅱ；9—投球滑套Ⅲ；10—投球滑套Ⅳ；11—悬挂封隔器；12—水力锚；13—反循环阀

深 6000m，工具耐温 170℃，封隔器耐压 70MPa，适用于低渗透油气藏的分段压裂、酸压作业。长庆油田根据苏里格气田的开发需求，自主研制出裸眼封隔器滑套分段压裂－完井技术，研发了 $4^1/_2$in 裸眼封隔器、悬挂封隔器、回接管等关键配套工具，工具耐压 70MPa，耐温 120℃，可实现一次连续分压 23 段，最大施工排量可达到 $12m^3/min$。

2012 年，吉林油田联合中国石油勘探开发研究院等单位，依托“油气藏储层改造技术持续攻关专项”，开发了适用 3 种完井井身结构的裸眼封隔器滑套分段压裂管柱，采用双胶筒压缩式封隔器、投球 / 机械可开关滑套和定点多簇滑套。裸眼封隔器作为关键工具，其主要特点是：双压缩式胶筒，内置抗阻机构，避免入井遇阻意外坐封，可靠性更好；坐封采取楔入加压缩形式，胶筒在坐封之后处于刚性支撑，密封性更好；步进双锁定机构保证胶筒压缩后不会释放（图 5-2-4 和表 5-2-1）。

图 5-2-4　压缩式双胶筒封隔器

表 5-2-1　裸眼封隔器技术参数

管柱类型	$3^1/_2$in	$4^1/_2$in	$5^1/_2$in
钢体外径（mm）	112	146	206
胶筒外径（mm）	106	142	200
封堵范围（mm）	114～130	152～168	215～236
最小内通径（mm）	60	95	118
长度（mm）	1793	1866	2730
坐封启动压力（MPa）	13～15	13～15	13～15
坐封压力（MPa）	25	25	25
工作压力（MPa）	70	70	70

通过规模应用及改进完善，在充分论证的基础上研发了二开完井工艺、三开不回插完井和三开回插完井三种压裂工艺，以及 $3^1/_2$in、$4^1/_2$in 和 $5^1/_2$in 三种规格的压裂管柱（表 5-2-2），并制定了管柱选择原则。

表 5-2-2 裸眼封隔器滑套压裂管柱技术参数

管柱类型	$3^1/_2$in	$4^1/_2$in	$5^1/_2$in
压裂段数（段）	16	26	29
单孔球座（mm）	31～58	31～88	31～97
多孔球座（mm）	16～28	16～28	16～28
技术指标	耐温 150℃ 耐压 70MPa	耐温 150℃ 耐压 70MPa	耐温 150℃ 耐压 70MPa

（1）井身结构 1：采用三开回插完井压裂工艺。完井原则：所有气井裸眼完井，通过已施工井压力情况预测，地面施工压力高于技套承受压力；储层砂体钻遇率低（≤50%），可能导致压力高，采取回插至井口完井；40 臂井径测井，若技套磨损严重则采取回插完井。

（2）井身结构 2：采用三开不回插完井压裂工艺。完井原则：垂深小于 3000m 的油井；通过已施工井压力情况预测，地面施工压力低于技套承受压力；储层砂体钻遇率高（>50%），采取不回插完井；40 臂井径测井，若技套无磨损或者磨损较小采取不回插完井。

（3）井身结构 3：采用二开完井压裂工艺。完井原则是斜深 3000m 左右的油井；钻井过程地层不易坍塌、掉块、井漏的井；地层压力系数低的储层（图 5-2-5）。

3. 水力喷射分段压裂技术

1）连续油管拖动喷砂射孔－环空压裂技术

1998 年，哈里伯顿工程师首次提出水力喷射分段压裂思想和方法，用于低渗透油藏水平井压裂作业。水力喷射压裂技术利用伯努利原理形成层间隔离效果，可以在需要的位置产生裂缝，能够控制裂缝的起裂位置使得裂缝均匀分布井筒，从而改造整个层段。2005 年，长庆油田开始引进哈里伯顿公司水力喷砂压裂工艺，先后在 3 口井进行了 17 层现场试验，单井最高分压 8 层。2007 年，在四川白浅 110 井首次成功应用 ϕ50.8mm 连续油管喷砂逐层压裂、一天内完成连续加砂压裂 3 层的任务。

2006 年，长庆油田依托“水平井低渗透改造重大攻关项目”，开发出水力喷射分段压裂技术。主要原理是采用油管或连续油管带底部封隔器拖动压裂，由油管或连续油管转换接头连接压裂工具，通过喷砂器完成喷砂射孔，层间隔离通过底部的封隔器重复坐封和解封完成，实现一趟管柱完成多段射孔、压裂施工，压裂完成后可起出压裂管串，直接投产（图 5-2-6）。

主要技术指标。

（1）适应 4000m 以内井深。

（2）水力喷射环空加砂压裂技术（致密油）：水平段长≤1500m，无限级压裂，排量≤10m^3/min，一趟管柱最高压裂 14 段。

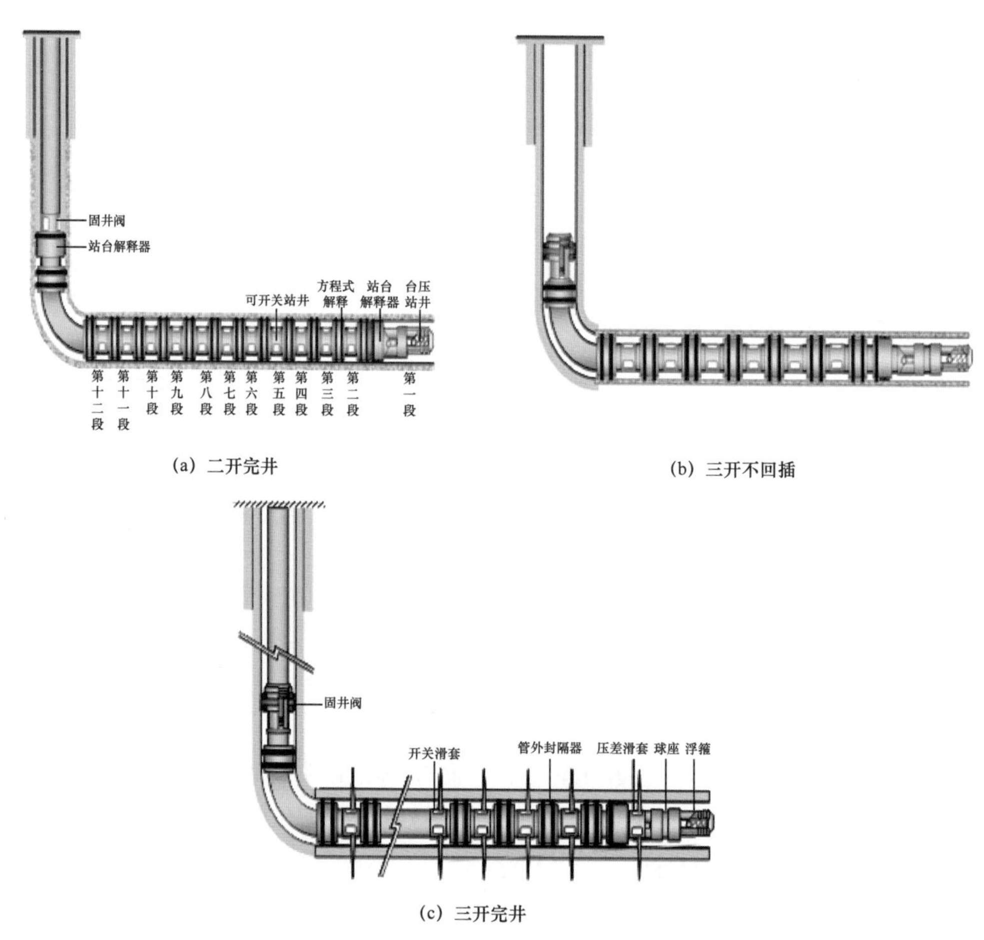

(a) 二开完井

(b) 三开不回插

(c) 三开完井

图 5-2-5　三种完井井身结构

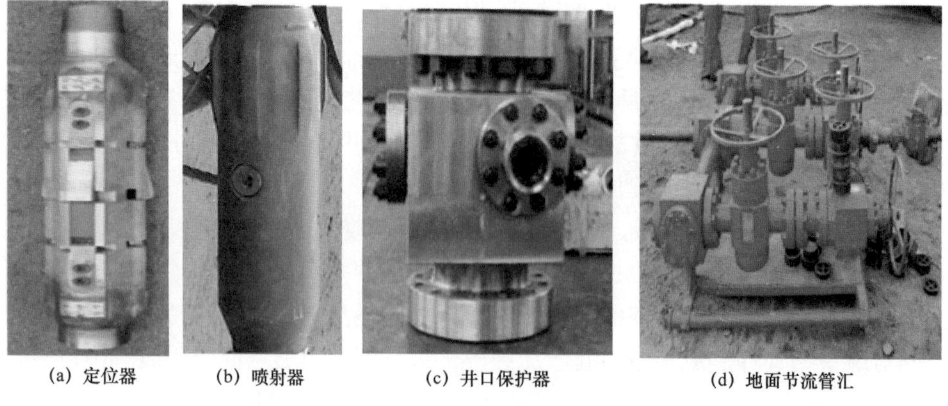

(a) 定位器　(b) 喷射器　(c) 井口保护器　(d) 地面节流管汇

图 5-2-6　关键工具

（3）连续油管分层压裂技术（致密气，直井）：最高分压 8 层，排量最大达到 $6m^3/min$。

（4）不动管柱水力喷砂分段压裂技术（致密气，水平井）：$4^1/_2$in 基管最高压裂 20 段，排量最大达到 $10m^3/min$。

连续油管多层压裂工艺关键工具与设备主要有井下工具、井口设备以及配套工具组成。

（1）井下工具：射孔压裂工具串、冲砂工具串。

（2）井口设备：四通、闸板阀、防喷管、防喷器等。

（3）地面设备：连续油管设备、节流管汇、压裂管汇。国内已完成封隔器、机械定位器、喷射器、混砂器、井口保护器、地面节流管汇等关键工具研发，并配套 2in、$2^3/_8$in 大直径连续油管设备。

机械套管接箍定位器的原理是利用连续油管上提力的变化来寻找套管接箍位置，实现井下深度精确定位。该工具技术指标：外径 116mm，内通径 30mm，长度 630mm，定位力 1.5～2t，最大承压 50MPa。K344 底封扩张式封隔器的指标：耐压差 50MPa，耐温 120℃，钢带式增强的长胶筒整体长度 1650mm，短胶筒整体长度 1140mm，胶筒长度 350mm（图 5-2-7）。

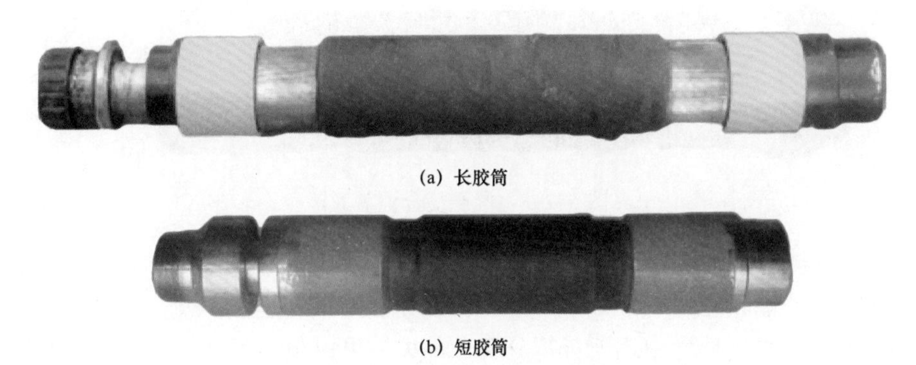

(a) 长胶筒

(b) 短胶筒

图 5-2-7 底封扩张式封隔器

在井口防护方面，环空压裂时高速携砂流体对井口处的连续油管外壁具有冲蚀性，严重时会造成连续油管穿孔、断脱，因此需要配套的井口保护器装置。长庆油田的井口保护器采用衬套式结构设计，与压裂井口采用法兰连接，衬套内径与套管内径一致，衬套外径与压裂井口四通内径一致。井口保护器本体承压不低于 70MPa。

2）气井不动管柱多级水力喷射分段压裂技术

在致密气田水平井压裂技术方面，长庆油田研发了水力喷射大通径管柱、喷射器、轻质球等关键工具。工具性能参数：规格 $4^1/_2$in，耐压 70MPa，耐温 150℃，最大排量 8～10m^3/min，可实现一次连续分压 23 段。

二、“十二五”国内压裂工具发展

进入“十二五”，中国石油依托“油气藏储层改造技术持续攻关专项”，借鉴北美高效开发致密油气、页岩气的经验，水平井分段改造技术研究明显提速，自主研发了复合 / 可溶桥塞、套管固井滑套两项水平井压裂改造主体工艺技术及关键工具[139]。

1. 桥塞分段压裂工具

国内油气田从国外引进复合桥塞技术，但由于价格昂贵，应用收到限制。传统桥塞存在坐封不稳、误动作、磨铣速度较慢、卡瓦牙易损坏等缺点。国内各油田、科研单位、高校在引进国外技术后开始进行消化、吸收工作，改进其性能，实现复合桥塞技术的完全国产化。2011 年，西南油气田引进国外桥塞技术在安岳地区开展水平井桥塞分段压裂试验，采用桥塞和多簇射孔联作工艺，作业中使用了 9 只桥塞，成功实现 10 段的改造作业。2012 年，中国石化工程技术研究院研制出 SCCP−111 型国产桥塞，地面试验表明，指标完全满足国内页岩气分层压裂的需求。2013 年，大庆油田开发出完整的水平井油管输送桥塞及钻磨工艺，下井 15 口，平均磨铣时间 92min/ 只。2014 年，川庆钻探开发出具有自主知识产权的快钻复合桥塞工具，开展 20 多口井次试验，其中某气井压裂 8 段，入井液量 3949m^3，最大施工排量 9.8m^3/min，最高施工压力 80MPa（图 5−2−8）。

图 5−2−8　国产复合桥塞工具

基于可分解材料的桥塞工具也应运而生。中心筒、卡瓦基体等主要受力部件采用了高强度的 Mg−Al 合金制成，对于胶筒，可根据现场需要采用可分解橡胶和常规橡胶材料制造[140]，桥塞可在井筒环境中逐渐自行分解、消失，可以免除下钻、磨铣桥塞的繁琐施工程序（图 5−2−9）。

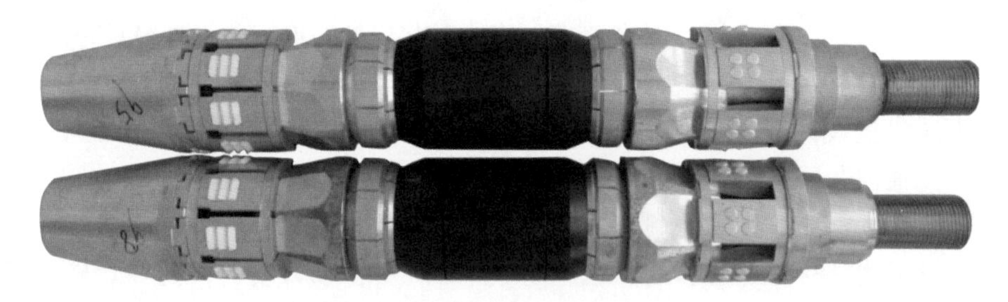

图 5−2−9　国产全可溶桥塞结构组成

可溶桥塞技术的主要优点有：

（1）综合作业成本大幅降低。

（2）消除了磨铣对地层的污染。

（3）提高了单井产量，很多采用可溶桥塞压裂的井产液量高于邻井。

（4）降低钻铣作业风险。

（5）提高了生产效率。

（6）既可以用于新井改造，也可用于老井重复压裂。

中国石油勘探开发研究院开发出新一代 Y45R 型全可溶桥塞工具，于 2015 年 7 月在吐哈油田进行第一口井的现场应用，取得很好效果。该工具是一种以水溶性材料设计制造的临时性封隔用桥塞，主要由丢手接头、推力环、锚牙、卡瓦锥体、胶筒、锁紧接头等组成。通过电缆或油管将桥塞送至设计深度，送入工具点火或地面泵入液体，送入工具心轴受到火药柱产生的气体压力或泵入液体产生的液压力推动，心轴与外筒产生相对运动，使送入工具心轴带动桥塞丢手接头向上运动，送入工具外筒挤压桥塞推力环向下运动，推力环推动上下卡瓦锥体，使卡瓦沿斜面向外扩展，卡瓦咬住套管内壁实现锚定，胶筒受到推压力变形而扩展密闭套管内腔。

Y45R 桥塞坐封后，丢手接头内腔的通道被单流阀封闭，流体只能从下部向上流动，上部的流体被截止。压裂时，Y45R 全可溶桥塞封闭了下部层段通道，对上部层段进行压裂施工。压裂完毕后，下部层段的流体能够通过单流通道流动，进行正常的放喷或生产，桥塞逐渐在井筒液内分解（表 5–2–3）。

表 5–2–3　国产全可溶桥塞技术参数

最高试验压力	60/90MPa
额定工作压差	35MPa/50MPa/70MPa
最高工作温度	120℃、150℃
最小坐封载荷	100kN
最大坐封载荷	140kN
最大丢手载荷	140kN
水溶介质	0.5%～2%KCl 盐液
失封水溶时间	额定温度条件下稳定期 5～7d
完全水溶时间	15～30d
坐封送入方式	电缆或液压送入
适用井眼条件	无直接接触酸碱作业环境的直井、水平井
坐封工具型号	威德福 HST 或 AH、贝克休斯 E–4、NO.20 坐封工具

截至 2018 年底，国产可溶桥塞已在西南页岩气田、大庆油田、长庆油田、吉林油田等成功开展 50 多口井的现场应用，下井工具近 700 只，取得很好的效果。

2. 套管固井滑套压裂工具

作业工艺：首先在套管串中下入趾端破裂阀和套管阀，进行固井作业，固井后套管内憋压打开破裂阀，通过破裂阀进行第一级压裂，投球或投飞镖进行其他级压裂作业。技术优点：级数不限且工序简单高效，飞镖可钻且滑套可关[141]。

长庆油田依托“十二五”油气藏储层改造技术持续攻关专项，在充分调研国外先进技术的基础上，以提高单井产量为核心，以大排量压裂、保持压后井筒完整性和可控开采为目标，开展了可开关有限级套管滑套和无限级套管滑套分层改造工具研制和工艺研究，完成了 $3^1/_2$in、$4^1/_2$in 和 $5^1/_2$in 三种系列化有限级套管滑套工艺管柱的研发，该管柱通过滑套开启实现免射孔压裂，是一种钻井、压裂一体化完井方式，压后井筒完整程度高，为后期作业提供了畅通的井筒。

对于无限级套管滑套工具，长庆油田设计了一种可变径压裂阀，利用液压传导方式实现球座逐级变径，投同一直径堵塞器完成转层，研制了数控套管压裂滑套，通过感应方式实现堵塞器变径后打开对应层段滑套，实现了大通径、不限层数的分层压裂施工[142]。研制了适合反复开关的密封结构和开关槽及配套液压开关工具，实现了套管滑套可开关，达到了压后可进行选择性开采目的（图 5-2-10）。

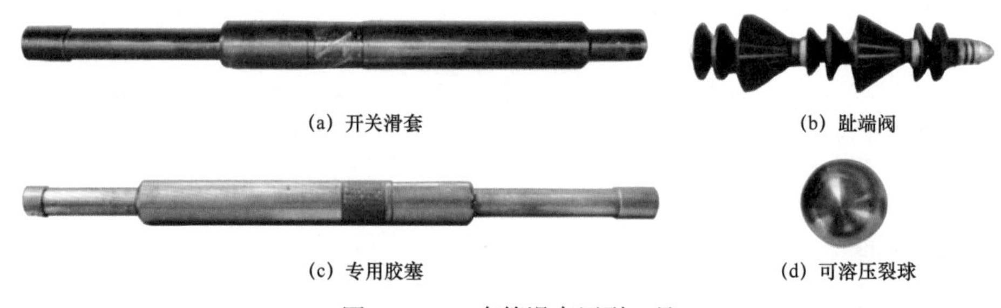

(a) 开关滑套　(b) 趾端阀　(c) 专用胶塞　(d) 可溶压裂球

图 5-2-10　套管滑套压裂工具

根据射孔枪和固井胶塞通过的最小尺寸，确定了 $3^1/_2$in、$4^1/_2$in、$5^1/_2$in 三种规格套管滑套最小内径。套管滑套基本参数和改造级数见表 5-2-4。根据套管自身内径、射孔枪外径及射后变形量、固井胶塞最小通过的内径，确定套管滑套最小内径，$3^1/_2$in、$4^1/_2$in 和 $5^1/_2$in 三种规格压裂管柱改造级数分别为 5 级、7 级和 12 级（表 5-2-4）。

表 5-2-4　套管滑套基本参数

规格	压力等级（MPa）	外径（mm）	通径（mm）
$3^1/_2$in	105	135	76.0
$4^1/_2$in	105	175	97.2
$5^1/_2$in	105	175	121.4

现场应用方面，长庆油田自主研发套管滑套分层压裂工具累计下井 149 口 527 层，完成压裂 111 口井 410 层，单井最多改造 7 层，施工排量 4～10m^3/min，平均无阻流量 $10.06 \times 10^4 m^3/d$，是邻井产量的 1.2～1.5 倍，增产效果明显。

三、“十三五”国内压裂工具发展

2014 年国内提出了以“金属封隔、免钻投产”为核心的球座分段压裂技术，经过 5

年持续攻关，历经3次方案调整，技术水平持续提升，实现了锚封一体、无胶筒、全可溶，新一代自主体积压裂工艺基本定型[143]。2018年以来，针对前期球座需预置工作筒、工艺复杂等技术问题，中国石油长庆油田公司提出了DMS可溶球座体积压裂工艺研发思路。分析表明：DMS可溶球座主要面临结构研究、可溶金属密封材料研发、丢手方式选择等技术难题[144]。根据力学分析及实验测定，对可溶球座结构进行多次改进与优化，形成了以上锥体、密封环、卡瓦、尾座为主体结构的球座，满足自锁、密封、锚定、丢手功能，工具长度较常规桥塞缩短30%（图5-2-11）。

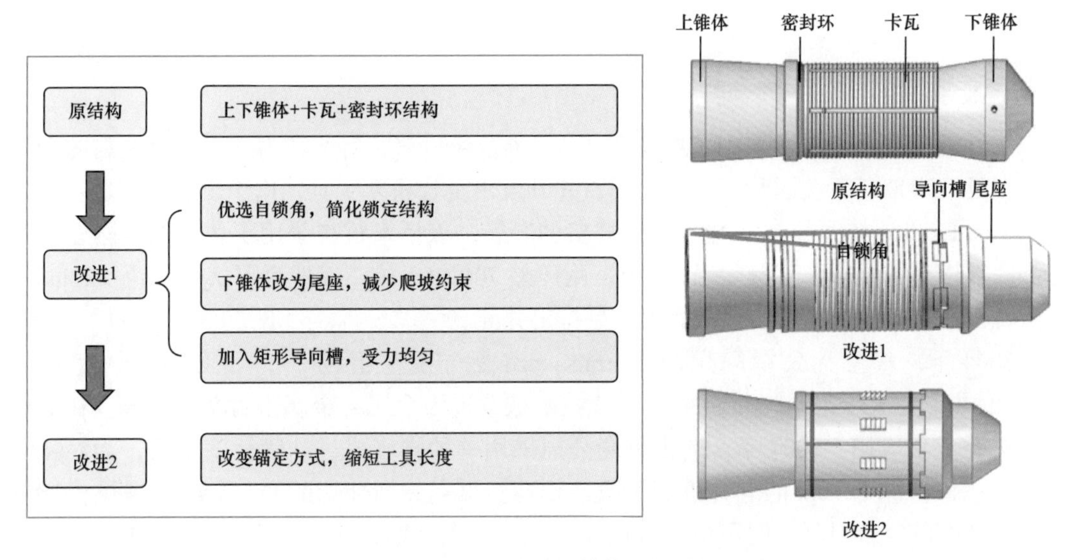

图5-2-11 可溶球座结构改进过程

DMS可溶球座主体工具参数对比见表5-2-5，工具实物如图5-2-12所示。

表5-2-5 DMS可溶球座主体工具参数对比表

指标	长庆油田自主全可溶金属球座	国外主流技术	
		Infinity可溶球座（斯伦贝谢）	Illusion全可溶桥塞（哈里伯顿）
外径（mm）	114	119	111
内径（mm）	38	84	33
承压（MPa）	70	70	70
耐温（℃）	120	177	120
压后通径（mm）	124.26	115.6	124.26
工具实物图	无限制	无限制	无限制

(a) 长庆油田自主全可溶金属球座

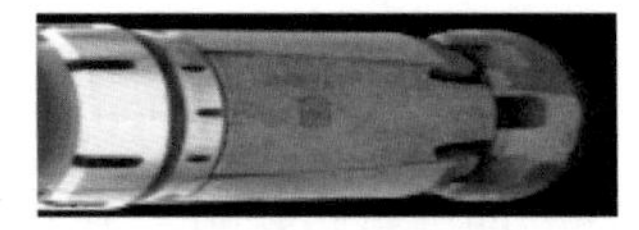

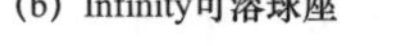

(b) Infinity可溶球座

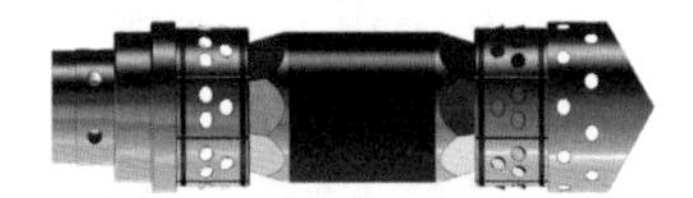

(c) Illusion全可溶桥塞

图 5-2-12 工具实物图

第三节 国外压裂工具发展历程及最新进展

一、桥塞分段压裂工具

早期的桥塞压裂技术采用了可钻式铸铁 / 铝合金材料，后期转为基于复合材料的新型桥塞工具。2000 年，美国哈里伯顿公司首先开发出复合桥塞工具，用于煤层气改造。该公司的 Fast Drilling 桥塞技术适用于多种规格的套管，该桥塞首次采用了单流阀、陶瓷卡瓦牙、底部楔形等结构，工具耐温 120℃，耐压差 70MPa。施工完成后可实现最快 10min/ 只的磨铣作业目标，磨铣后的残留屑很容易排出井筒。

2004 年，威德福公司采用两个 FracGuard 复合桥塞组成一个耐压 131MPa、耐温 160℃的井下分级压裂系统。2006 年，该技术被改进为金属 – 金属密封系统桥塞，在挪威北海某井成功应用。2007 年，斯伦贝谢公司采用一种膨胀式过油管桥塞工具，为沙特阿拉伯的一口井深 3230m 的老井进行了改造作业。贝克休斯公司的 Quick Drill 速钻桥塞采用了易钻磨的复合材料，耐压最高可达 86MPa。贝克休斯公司随后推出的 Shadow 大通径速钻桥塞，与可溶压裂球配合，无须磨铣作业即可先期生产。桥塞根据工作方式分为投球式、单流阀式和全堵塞式 3 种桥塞，其中投球式桥塞和单流阀式桥塞在磨铣之前就可形成生产通道并进行试油试气作业，有利于提高作业效率（图 5-3-1）。

(a) 哈里伯顿

(b) 斯伦贝谢

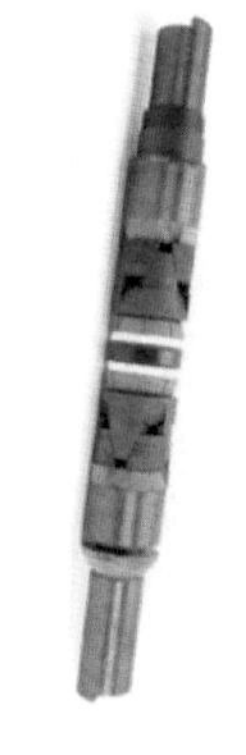

(c) 贝克休斯

图 5-3-1 国外桥塞工具

2010 年，为解决高温高压油气井储层改造的难题，Smith 公司（已被斯伦贝谢公司收购）开发出 CopperHead 铝合金可钻桥塞。该桥塞耐温 177℃，平均磨铣时间为 20min，坐封结构得到改进，避免了意外坐封的问题[145]。贝克休斯公司也推出了自己的高温高压油气井专用的 Torpedo 快钻桥塞，最高耐压 172MPa，耐温达到了 260℃，卡瓦结构得到增强，可用于干热岩体的压裂改造和增强型地热资源（EGS）开发[146]。

美国哈里伯顿公司推出了商业化的 Illusion 可溶桥塞系列工具（图 5-3-2）。借助橡胶技术的进步，哈里伯顿又推出了全可溶桥塞工具，并形成系列化，以取代传统的复合桥塞。目前，哈里伯顿公司的可溶桥塞系列已经广泛用于北美页岩油气资源的开发中，在 Woodford、Bakken、Barnet、Marcellus 等地区，获得了广泛关注。2016 年，哈利伯顿在长庆油田陇东致密油区块西平 238-77 井开展可溶桥塞的现场应用。该井水平段 2740m，采用大通径桥塞结合可溶桥塞压裂工艺，该井创造了中国陆上油田当时“水平段最长、压裂段数最多、入地液量最高”三项国内纪录。该井投产后自喷，含水从 100% 下降到 67.7%，日产油量逐步上升到 60.7t，取得很好的效果。

(a) 坐封前

(b) 坐封后

图 5-3-2 哈里伯顿可溶桥塞工具

贝克休斯公司也开发了 Spectre 可溶桥塞，该公司在 Woodford Shale 某井的趾端试验了 10 个可溶桥塞。斯伦贝谢公司近年来又研制出全新的 Infinity 可分解套管球座压裂工具，其压裂施工工艺与“桥塞 + 射孔”工艺相近，用来取代复合桥塞工具，具有全金属结构、金属对金属密封、可快速溶解消失、无限级压裂作业、可在井下套管任意位置处座挂等特点。目前，该技术已经商业化并进入北美非常规油气资源开发领域，取得很好的生产效果。美国国民油井公司开发的 VapRTM 是一种可完全溶解的超短压裂桥塞，可与溶解压裂球配合，其结构设计紧凑，长度小于 250mm，比现有桥塞工具节省 60%～70% 的部件，内外表面与井筒液体接触面积更大，溶解速度更快，在井筒中的残留物更少，可进一步提高工厂化施工效率（图 5-3-3）。

(a) 斯伦贝谢公司套管球座

(b) 国民油井的超短可溶桥塞

图 5-3-3 新型可溶解层间隔离工具

二、裸眼封隔器滑套分段压裂工具

1. 管外封隔器

国外各大油田服务公司均拥有该项技术，加拿大 PackersPlus 公司开发了世界第一套裸眼封隔器滑套压裂管柱，并投入商业应用。在耐高压压缩式封隔器方面，PackersPlus 公司的 RockSeal 采用双胶筒结构，水平井筒内居中性好，承压 70MPa。贝克休斯公司的管外封隔器采用经过增强的单胶筒结构，通过性较好，承压 70MPa。哈里伯顿开发了遇油水自膨胀封隔器工具，胶筒长度 3～9m，承压指标 50～70MPa，耐温 120℃（遇水膨胀封隔器）和 150℃（遇油膨胀封隔器）。所有管外封隔器均有 $3^1/_2$in、$4^1/_2$in 和 $5^1/_2$in 规格，可满足裸眼井、套管井、侧钻水平井或定向井的完井和压裂需求（图 5-3-4）。

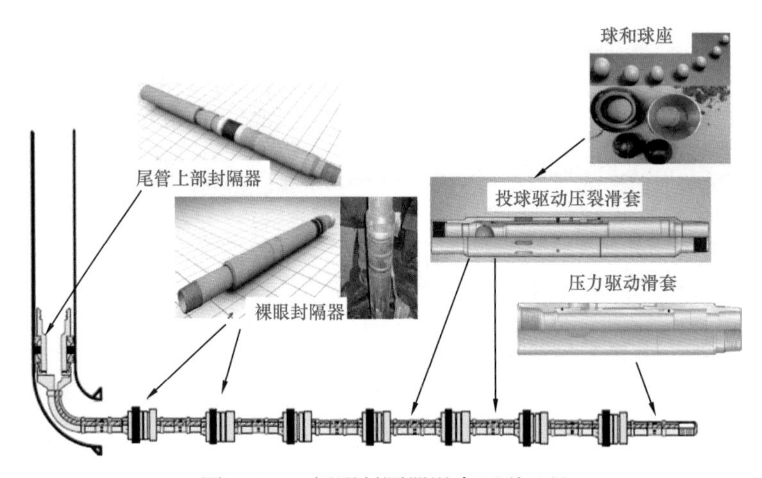

图 5-3-4 裸眼封隔器滑套压裂工具

哈里伯顿公司的 RapidFrac 裸眼封隔器滑套压裂系统主要由 DeltaStim 滑套和自膨胀封隔器组成，连接 VersaFlex 尾管悬挂器下入井内[147]。截至 2021 年底，有 $4^1/_2$in 和 $5^1/_2$in 两种规格，最高排量 15.9m^3/min，工作压力 70MPa，耐温最高 177℃。该系统专门用于多产层水平井完井，可实现完井和压裂的一体化。通过专利保护的特殊结构，实现单球打开多滑套的功能。一趟管柱最多可分隔 15 段，每段 6 个滑套，总计 90 个滑套。该技术在 Bakken 页岩气田的两口相邻井进行的对比性试验中，一口使用常规的桥塞射孔工艺，另一口使用 RapidFrac 裸眼封隔器滑套压裂技术。试验表明，裸眼封隔器滑套压裂技术的施工时间缩短了一半，使气井可以更快投产。类似的技术还有贝克休斯的 FracPoint EX-C 技术、斯伦贝谢的 RapidStim 和 QuickFrac 技术、威德福的 OptiFrac 技术。

2. 可分解压裂球

美国贝克休斯公司最早引进可分解压裂球技术（IN-Tallic），该技术的关键是在电解质液体中发生电化学反应的镁铝合金材料[148]。与传统低密度复合球相比，可分解压裂球的优点是：可避免阻塞通道，不影响试油试气作业；不需磨铣，节省时间和成本；地层水或淡盐水即可将球溶解；密度低，反应剩余物容易排出且速度快。斯伦贝谢公司开发了 Elemental 可分解压裂球，不仅用于裸眼封隔器滑套压裂工艺，也用于套管滑套压裂工艺和快钻桥塞压裂工艺。基于可分解材料技术，该公司还用于桥塞结构件、飞镖等工具的加工制造。

3. 先进滑套工具

威德福公司开发出 RFID 电控无限级压裂滑套，该技术免钻磨球座，通过无线电子标签控制，可多次开关（图 5-3-5）。滑套全通径，强度等级 70MPa，耐温 120℃，已应用陆地、海上多口井的完井、压裂作业。贝克休斯公司开发出定点多簇压裂滑套，该工具采用水力喷射和伸缩式喷嘴的组合（图 5-3-6），可在裸眼井壁定点开启裂缝。滑套选配多簇启动结构，由单球开启多个滑套。该技术具有 $4^{1}/_{2}$in 和 $5^{1}/_{2}$in 两种规格，9 级压裂中最高布置 40 只滑套，最高排量 $10m^3/min$。

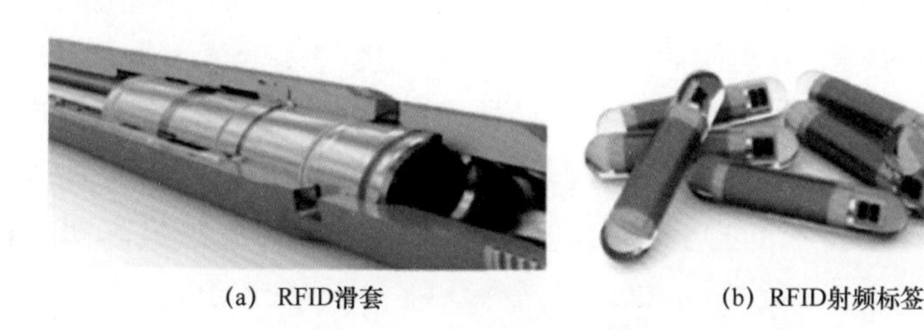

(a) RFID滑套　　(b) RFID射频标签

图 5-3-5　RFID 电控无限级压裂滑套

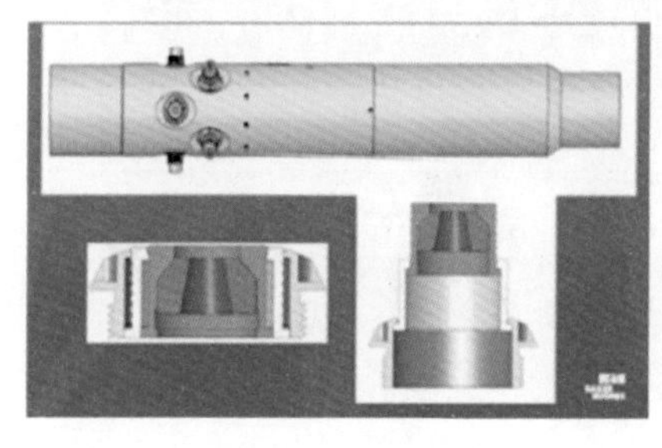

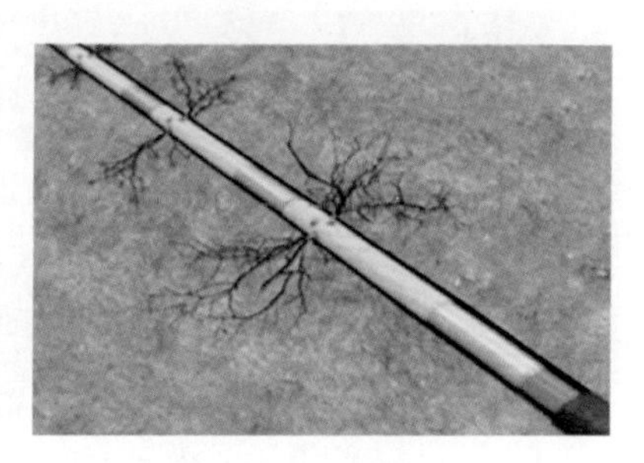

(a) 定点多簇滑套　　(b) 井下压裂施工

图 5-3-6　定点多簇压裂滑套

三、水力喷射分段压裂工具

1. 哈里伯顿公司

哈里伯顿公司推出的 SurgiFrac 技术无须封隔器和桥塞等隔离工具，通过喷嘴的高速射流而形成环空封堵（图 5-3-7）。通过拖动管柱，用水力喷射工具实施定点多层多段压裂，油管和环空可分别泵送不同流体。该技术改造级数不限，具有很强的灵活性，可根据不同的储层物性和工艺要求，采取不同的施工规模和裂缝组合。除了新井，SurgiFrac 技术也适合老井改造和重复压裂，配合连续油管或钻杆，SurgiFrac 可高效地完成压裂作业，提高老井产量[149]。该技术缺点：（1）压裂规模受限，单段最高加砂量 150t；（2）作业效率有待提高；（3）水力喷射工具易磨损，需要经常更换；（4）某些高压井的作业需配备带压作业装置。

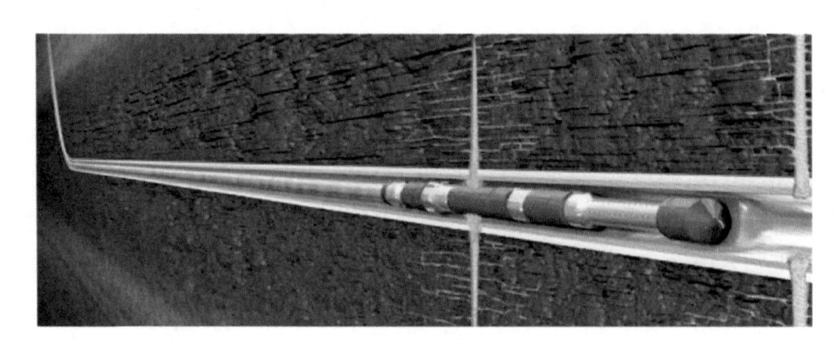

图 5-3-7　SurgiFrac 技术

另外，哈里伯顿公司开发的 CobraFrac 技术采用了跨式封隔器作为层间隔离工具，该封隔器可多次坐封和解封，配有平衡阀和单流阀，安全接头可应对作业中出现的异常情况（图 5-3-8）。现场作业中，需要预先射开全部层段，跨式封隔器的间距可灵活调整，一趟管柱可完成多段逐级压裂。该技术适合薄互层精细分层压裂，也可对常规压裂中遗漏的层段进行改造。CobraFrac 技术的指标：工具耐温最高 177℃，耐压最高 70MPa，最高加砂浓度 1920kg/m^3，最大单段加砂量 380t，最高井口施工压力 51MPa，最大施工排量 4m^3/min，单井最高改造 24 段，最大压裂层段深度 2280m。

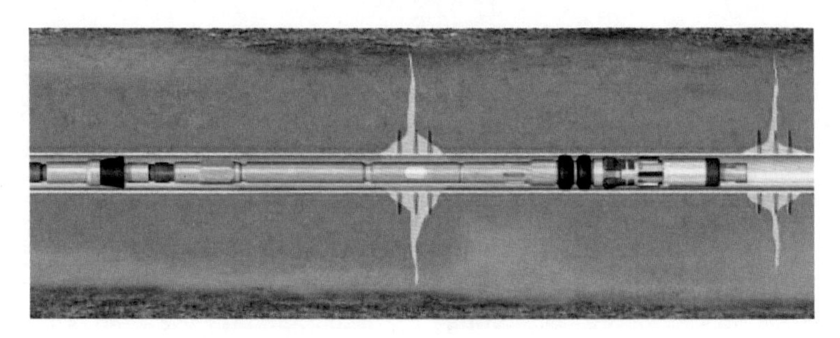

图 5-3-8　CobraFrac 技术

2. BJ 公司

BJ 公司（被贝克休斯公司收购）推出商业化 OptiFrac 连续油管带底封隔器压裂技术服务。该技术的特点：（1）效率较高，一天内可多次作业；（2）使用重复座封性好的底部封隔器取代跨式皮碗；（3）采用大直径连续油管，环空间隙大，压裂时泵排量较高；（4）可利用连续油管实时监控井底压力，无须火药射孔。

OptiFrac 工具的主要工具是机械定位器、封隔器、扶正器、喷射器以及双向循环阀。机械定位器、封隔器和喷射器是关键工具，性能关系到准确定位、射孔效率、改造后层段的暂堵、作业效率等。该技术的指标为，工具耐压耐温 50MPa（150℃），70MPa（95℃）。

2008 年 10 月至 2009 年 1 月，BJ 公司与中国石化胜利油田合作，完成了亚太区第一次连续油管水平井多层压裂作业。现场施工 3 口井，共计 9 个产层，压裂 7 层，总共泵入 330t 支撑剂，每个产层平均泵入 40～50t。OptiFrac 技术现场应用中，直井超过 180 井次，每层作业平均 3～4h，水平井超过 40 井次，每层作业平均 2～3h。

四、套管固井滑套压裂技术

1. 斯伦贝谢公司

斯伦贝谢公司最早开发出 TAP 套管固井滑套压裂技术（图 5-3-9），主要技术指标和特点：（1）工艺管柱耐温 150℃、耐压差 70MPa；（2）施工全过程液压动作，对各层段改造针对性强，不受卡距限制；（3）压裂级数不限。在大港油田采用压裂工艺 TAP（TAP Lite）技术开展了压裂施工，平均一天压裂两口井（4～5 级），24h 不间断上水，每个井场至少 2 口水井，5 天一共完成 9 口井的作业。

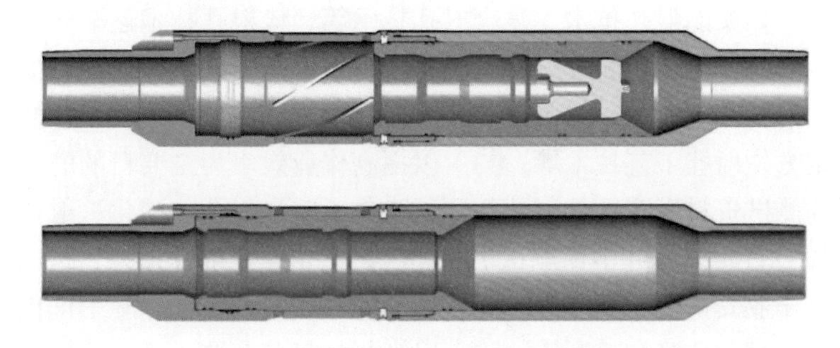

图 5-3-9　TAP 阀和 KickStart 破裂阀

2. NCS Multistage 公司

NCS Multistage 公司开发出无限级（Multistage Unlimited）压裂技术（图 5-3-10），该技术使用了连续油管、无限级压裂 - 封隔体系以及专门设计的滑套。连续油管管柱可以形成一个流向压裂层段的循环通路，然后在可重复坐封底部封隔器的配合下进行压裂作业。该底部封隔器可多次重复坐封和解封。底部封隔器的胶筒最高可承受 8500psi 的压差，高于常见的地层破裂压力，并可耐 177℃的高温。该技术主要特点：砂堵发生的可能性小；压裂时借助连续油管，实时监测目标区域的地层信息，优化支撑剂的布放位置；使用多段无限级套管滑套组合，进行喷砂射孔连通储层；可实现定点、精细、复杂缝网系统的建立。

图 5-3-10　NCS Multistage 无限级压裂技术

该技术可使用 GripShift 滑套或 Mongoose 喷砂射孔沟通储层。如果使用 GripShift 套管滑套完井，喷砂短节可以增加未射孔套管处的压裂段数，且作业中途无须起钻。如果未使用套管滑套，喷砂射孔可用于所有压裂段。底部封隔器下入至内层套筒深度，在它的作用下，GripShift 套管滑套产生位移对胶筒施压，实现密封。内层套筒向下滑动，开启外层套筒上部的压裂孔，然后从连续油管环空泵注加压，开始压裂作业。当进行 Mongoose 喷砂射孔时，底部封隔器封隔目标层段，携砂液从连续油管泵入，通过喷砂短节射穿套管和水泥环，随后通过环空进行泵注压裂施工。

第四节　射孔工具及技术

射孔技术作为油气井完井工程的重要环节在过去 10 余年时间内发展很快，为油气井增产起到了重要的作用。国内外射孔技术主要包括：（1）以追求油气产能为主要目的的高效射孔完井技术，如聚能射孔技术、复合射孔技术等，该射孔技术逐渐向大药量、超深穿透、多级火药装药气体压裂增效等方向发展；（2）以保护油气层、完善和提高射孔完井效果为主要目的的射孔工艺技术，如负压射孔工艺技术、动态负压射孔工艺技术、超正压射孔工艺技术、定方位射孔工艺技术等；（3）以提高作业效率为主要目的的一体化组合作业工艺，包括提高测试资料真实性的射孔与测试联作工艺，射孔与酸化、射孔与压裂等措施联作工艺等，如 DST（油气井中途测试）联作工艺、全通径射孔工艺、负压射孔测试工艺等；（4）以提高作业安全性和效果为主要目的的管柱安全性设计、施工优化设计、智能定向射孔、射孔施工过程监测和诊断等；（5）以恢复油气井产能、延长使用寿命为目的的增产措施，如射爆联作增产技术和爆燃压裂增产技术等。

一、射孔技术及配套工艺

1. 深穿透聚能射孔技术

最初的射孔技术是采用子弹式射孔作为穿透套管及水泥环、构成目的层至套管连接孔道的手段，但由于子弹式射孔的穿深极为有限，经常无法形成有效的射孔孔眼，所以由反装甲武器演变而来的聚能射孔得到迅速发展[150]。该技术利用聚能效应，具有良好的穿孔破岩作用，极大地提高了射孔穿深。

近年来，随着油田开发对射孔要求的不断提高，国内外都加大了对超深穿透聚能射孔技术的开发。射孔弹的平均穿深指标已有大幅度提高，最具代表性的是美国 GEO Dynamics 公司研发的型号为 4039 RaZor HMX 的射孔弹，其混凝土靶平均穿深指标已达 1597mm。我国四川射孔弹厂研制的型号为 SDP48HMX39-1 的射孔弹，其混凝土靶平均穿深指标也已达到 1538mm，基本达到国际领先水平。与 2000 年相比，目前射孔弹平均穿深总体提高了近 1 倍以上。表 5-4-1 给出了美国 API 协会公布的几个代表性厂家同一型号射孔器混泥土靶测试数据。

表 5-4-1 部分国内外厂家的射孔器穿深指标

供应商	枪径（mm）	弹型	装药量（g）	孔密（孔/m）	穿深（mm）
美国 GEO Dynamics 公司	114.3	4039 RaZor HMX	39	16	1597
美国 Owen 公司	114.3	SDP-4500-411NT3	39	16	1376
四川射孔弹厂	114.3	SDP48HMX39-1	39	16	1538
大庆射孔弹厂	114.3	SDP45HMX-1	39	16	1356

2. 复合射孔技术

复合射孔是在聚能射孔基础上，将复合推进剂引入到射孔枪内作为二次能量。聚能射孔弹射孔形成孔道的同时，复合推进剂被激发燃烧，在枪内产生高温高压气体，通过枪身泄压孔释放并直接进入射孔孔道，在近井地带形成广泛的裂缝网络，大幅度提高近井地带的导流能力。现场应用表明，复合射孔可使单井产能提高 1 倍以上。近几年来，通过系统的基础理论及测试技术研究、火药燃气控制技术研究、枪身材料及承压能力研究以及火药装药结构的研究，原来枪内装一级火药的装药结构逐步发展为枪内装三级装药（图 5-4-1），大幅度提高了复合射孔的做功能力，模拟打靶试验的压裂裂缝长度增加近 1 倍。同时，以延迟点火、速燃控制技术为基础发展起来的多级脉冲复合射孔技术也开始应用于油气田开发，通过控制多级火药燃爆做功时间实现了射孔效果的可调。

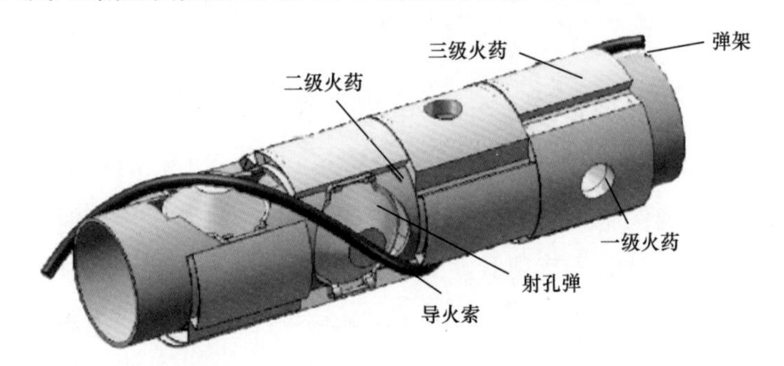

图 5-4-1 三级装药多级复合射孔装药结构

迄今为止，复合射孔已经形成了内置式、下挂式、外套式等多种装药结构形式及深穿透、大孔径、高孔密等多种产品系列，以及与完井工艺配套的全通径射孔与酸化压裂联作、DST 联作、水平井等复合射孔联作工艺技术。

3. 定向射孔技术

定向射孔是利用相应的定向仪器或装置实现对射孔方向的控制，以达到优化射孔方案、提高开发效果的目的。定向射孔技术主要包括直井定向射孔和水平井定向射孔两种技术。

直井定向射孔主要是利用陀螺仪测定井下射孔方位角，实现对射孔方向的控制。在油气田开发过程中，常规射孔技术一般沿着水平方向射孔，而储集层及其最大主应力方向常常与水平方向存在一定的夹角 α_1 和 α_2（图 5-4-2），有时需要按照开发方案，利用陀螺仪定向后调整枪内射孔弹夹角或转动射孔管柱，使射孔方向指向较易压开储集层的主应力方向，从而使射流更容易破碎储集层岩体，以便在后期的储层改造过程中减小破裂压力，降低施工难度，增加储集层有效泄流面积以获得更高产能[151]。在油田使用的陀螺定向射孔包括油管输送和电缆输送两种。油管输送工艺相对成熟，但转动油管实现定向的操作其定位精度问题尚待改进。电缆输送陀螺定向射孔工艺可在井斜角小于 30° 的井中使用，且定位精度高、施工效率明显优于油管输送定方位射孔，目前发展较快。

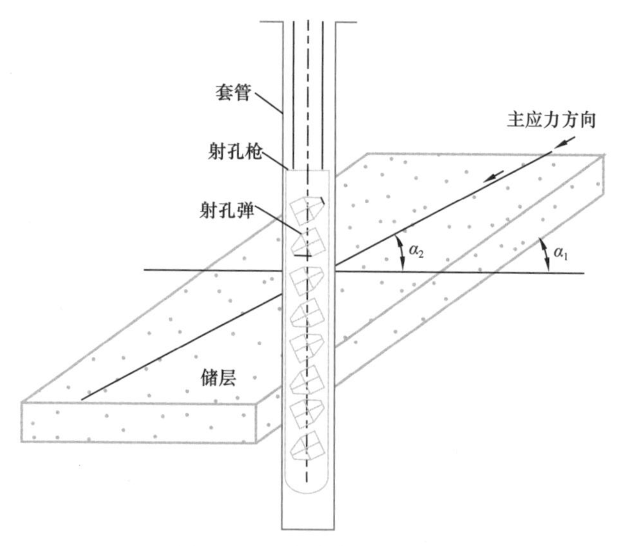

图 5-4-2　定向射孔示意图

水平井定向射孔一般采用一体式配重系统作为其定向装置（图 5-4-3），在长井段水平井射孔工艺上，为了确保施工安全，采用配套的单向、双向压力延时起爆器，利用分段起爆的方式，实现超长井段的一次射孔。为了解决水平井钻井污染和井眼轨迹偏离储集层等问题，水平井定向多级复合射孔技术逐步发展起来，目前已经成为国内各油田制定单井增产解决方案的首选技术之一。2013 年，该技术已经在塔里木油田 TZ16-16H 井成功应

图 5-4-3　一体式配重定向射孔结构

用，射孔段井深4190～4293m，采用FS96-13DP29枪+YS95枪、SDP39HMX29-2射孔弹组成的多级复合压裂射孔器进行射孔，通过两级装药多次做功，使井筒内压力作用时间延长到800ms以上，孔缝综合穿深达到5000mm以上，获得了显著的增产效果。

4. 负压及动态负压射孔技术

负压射孔和动态负压射孔技术都是通过在井筒中形成负压，使井筒压力低于地层压力，射孔时利用地层与井筒间的压力差产生快速的冲击回流，冲洗孔道附近地层和孔道内的堵塞物和爆炸残余物，清洁油流通道，使近井带地层的渗流特性更接近于原始地层，是一项较理想的射孔增产工艺技术。该技术起源于美国，近几年在国内也得到了发展。

目前国内成熟的负压射孔工艺是利用管内封隔器将射孔层段隔离，通过投棒或压力起爆方式使油管与封隔器以下套管环空沟通，在射孔段形成负压，继而引爆射孔枪实现负压射孔（图5-4-4），负压射孔作业时在射孔管串上可配套安装井下压力计以及其他配套装置，记录井内施工全程的压力和温度，并提供地层表皮系数、原始地层压力、渗透率、产量预测等各项数据。

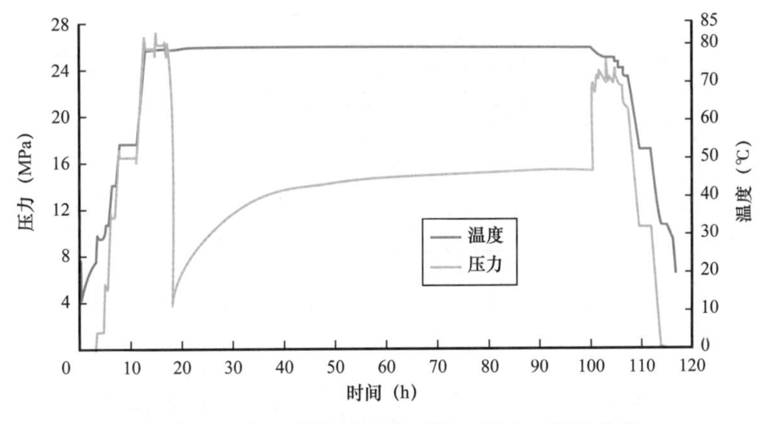

图5-4-4　负压射孔测试井时间—压力—温度曲线

动态负压射孔工艺技术通过在射孔枪串上连接一套负压舱，射孔时产生的爆炸能量瞬间将该舱打开，使射孔层段套管环空液体瞬间进入负压舱，从而在套管环空形成负压。该项技术的优点是负压形成的方式和现场作业工艺更加简单，同时能够与优化设计软件配套使用。

5. 泵送射孔与桥塞联作技术

在水平井压裂工艺上，由于受井筒、地质条件和压裂设备水平的限制，必须采用分段射孔和压裂才能实现储集层开发效果的最大化。传统的油管输送水平井射孔工艺很难实现多段射孔和压裂，施工安全性差、周期长、作业成本高。泵送射孔与桥塞联作工艺采用电缆输送方式，每段压裂只需一次电缆下桥塞并完成多簇射孔，简化了作业工艺，降低了作业成本，提高了作业时效，压裂完成后桥塞可快速钻掉。泵送射孔是国外页岩气、煤层气以及致密油气开发的一项主流技术，北美地区 85% 的致密油气和页岩气开发均采用此项技术。国内近几年也开始大规模使用该项技术进行非常规油气的改造。泵送射孔与桥塞联作施工工艺装备主要包括电缆射孔作业车、防喷井口装置、泵送射孔枪、可选发射孔开关组件、坐封工具及可钻复合桥塞以及磨铣用的钻削磨鞋。

二、射孔优化设计及检测技术

1. 射孔优化设计

射孔优化设计一直是研究的热点，国外一些知名研究机构和企业都相继推出了针对油藏地质条件和油井状况的常规射孔工程优化设计软件，国内一些大学和油田研究机构也在近年推出了不同版本的射孔工程优化设计软件。发展到 2022 年，常用的常规射孔优化设计的算法及模型主要建立在半经验的基础上，主要涉及多参数的敏感性分析，包括井筒半径、射孔孔眼直径、射孔密度、储集层非均质性、生产压差、渗透率、钻井污染程度、射孔相位、射孔压实程度等[152]。优化设计流程如图 5-4-5 所示。

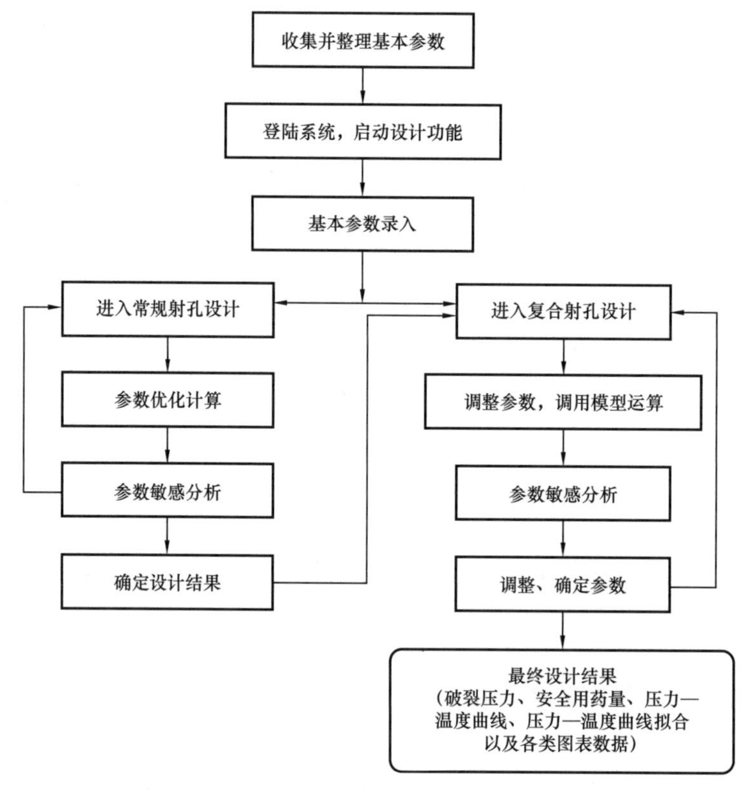

图 5-4-5 射孔优化设计步骤

近几年，国内的射孔技术体系进一步完善，在常规聚能射孔优化设计的基础上拓宽了应用范围，逐步覆盖到复合射孔等一些新型射孔技术，优化设计涵盖了针对井筒和地质条件的火药量计算、火药压力峰值及作用时间计算、裂缝长度及套管安全性的计算和评价等，但是其准确性和适用性还有待于继续深入研究和现场验证。

2. 射孔检测技术

射孔测试检测技术得到了迅速发展，近几年我国在射孔器射孔穿深检测上，普遍采用了美国石油协会推行的 API RP19B 标准混凝土靶制作及射孔检测方法，使射孔器的穿深指标与国际接轨。同时建立了复合射孔单元枪的试验装置及检测方法，并在 2011 年推出了 SY/T 6824—2011《油气井用复合射孔器通用技术条件与检测方法》行业标准，使复合射孔的测试检测手段有理可依、有据可循该标准于 2019 年替换为 SY/T 6824—2019《油气井用复合射孔通用技术条件》。

第五节　压裂工具技术对标及发展方向

一、压裂工具技术对标

通过多年的攻关与应用，国内主体压裂技术和工具在性能指标上与国外技术基本相当，对标情况见表 5-5-1。

二、压裂工具技术的发展方向

预期压裂工具未来将向耐高温高压（HP/HT）、作业效率高、自适应和智能化方向发展。需要人工改造才能有产能的深层油气资源将成为重点开发对象，提高井下工具的耐高温高压性能是石油公司面临的巨大挑战。超深超长水平井、多分支井、深层 / 超深层井下作业等复杂结构井越来越多，需要进一步提高作业时效和降低成本。基于各类自适应可分解材料的新型井下工具将不断涌现，单趟管柱实现完井、储层改造、压裂—生产监测、井筒措施等多功能、多项作业的集成，电动井下工具逐步推广应用。

1. 桥塞或球座式分段压裂技术及配套工具

桥塞或球座式分段压裂技术及配套工具继续向“大通径、小尺寸、免钻磨”等方向发展，可溶桥塞逐步实现全金属化，高强度镁合金材料兼顾优秀的溶解性和高延伸率性能，并发展出标准型、低温型、高温型等细分型号，满足不同类型油气藏压裂要求。配套施工工艺及工具将伴随射孔技术而共同发展，桥塞坐封及桥射联作工具将向电动化、免火药、耐高温、高可靠性方向发展，可采用电缆、连续管、带接箍管柱等多种方式下入[153]。内置示踪剂的集成式桥塞或球座将进入现场，有助于压裂监测和效果后评估。

2. 多级滑套分段压裂技术及配套工具

滑套分段压裂技术可采用管外封隔器、固井水泥环等不同的层间隔离技术。对于深层油气资源，管外封隔器逐渐向耐高温高压、永久式、裸眼适应性强等方向发展，采用金属密封件、自适应弹性体胶筒、基于膨胀管的大通径隔离工具等先进技术[154]。作为压裂施

表 5-5-1　主要压裂工具国内外对标

主要工具 / 技术	国外现状	国内现状	对标
水力喷射分段压裂工具	（1）SurgiFrac 定点压裂技术：无须机械层间隔离工具，水力喷射 + 环空加砂压裂技术，单段最高加砂量 150t。 （2）CobraFrac 分段压裂技术：采用跨式封隔器，耐温最高 177℃，耐压 70MPa，最大排量 $4m^3/min$，最高级数 24 段。 （3）OptiFrac 压裂技术：采用底部封隔器 + 环空加砂压裂技术：工具耐压耐温 50MPa（150℃），70MPa（95℃）	（1）双封单卡。 ① 节流式扩张封隔器：耐温 120℃，承压 80MPa。 ② 单趟管柱最多压裂 15 段，最高排量达 $7m^3/min$。 ③ 单趟管柱加砂规模突破 $450m^3$，卡距可达 70m。 （2）水力喷射压裂。 ① 水力喷砂环空加砂压裂技术（致密油）：水平段长≤1500m，无限级压裂，排量最高 $10m^3/min$，一趟管柱最高压裂 14 段。 ② 连续油管分层压裂技术（致密气，直井）：最高分压 8 层，排量最大达到 $6m^3/min$。 ③ 不动管柱水力喷砂分段压裂技术（致密气，水平井）：$4^1/_2$in 最高压裂 20 段，排量最大达到 $10m^3/min$。 ④ 封隔器承压 70MPa，耐温 120℃	（1）管柱组成工具种类、规格方面与国外相当，封隔器胶筒耐高温性、坐封 / 解封次数等有差距。 （2）对于老井重复压裂和侧钻压裂，国产工具在排量、砂量、可靠性等不能满足现场要求
快钻复合桥塞	（1）哈里伯顿 FastDrilling 桥塞：工具耐温 120℃、耐压差 70MPa，引入单流阀、陶瓷卡瓦牙、底部楔形等结构。 （2）斯伦贝谢铝合金桥塞：耐温 177℃，耐压 80MPa，主要用于高温高压油气现场。 （3）贝克休斯大通径单卡瓦桥塞：耐压 80MPa，磨铣速度 10～15min/ 只，免钻不影响生产，配套可溶球	（1）电缆 / 液压坐封，适合 4～7in 套管压裂。 （2）工具耐温 150℃、耐压差 70MPa。 （3）采用荆棘齿、弹爪式丢手等提高可靠性设计。 （4）平均磨铣时间 26～30min	（1）基本参数相当（承压、配套工具、适用管柱等），胶筒耐高温性有差距。 （2）可钻性：磨铣速度、残留物尺寸与国外有差距。 （3）成本：国内工具没有优势
可溶解桥塞	哈利伯顿 Illusion 桥塞： （1）3%KCl 溶液中温度高于 66℃时，30 天内可完全溶解。 （2）工具耐温 120℃、耐压差 70MPa	（1）全可溶材料组合：溶解可控合金 + 可分解弹性体，另外提供全金属桥塞版本。 （2）适用于温度 50～150℃、$3^1/_2$～$5^1/_2$in 套管压裂，耐压差 70MPa。 （3）可溶桥塞在 15 天内完全溶解（80℃和 1%KCl）	（1）基本参数相当（承压、配套工具、工作温度范围等）。 （2）可溶性：基体和胶筒溶解性等指标相当。 （3）成本：国产可溶桥塞价格更低。 （4）小井眼配套工具还是空白

续表

主要工具 / 技术	国外现状	国内现状	对标
裸眼封隔器滑套压裂技术	（1）PackersPlus 系统。 ① 工艺管柱耐温 150℃、耐压差 70MPa，可选低密度复合球和可溶球。 ② 双胶筒封隔器，配多簇开关滑套时改造级数可达 90 级。 （2）威德福公司的 RFID 工具。 电控压裂滑套：无球座，全通径，无限级压裂，电子标签控制，强度等级 70MPa，耐温 120℃。 （3）哈里伯顿公司 DeltaStim 系统。 基于自膨胀管外封隔器：规格 $3^1/_2$in、$4^1/_2$in 和 $5^1/_2$in，胶筒长度 3～9m，承压 50～70MPa，耐温 150℃	（1）$3^1/_2$in 管柱可改造 16 段，$4^1/_2$in 管柱可改造 26 段，$5^1/_2$in 管柱可改造 29 段。 （2）压裂滑套：包括常规投球滑套和定点多簇滑套，耐温 150℃，耐压 70MPa，配套低密度复合球和可溶球，1/8 级差。 （3）管外封隔器：单胶筒压缩式、双胶筒压缩式和自膨胀式三种，规格 $3^1/_2$in、$4^1/_2$in 和 $5^1/_2$in，耐温 120℃，耐压 70MPa	（1）压裂滑套技术参数相当，已实现多簇改造。 （2）封隔器胶筒耐高温和抗老化有差距。 （3）国产工具不满足超长水平井完井 – 压裂需求。 （4）国内在电动井下工具方面有较大差距
固井压裂滑套	（1）斯伦贝谢 TAP 技术：采用趾端压裂阀，工艺管柱耐温 150℃、耐压差 70MPa，压裂级数不限。 （2）贝克休斯 OptiPort 技术：工艺管柱耐温 150℃，耐压差 70MPa，规格 $4^1/_2$in 和 $5^1/_2$in。 （3）NCS Multistage 技术：全通径，底封封隔器的胶筒最高可承受 60MPa 压差，耐温 177℃	（1）常规型：$3^1/_2$in 管柱（5 级）、$4^1/_2$in 管柱（7 级）和 $5^1/_2$in 管柱（12 级或无限级），最高排量 10m³/min，工具耐温 120℃，耐压差 100MPa，配套可溶球或飞镖。 （2）键槽编码式：采用键槽编码球座和可伸缩喷嘴，球座钻除后井筒全通径，滑套可选择性开关，优化后实现 90～100 级的施工，工具耐温 120℃，耐压差 70MPa。 （3）压力平衡滑套：机械式和液压式两种，耐温 120℃，承压差 70MPa，压后实现全通径	（1）基本参数相当（承压、本体强度、适用管柱等），趾端阀开启成功率不高。 （2）改造级数相当。 （3）耐温指标：国内在底封封隔器有差距，不适于深层油气藏。 （4）现场作业：国内技术施工压力高，配套措施（如注酸处理、冲砂、解封等）不足，效率低，成本偏高

工中重要的流动控制工具，滑套将向免或少井筒干预、智能化、多用途等方向发展，例如可兼顾裸眼压裂和固井套管压裂两种工艺的新型压裂滑套。集成有井下传感器的滑套不仅实现压裂作业的实时监测，还可以对投产后的油气井进行生产动态监测，成为重要的井下数据采集节点，多个滑套可在井筒内构成监控网络，为下一步构建智能井筒提供基础。结合了光纤和内置示踪剂的压裂滑套为压裂施工—裂缝监测一体化提供了新选项，在压裂作业过程中为优化压裂工艺参数提供了重要技术手段。在现有多簇滑套基础上，开发可多次反复开关的滑套工具，为投产后在水平井段内开展选择性措施提供技术保障。

3. 拖动管柱分段压裂技术及配套工具

拖动管柱分段压裂技术可满足新井压裂和老井重复改造的要求，主要包括采用连续管或其他管柱下入的水力喷射技术及工具串。该技术未来可实现无限级、任意位置的定点施工，提供砂比浓度可调的新型工具[155]。结合管内可溶光纤的拖动压裂管串组合，可对各层段开展压裂实时监测，采集施工数据和剖面，实时优化工艺参数和评估压裂效果。底封封隔器实现长寿命、耐高砂比冲蚀、高坐封和解封次数等关键性能指标。拖动管柱分段压裂管柱与地面装备（连续管作业机、不压井作业机等）高效配合，进一步提升作业时效。

4. 射孔技术及配套器材

对于薄差层、含边底水油层和水淹层剩余油等开发对象，精确定向的超深穿透射孔与定向工具结合的技术、与地质状况结合的能量可控型复合射孔技术、针对不同地层的个性化射孔方案的制订和优化等都是下一步射孔技术及装备的发展方向。

对于深层和超深层油气藏，由于井下温度高、压力高、射孔工况复杂，常规射孔器及射孔技术不能满足深井安全、高效的作业要求，需要开发耐压 175MPa、耐温 210℃ /170h、满足 6000m 以上深井射孔需求的高温高压深穿透射孔弹和射孔枪、抗硫防爆射孔器材以及深井射孔作业工艺[156]。对于长水平井压裂和工厂化施工，开发高效桥塞—射孔联作工艺配套装备是未来重要的方向，包括快插射孔—压裂一体化井口、模块化射孔器、免接线厂内预制射孔器等关键装备。

成熟油气田都面临单井产能下降的挑战。老井产能下降的原因比较复杂，有些是原孔眼组合不够完善，有些是地层能量不足，有些是长时间采油过程中油层中的固相颗粒和高分子聚合物聚集造成的近井地带堵塞。对于老井增产改造，结合射孔补孔的爆燃压裂工具是下一步的重要发展方向。

第六章　储层改造材料发展历程、现状及展望

储层改造材料种类繁多、功能各异，是储层改造的重要物资消耗品，主要包括压裂液、酸液以及支撑剂等。压裂液的主要功能是造缝、携砂，其功能和性能是影响压裂成败的关键因素之一；酸液主要应用于酸洗、基质酸化和酸压，其功能主要是在岩石壁面形成酸蚀孔洞，提高储层渗流能力；支撑剂主要有天然石英砂、人造陶粒和覆膜支撑剂三大类，其性能指标不仅直接影响着水力压裂的效果，而且是油气压裂开采的核心技术产品。本章将从压裂液、酸液、支撑剂三大材料出发，对标国内外研究现状，梳理未来发展趋势，为储层改造材料的研发提供一定的参考。

第一节　压裂材料发展历程

一、压裂液功能及性能

1. 压裂液基本功能

压裂的实质是利用高压泵组，将具有一定黏度的液体高速注入地层。油层水力压裂的过程是在地面采用高压大排量的泵组装置，利用液体传压原理，将具有一定黏度的液体以大于油层吸收能力的压力向油层注入，使井筒内压力逐渐增高。当压力增高大于油层破裂所需要的压力时，油层就会形成对称于井眼的裂缝，随着液体的不断注入，裂缝也会不断地延伸与扩张，直到液体注入的速度与油层吸入的速度相等时，裂缝才会停止延伸与扩展[157]。与此同时为了保持裂缝处于张开的位置和获得较高的导流能力，在注入压裂液时携带一定粒径的固体支撑物，支撑已经形成的裂缝。由于油层中有了这样被支撑的裂缝，使得流体流动的阻力减小，从而使油井达到增产的效果。

在影响压裂成败的多种因素中，重要的是压裂液及其性能。对大型压裂来说，这个因素就更为突出。压裂液的类型及其性能对能否造出一条足够尺寸的、有足够导流能力的裂缝是有密切关系的[158]。压裂液是一个总称，由于在压裂过程中，注入井内的压裂液在不同施工阶段有各自的任务，所以它可以分为：

（1）前置液。

通常是清水中添加稠化剂或酸性物质作为前置液，一般在加入支撑剂前使用。它的任务是建立井底压力，使地层破裂并造成一定几何尺寸的裂缝以备后面的携砂液进入，同时也有清洗的作用。在温度较高的地层里，它还可以起到一定的降温作用。有时为了提高工作效率，在一部分前置液中加入如陶粒或者粉砂（砂比一般小于10%左右），以堵塞地层

中的裂隙，减少液体的滤失。在其他条件一定时，进入地层裂缝的前置液黏度越高，形成的裂缝面积越大，宽度也越大。

（2）携砂液。

携砂液主要是以稠化剂和交联剂为主，混合后会发生交联，使其黏度增大后起到将支撑剂（一般是陶粒或石英砂）带入裂缝中，使裂缝延伸。根据携砂液黏度不同，形成几种不同的填砂方式。低黏度携砂液携砂进入地层中后，不同粒径的砂子开始沉积形成砂堆，使后面的填砂裂缝失去作用。而高黏度携砂液可以使砂子悬浮在其中，但经过孔眼的射流作用，砂子不能在缝口处沉降从而导致缝口闭合。在携砂液的总量中，高黏度携砂液占有很大比例，有造缝和冷却地层的双重作用。

（3）顶替液。

顶替液主要是以加入稠化剂的溶液为主，在施工的最后阶段来顶替携砂液进入油层裂缝，将携砂液送到预定位置，并将管道里面残留的砂子带入地层，防止出现管道砂堵现象。

2. 压裂液基本性能

根据压裂不同阶段对液体性能的要求，在一次施工中可能使用一种或几种压裂液，其中包含不同的添加剂[159]。前置液和携砂液都应该具备一定的造缝能力使压裂液壁面及填砂裂缝有足够的导流能力，这样它们必须具备以下的性能要求：

（1）交联能力。

植物胶压裂液在稠化剂用量的临界重叠浓度（C*）和临界交联浓度（C**）之间增加浓度，可以有效地交联。临界重叠浓度和临界交联浓度之间是临界交联浓度范围（Ccc），即能形成全三维的网状结构所需的最小聚合物浓度，称最低交联浓度（交联下限）。

（2）耐温耐剪切性能。

压裂液耐温耐剪切性能是压裂液的重要性能指标，反映压裂液在储层温度下的黏度变化情况，直接影响压裂液的造缝和携砂能力。

（3）悬砂性。

悬砂性通常是指压裂液对支撑剂（石英砂、陶粒等）的悬浮能力。但是目前对于压裂液悬砂性能的评价没有统一标准，只是通过沉砂速度来反映其悬砂性能。

沉砂速度一般通过以下方法测试：将已经测完黏度的压裂液倒入100mL的量筒中，量取液面高度（h）后，将优选的单粒陶粒放入液体表面同时按下秒表，记录每颗陶粒到达量筒底部的时间（t），每组做5次求平均值。其沉砂速度（v）= 液面高度（h）/ 沉降时间（t）。一般来说，可以将黏度作为悬砂能力的评价参照指标，压裂液的黏度越大，沉砂速度越小，悬砂能力越强。但是黏度不能太高，则形成的裂缝高度大，不利于产生宽而长的裂缝。

（4）黏弹性能。

黏弹性能是指物质对施加外力的响应，表现为黏性和弹性双重特性。压裂液实际上是一种黏弹性流体，储能模数 G' 是衡量弹性的尺度；损耗模数 G'' 是衡量黏性的尺度。弹性差，液体的携砂能力就差；黏度高，液体摩阻较大。在施工条件范围内和一定剪切速率下，具有一定的黏度是压裂液的硬性要求。清洁压裂液的黏弹性可视为弹性和黏性两部分的综合表现。压裂液的黏弹性特征可通过比较储能模量（G'）和损耗模量（G''）相对值进行判断，G'/G'' 高的液体，其黏弹性相对较好。

（5）残渣。

压裂液残渣是损害地层孔隙和支撑裂缝导流能力的重要因素，是植物胶水不溶液物、破胶水化以及压裂液中其他添加剂杂质共同作用的结果。残渣含量越低，压裂液对地层堵塞作用越小，对地层损害越小。残渣含量过大，容易堵塞支撑裂缝，从而降低裂缝导流能力，直接影响压裂改造的效果。所以压裂液残渣量是衡量压裂液对储层伤害的一个重要指标。

（6）配伍性。

压裂液配伍性是压裂液是否对地层造成伤害的重要因素。压裂液进入地层后与地层内各种流体和岩石相互接触，容易产生一些影响油气渗透的物理化学反应，因此需要考虑压裂液与改造储层的配伍性能。

配伍性主要可以从几个方面来概述：首先是压裂液自身各组分添加剂之间的配伍性，液体进入井底后各种添加剂之间不能因为条件的改变产生沉淀等副作用的反应，从而影响裂缝渗透率。其次是压裂液与地层内岩石矿物、地层流体之间的配伍性，压裂液与储层岩石矿物接触后会发生黏土碰撞、运移或产生沉淀堵塞支撑裂缝或孔隙。当压裂液与地层流体发生接触后，若两者不配伍，会发生有机乳化物或者沉淀等化学反应，从而损害储层渗透率。最后是压裂液与储层压裂前期施工时残留下来的其他工作液的配伍性问题，如果两者配伍性不好或者不配伍，就可能产生不利于储层渗透率的化学反应。

（7）滤失造壁性能。

压裂液的滤失造壁性能对造缝作用有重要的影响。压裂液的滤失量越小，越有利于获得较高的造缝压力。若压裂液的造壁性能差，导致压裂液的大量渗漏，就会严重影响裂缝的形成及延伸。在压裂过程中，地层的滤失性评价不容忽视，在很大程度上它关系到压裂液的配方调整，压裂施工的成败。

滤失性能主要是指压裂液渗透到地层中的能力，其评价方法一般分为静态液体滤失测试和动态液体滤失测试。

一般情况下，液体滤失影响裂缝的穿透，例如裂缝的垂向延伸。用 2D 模型计算两种不同滤失特性下作业用液量和缝长，当所有其他参数值一样时，自滤失更为有效的体系经计算明显有较长的裂缝，这就说明滤失对于压裂作业的重要影响，以及压裂作业需要准确合理的滤失数值。

（8）防膨性能。

生产层中黏土和微粒的存在会降低增产效果。高岭石、伊利石及绿泥石是砂岩储集层中最常见的黏土类型，这些黏土矿物一般不发生膨胀，但它们与少量的蒙皂石和特别不稳定的混层黏土相间分布时，膨胀作用却十分常见。注入压裂液、温度、压力、离子环境的变化都可能引起黏土矿物的膨胀和运移，降低地层的渗透率。因此，在水基冻胶压裂液中必须加入防膨剂，防止油气层中黏土矿物的水化膨胀和分散运移。

（9）助排性能。

压裂液进入油气层后产生毛细管力，与压裂液产生乳化及黏土膨胀引起的地层渗透率下降相比，毛细管力造成的压裂液阻滞显得更为严重。压裂液体系及破胶液的界面张力性质对地层，尤其是低渗透储层影响较大。界面张力越低，越有利于克服水锁及贾敏效应，因此需要降低毛细管阻力，增加残液的返排能力，通常在压裂液中加入助排剂降低体系的界面张力达到助排的作用。

3. 发展历程及最新进展

20 世纪 50 年代压裂主要是用液油基压裂液。油基冻胶含有原油及其重馏分，因此黏度低、摩阻高、滤失量大、携砂量少、黏温性能差，为了克服这些缺点，使用了各种添加剂，如降阻剂、降滤失剂等，或通过在原油和柴油中加入脂肪酸和苛性碱进行皂化，开发皂化凝胶油体系等[160]。20 世纪 50 年代末以瓜尔胶为凝胶剂的水基压裂液开始成功应用于压裂施工，形成硼酸盐—交联凝胶技术，从此产生了现代压裂液化学。20 世纪 60 年代出现了稠化水、水包油压裂液等。压裂液对储层的伤害研究促使了黏土防膨剂、防乳化剂等功效助剂的发展[161]。20 世纪 70 年代中期，由于发现钛酸盐交联凝胶剪切降解作用十分明显，研发交联剂的需求进一步增加[162]。20 世纪 80 年代初，随着压裂储层改造井深的增加和井温的升高，对压裂液的黏度提出了更高的要求，开始采用瓜尔胶及其衍生物基压裂液。为了在高温储层中保持足够的黏度和较高的高温稳定性，采用硼、锆、钛等无机和有机金属离子交联线性凝胶。同时为了降低压裂液对储层伤害，泡沫压裂液受到广泛研究和应用[163]。20 世纪 90 年代，压裂液体系仍是以水基压裂液为主（占 65%），泡沫（占 30%）、油基、乳化压裂液（占 5%）共存。通过使用高效化学破胶剂和降低稠化剂浓度的方法来减少压裂液对地层的伤害[164]。2000 年以后，仍然广泛使用水基压裂液体系（超过 90%），氮气和二氧化碳体系约占压裂施工总数的 25%。随着油气勘探开发的不断深入，非常规油气资源已经成为当前开发的热点，传统的瓜尔胶压裂液体系已经不能完全满足油气储层改造的需要，众多具有更加优异性能的压裂液体系应运而生[165]。但另一方面，出于环保要求，压裂可能带来地下 / 地表水污染、局部地区水资源短缺等问题。非常规致密储层施工规模大，入井液量多，大规模压裂液的应用面临返排液处理、重复利用等问题，有效利用返排水或油田产出水配制压裂液将极大缓解这一矛盾，同时也可大幅缩减采购和废水处理成本。

滑溜水压裂液体系应运而生。滑溜水压裂液是在水中加入少量的减阻剂，使体系增稠，具有一定的携砂能力，降低摩阻，该类压裂技术成本比较低，是非常规储层大规模压裂的首选改造手段。滑溜水压裂从 1997 年以来一直是 Barnett 页岩开发中最重要的增产措施，Mitchell 能源公司（2001 年被 Devon 能源公司收购）在 Barnett 页岩中首先开始使用滑溜水压裂，滑溜水压裂技术使 Barnett 页岩采收率提高 20% 以上的同时，使作业费用减少了 65%。Harsha Kolla 在 2012 年研制出一种新型耐低温乳状液减阻剂，该体系在 -35℃时仍有较快的转相速度，在清水、盐水体系中 60s 即可全部溶解，达到较好的减阻效果。2013 年，西南石油大学刘通义等以 AM 和 AAS 为单体，利用反相聚合乳液法合成了应用于页岩储层压裂减阻剂，并对其影响因素和性能进行评价。2014年，针对该类减阻剂的不足之处进行了优化，重新研制出了低黏度、高弹性的新型减阻剂，该减阻剂弥补了上一代携砂能力弱、摩阻高等缺点，并应用于延川南部某煤层气的开采。2015年，魏娟明等以丙烯酸、丙烯酰胺和2–丙烯酰胺基–2–甲基丙磺酸为聚合单体，通过反相聚合法制备了一种水力压裂用减阻剂，并将其作为主剂，与配伍作用良好的黏土稳定剂、助排剂等进行复合，形成滑溜水体系。实验结果显示，当该减阻剂用量为0.10%～0.15%时，滑溜水体系的减阻率可达66%，且抗温抗盐性能较好。截至2021年底，该体系使用浓度降低到0.05%～0.08%。滑溜水体系已经在四川江汉、新疆青海、华北等致密区块和页岩气储层改造中应用，其性能良好，实现了较好的增产效果，且明显降低了压裂投资成本。

二、酸液发展历程

1. 酸液基本功能

由于酸能够溶解地层中的易溶矿物及钻井或修井作业时漏入地层的泥浆等外来物质，所以被用于油气井的增产措施。在对不同储层进行酸化增产改造中，主要形成和发展了酸洗、基质酸化和酸压3类技术。

酸洗是一种清除井筒中的酸溶性结垢或疏通射孔孔眼的工艺。其工艺是将少量酸定点注入预定井段，在无外力搅拌的情况下与结垢物或地层起作用。另外，也可通过正反循环使酸不断沿孔眼或地层壁面流动，以此增大活性酸到井壁面的传递速度，加速溶解过程。

基质酸化也称为常规酸化或解堵酸化，是指在井底施工压力小于储层岩石破裂压力的条件下，将酸液注入地层，解除井筒附近的伤害，恢复储层产能的酸化技术。由于基质酸化是不压开地层的技术，酸液主要在岩石孔隙和天然裂缝内流动，并在渗流能力较好的孔洞里反应，当堵塞物和部分岩石与酸液反应较快时，岩石壁面将在反应性强的方向上很快被溶解掉，形成酸蚀孔洞，这些孔洞就成为提高储层渗流能力的主要通道。

酸压是指在高于储层破裂压力对孔隙性储层或裂缝延伸压力对裂缝性储层条件下注入酸压前置液或直接注入酸液形成裂缝或张开地层原有裂缝，利用酸液溶蚀裂缝壁面，在壁面上形成非均匀刻蚀，而裂缝在闭合后酸蚀裂缝仍具有一定的导流能力，从而达到油气增产的目的。酸压主要用于基质低渗透、特低渗透储层的碳酸盐岩储层、天然裂缝发育且裂缝充填物以方解石或白云石为主的砂岩油气藏。压裂酸化后形成的传导性人工裂缝长度取决于酸反应速度与酸从裂缝到地层滤失速度的综合效果。传导性裂缝的长度是决定增产效果的一个重要因素。根据施工过程中酸液使用顺序不同，可以分为酸液酸压和前置液酸压。酸液酸压是使用同一酸液压开储层和进行酸岩反应酸蚀裂缝的技术。前置液酸压是先使用高黏非反应液体压开储层，在注入酸液酸蚀裂缝。碳酸盐岩储层如白云岩地层和石灰岩地层的改造，一般情况下，几乎无一例外地采用酸化压裂措施，其区别于普通水力压裂的是前者一般采用盐酸代替后者的支撑压裂，通过酸蚀裂缝壁面而非支撑裂缝来获得导流能力酸压的实际操作性更强，因为它不存在潜在的支撑剂意外桥塞和支撑剂的返排问题，酸蚀深度取决于地层岩石与压裂流体的化学反应速率与支撑缝中的简单的质量守恒不同，而且酸蚀裂缝的导流能力是由酸蚀形态来决定的而不是取决于给定应力条件下支撑剂的性质。因而如何控制好活性酸深入地层的距离以及酸液非均匀刻蚀岩石壁面而获得导流能力，长期以来一直是国内外学者所共同关注的碳酸盐岩储层改造的问题。

当碳酸盐岩地层进行基质酸化时，优先溶解过程是形成酸蚀孔洞。最新的理论和实验研究结果表明，形成酸蚀孔洞的过程主要取决于三个参数：表面反应速度、酸的扩散速度和酸的注入速度。在岩石表面上，酸同碳酸盐的反应速度（表面反应速度）有多快，酸从大量流体中转移到岩石表面的速度（扩散速度）就有多快。酸蚀孔洞的生长速度，由酸的扩散和注入速度决定。当用普通盐酸处理碳酸盐岩地层时，如果扩散速度比较快或注入速度很低，酸进入地层之后，会很快消耗掉。酸蚀孔洞生长速度慢，形成的酸蚀孔洞短又宽，酸的作用距离短，无法对远处储层进行改造，一般称“压实溶解作用”。井底温度比较高时，压实溶解作用更大，提高注入速度，压实溶解作用的危险性可能减小。因此，普通酸对大幅度提高井的产量效果不大。

在影响酸化工艺效果的多种因素中，重要的是酸液及添加剂的性能。酸化工艺可以用在砂岩油气层，也可以用在碳酸盐岩油气层，这样他们必须具备以下性能：

在砂岩油气层的基质酸化工艺中，工作液一般由前置液、主体酸和后冲洗液三部分组成。

（1）前置酸主要用于溶解地层岩石中的钙质胶结物，一般采用 5%～15% 的盐酸。首先防止钙质胶结物与主体酸中的氢氟酸反应生成氟化钙沉淀；其次将近井地带的地层水推向地层深处，避免地层水中的 Na^+、K^+、Ca^{2+} 与氢氟酸相接触形成氟硅酸钾等不溶性沉淀，对地层造成伤害；最后溶解盐垢等盐酸可溶堵塞物并降低地层温度。主要性能：优良的耐温耐剪切性能；水化后残渣含量低，与地层流体和酸液配伍性好；对地层伤害小。

（2）主体酸主要用于清除地层伤害并部分溶解储层矿物，降低表皮系数和提高近井地带渗透率。根据黏土矿物和地层渗透率选择主体酸，具有优良的降滤失和缓速性能；好的高温耐腐蚀性能；低摩阻和低伤害性能等。

（3）后冲洗液主要用于保持近井地带的低 pH 值，避免酸岩反应产物的沉淀生成。

在碳酸盐岩油气层的酸化工艺中，工作液组成和砂岩基质酸化基本一致，除个别井需要加入转向酸（或转向剂），通过均匀布酸，达到改造整个储层段的目的。在碳酸盐岩酸压裂工艺中，工作液体系包括前置液和酸液（《采油技术手册》，第三版，罗英俊，万仁溥主编，石油工业出版社）。

（1）前置液的主要作用是压开地层造缝或者开启天然裂缝，降低储层温度和降低储层滤失，具有优良的耐温耐剪切性能；好的降阻、降滤失性能；水化后残渣含量低，与地层流体和酸液配伍性好；对地层伤害小。

（2）酸液体系的主要作用是溶解地层岩石矿物，形成不均匀刻蚀的裂缝面。具备优良的降滤失和缓速性能；好的高温耐腐蚀性能；低摩阻和低伤害性能等。

因此，根据储层的不同需求，国内外已开发了多种低伤害、多功能的缓速、降滤失的酸液体系，也形成了深度酸化酸压、机械分段酸化酸压、化学暂堵转向酸化酸压、物理暂堵分段与转向酸化酸压、复合改造酸化酸压等多项技术，现场应用也取得了较好的效果。

2. 发展历程及最新进展

酸化技术是最早的增产技术，其他技术，如水力压裂是继酸化技术后才得以发展的。酸化是目前仍在应用的最古老的增产技术。

1895 年，Standard oil 公司首次采用酸处理技术，使用一定浓度的盐酸对美国俄亥俄州 lima 地区太阳炼油厂的一口油井进行增产处理，并获得成功。1896 年，Herman Frasch 发明了酸化技术，获得第一个酸化专利。1928 年，酸化重新频繁使用于清除管线和设备上的钙质垢。1932 年，成功酸化 Fox6 号井，并使用缓蚀剂，酸化工业应用开始扩大。1933 年，Halliburton 公司使用盐酸和氢氟酸进行第一次砂岩酸化，实验未成功。1935 年，Halliburton 石油固井公司开始对油井酸化进行商业应用。1940 年，Dowell 公司引入土酸，才出现氢氟酸对砂岩地层酸化的商业应用。Dowell 的研究指出盐酸可使处理液维持低的 pH 值，能降低沉淀物引起的伤害，自此砂岩酸化的应用迅速扩展。20 世纪 30 年代至 40 年代，主要研究以砷化物为代表的缓蚀剂，降低酸化液对油管的腐蚀。50 年代至 60 年代，重点研究防乳化、防铁离子沉淀、防酸渣、防黏土膨胀及返排和层间转向的问题。70 年代，主要研究应用各种酸体系，以提高氢氟酸的穿透能力。同时 1972 年，Nierode 与 Williams 提出酸岩反应动力学模型，增加了酸化工艺的可预知性。80 年代，开展泡沫分流技术和连续油管分流技术的应用以及计算机辅助工作（选井选层、设计、实施监测）和酸后评估。1980 年，Halliburton 公司研制新型丙烯酰胺与阳离子单体共聚物，为胶凝酸技术推广奠定了基础，史密斯能源公司首次介绍交联酸。1986 年，Fridrikson 提出闭合裂缝酸化技术[166]。1988 年，国外研发得到就地交联酸。90 年代，加强了酸化机理研究，采用了长岩心流动实验、环境扫描电镜、ICP 等新的实验手段来研究酸岩反应机理，开发了更合理的酸化设计程序，加强了深部酸化技术研究[167-168]。90 年代末，VES 清洁自转向酸技术开始发展。2000 年以后，自转向酸研究热门，核磁共振技术被用引入岩心评价，对酸化过程认识更深[169]。

1943 年，我国实施第一次酸化措施。20 世纪 60 年代至 70 年代，我国开始研制应用乳化酸。80 年代初，开展前置液酸压、胶凝酸酸压、泡沫酸酸压，引进国外公司液体体系。1984 年，我国引进 Halliburton 稠化剂在四川施工，同时开展稠化剂研制工作。80 年代末，四川石油管理局成功研制酸液胶凝剂并进行应用。90 年代，发展了多级注入酸压技术，开展大量实验研究酸蚀裂缝导流能力。1998 年，四川石油管理局引进 Dowell 公司的滤失控制酸（LCA）并试验成功。21 世纪初，开始研发清洁自转向酸、交联酸、自生酸等。

2000 年，开始研发清洁自转向酸、交联酸、自生酸等。近年来，随着勘探开发向超深层拓展，储层温度屡创新高，对酸液体系在耐温、缓速、深穿透等方面提出更高要求。交联酸可通过增加酸液体系的黏度，有效控制 H^+ 传质系数，达到缓速效果，适用于高温深井储层。交联酸结合了水力加砂压裂和酸化压裂的优点，使酸液能够携砂压裂产生具有较长、较高的导流能力以及能沟通储层中微裂缝的酸蚀－支撑复合人工裂缝。2000 年，地面交联酸体系的最高应用温度达到 140～180℃，持续剪切后的黏度保持在 70mPa·s 左右，初步满足高温储层要求[170]；如今逐步发展起来的自生酸可通过控制 H^+ 解离，在高温条件下逐步产生H^+达到缓速效果，该酸液在地面条件下不生成或少生成酸，注入储层中，在地层条件下生酸与储层反应。中国石油勘探开发研究院研发的自生酸液体系，耐温160℃，生酸浓度8%，酸岩反应速率仅为同浓度盐酸的1/20，有效加大酸液作用距离[171]；与此同时，新类型酸液体系报道屡见不鲜，Reyes、Parkinson、LePage等近年来的研究表明[172]，氨基羧酸螯合剂可以同时通过酸性和螯合作用溶解碳酸岩和砂岩储层中的碳酸岩盐矿物，螯合酸可以单独使用于碳酸岩储层，在碳酸盐岩中形成蚓孔不造成断面溶蚀；在与氟化物或氢氧酸组成体系后可用于砂岩储层，并且在与砂岩作用时不引起砂岩中黏土的微粒运移。螯合酸可以有效螯合高价离子，避免其形成二次沉淀对储层造成伤害，可以实现砂岩一步法酸化，也是一种新工艺；纳米微乳酸是由酸、油、主表面活性剂和助表面活性剂在临界配比下自发形成的均匀、透明、稳定的分散体系，分子粒径介于10～100nm。较常规微乳酸体系，纳米微乳酸由于粒径更小，具有体系热稳定性更好、泵注摩阻更低的特点，同时由于其中存在的表面活性剂组分，使得体系界面张力极低，具有驱油效果。纳米微乳酸体系适合于超稠油和低产超稠油层，对提高油层产量有较大帮助，也有助于延长油井的生产周期；由于对安全环保问题逐年提高重视，研究对人体无伤害的工作液也成为当今研究的热点。Al–Dahlan M等研究了一种无伤害合成酸Syn–A体系[173]。Syn–A体系是一种对人体健康伤害等级（NFPA）为1级（对人体无伤害），溶蚀能力与浓度为15%的盐酸相当的化学合成物，它具有正常酸液的pH值，自由氯离子含量很小。Syn–A体系被评价为环保、无毒、无腐蚀，并被指定为FDA GRAS（食品及药物管理局一般认为是安全的），因此该酸液体系能更好地解决目前用于增产改造处理的酸液体系的高腐蚀性和高反应速率问题。

第二节　国内压裂液、酸液体系类型简介

一、压裂液体系及应用

1. 低伤害压裂液体系

以苏里格气田为例，压裂液技术的进步一直围绕着降低伤害的总体目标。从降低稠化剂使用浓度，减少残渣含量的角度出发，2008年研发了超低浓度羟丙基瓜尔胶压裂液体系和低浓度羧甲基压裂液体系。两套压裂液体系在一定程度上降低了对储层和裂缝伤害，现场应用也取得了较好增产效果，成为现场施工应用的主体压裂液体系。为进一步降低储层伤害，2010年以后现场试验了阴离子表面活性剂压裂液、无残渣酸性交联纤维素压裂液、超分子表面活性剂压裂液等。现场应用显示出良好的储层适应性，推广前景巨大。同时为实现绿色清洁压裂，开展了CO_2干法压裂技术研究。相对于传统水力压裂，CO_2干法压裂具有无水相或少水相、无残渣、快返排等特点，可使裂缝面和人工裂缝保持清洁，且环境友好。该技术主要包括氮气泡沫压裂、二氧化碳干法压裂和液化石油气压裂。2015年长庆油田在神木气田完成了国内最大规模二氧化碳干法加砂压裂，储备液态二氧化碳

590m^3，加入陶粒 9.6m^3，平均砂比 7.9%。该技术尚存在裂缝扩展机理不明确、压裂设计优化难、加砂规模小、压裂施工成本高、压裂装备要求高等难题，尚处于技术储备阶段。从现场实践来看，随着压裂液技术的进步，压裂液对储层和裂缝的伤害不断降低，单井产量将会不断提高。

1）体系介绍

羟丙基瓜尔胶压裂液是压裂增产措施中使用最多的液体体系，主要原因在于羟丙基瓜尔胶是一种天然植物胶，性能稳定，适应性广。随着非常规油气田的广泛开发，储层改造对降低压裂液伤害提出了更高要求。瓜尔胶压裂液面临残渣高、伤害大的问题，残渣的主要来源是其本身含有一定量的水不溶物。例如，国内 120℃油气藏压裂改造使用的瓜尔胶浓度为 0.45% 的常规压裂液体系，残渣含量为 226mg/L，即使破胶彻底，这种残渣也不能完全消除。

瓜尔胶是天然植物胶，为降低其水不溶物，开展了大量的瓜尔胶改性研究。水不溶物由瓜尔胶原粉的 10%～25% 降低到 10%，例如羟丙基瓜尔胶、羧甲基羟丙基瓜尔胶、超级瓜尔胶、离子型瓜尔胶等。尽管瓜尔胶改性后水不溶物大幅度降低，但其绝对含量仍然很高。因此降低瓜尔胶用量是降低残渣伤害的主要途径。另外，在 2012 年，随着北美页岩气的规模开发，瓜尔胶出现供不应求的局面，导致价格大幅上涨。2012 年 4 月，普通瓜尔胶价格高达 18.6 万元 /t，虽然 2018 年瓜尔胶价格回归正常（3.7 万元 /t），但是国内瓜尔胶基本依赖进口，降低使用浓度，对缓解这种受制进口的局面也会起到一定的积极作用，同时还能够降低压裂液成本。

低浓度羟丙基瓜尔胶压裂液技术的关键是交联剂技术。从交联剂方面着手，研发出适合超低浓度羟丙基瓜尔胶交联的高效交联剂，延长交联剂链的长度，增加交联剂交联点，不仅可以大幅降低瓜尔胶使用浓度，而且可以提高交联冻胶耐温耐剪切性能。由于羟丙基瓜尔胶适应性广，与现有的大多数添加剂配伍性好，因此添加剂选择更为容易。根据不同储层特征，满足防膨、助排等需求即是压裂液其他辅剂选择的标准。

2）主剂研发

低浓度羟丙基瓜尔胶压裂液主剂为稠化剂和交联剂，为了最大限度地降低压裂液对储层的伤害，稠化剂一方面要满足增黏、减阻、降滤失的作用，同时要交联能力强、水不溶物低、残渣少、价格便宜等，因此本体系要选择优级羟丙基瓜尔胶作为稠化剂。

交联剂是低浓度羟丙基瓜尔胶压裂液体系的关键，影响整个体系的性能。本体系使用的交联剂为长链螯合多极性交联剂，结合稠化剂分子结构，增加了交联剂长度和交联点，使较低浓度的羟丙基瓜尔胶形成有效交联冻胶，并且交联时间可控。

交联剂和稠化剂需要在适宜的条件下才能发生交联从而形成网络冻胶体系。研发了配套的交联调理剂，调理剂的主要作用是为了控制特定交联剂和交联时间所要求的 pH 值，并有利于交联剂的分散，使交联反应均匀进行，形成更高更稳定的黏弹性网络结构，改善压裂液的耐温耐剪切性和温度稳定性。另外，调理剂还可有效地控制交联反应速度，达到高温延迟交联的目的，从而在井下形成较高的黏度，提高施工效率，满足储层和压裂液工艺技术对压裂液性能的要求。

3）体系特点

通过交联剂分子设计和结构优化，使用长链多点螯合技术增大了交联剂链的长度并实现多极性头多点交联，使得交联剂在更低浓度溶液中可以形成三维“牵手”网络冻胶，最低瓜尔胶交联使用浓度为0.1%。例如30～150℃瓜尔胶压裂液系列配方体系，低浓度体系中瓜尔胶用量降低30%～50%，破胶液残渣为57mg/L，与常规压裂液相比（常规压裂液残渣为200～300mg/L）残渣率降低30%～53%。

针对低温储层，传统破胶剂过硫酸铵在低于50℃时失去活性，破胶困难。单独使用生物酶，用量大，成本高。因此研发了高效三元复合低温破胶技术，使用特效生物酶+APS+活化剂体系，该体系适用于低温环境，同时具有成本低，破胶彻底，对储层的伤害小的特点。

4）综合性能

压裂液性能是决定压裂施工成败的关键因素之一，压裂液的耐温耐剪切性能、破胶性能、破胶液性质、压裂液滤失、减阻能力等都是必须考察的关键内容。低浓度羟丙基瓜尔胶压裂液综合性能见表6-2-1，在120℃、150℃下的耐温耐剪切曲线如图6-2-1和图6-2-2所示。

表6-2-1　低浓度羟丙基瓜尔胶压裂液体系综合性能

项目	结果
基液黏度	0.15%～0.6%HPG，黏度12～96mPa·s
交联性能	根据储层温度可调，10s～5min
常温稳定性	溶液配伍，静置72h，无悬浮物，无沉淀
耐温耐剪切性	120℃、170s^{-1}、2h，黏度大于100mPa·s
水不溶物含量	4.58%
静态滤失	120℃配方体系：滤失系数$C_{Ⅲ}$=8.71×10^{-4}m/$min^{0.5}$，静态初滤失量=5.79×$10^{-3}$$m^3$/$m^2$，滤失速率=1.91×$10^{-4}$m/min
破胶性能	破胶时间7～8h内，水化液黏度降小于5.0mPa·s

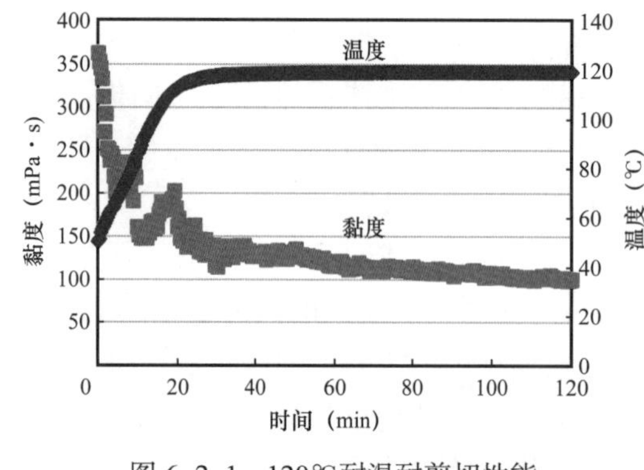

图6-2-1　120℃耐温耐剪切性能

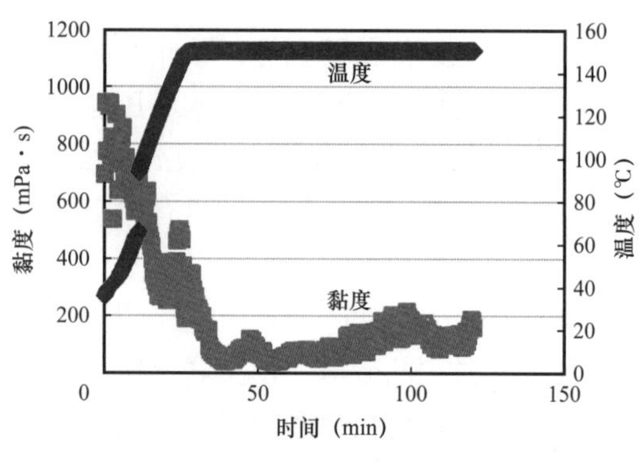

图6-2-2　150℃耐温耐剪切性能

5）应用实例

低浓度羟丙基瓜尔胶压裂液体系在SD44-x井山1、盒8压裂施工：盒8段井深2967m、山1段井深3035m；孔隙度9.22%～12.48%，基质渗透率0.412～1.532mD属于低孔、低渗透储层；含气饱合度52.5%～65.1%。采用0.33%的超低浓度瓜尔胶压裂液体系，压裂液基液黏度27mPa·s，pH值为8.5，交联比100：0.4。两层施工参数分别为：砂量30.6m³、25.9m³，平均砂比22.8%～24.4%，平均排量均为2.5m³/min，施工压力42.1～45.7MPa和31.2～37.3MPa，该井施工整体正常，压裂液性能稳定，携砂较好，后期按设计砂量和砂比加入，表明该体系具有良好的施工性能及较好的返排性能（图6-2-3和图6-2-4）。

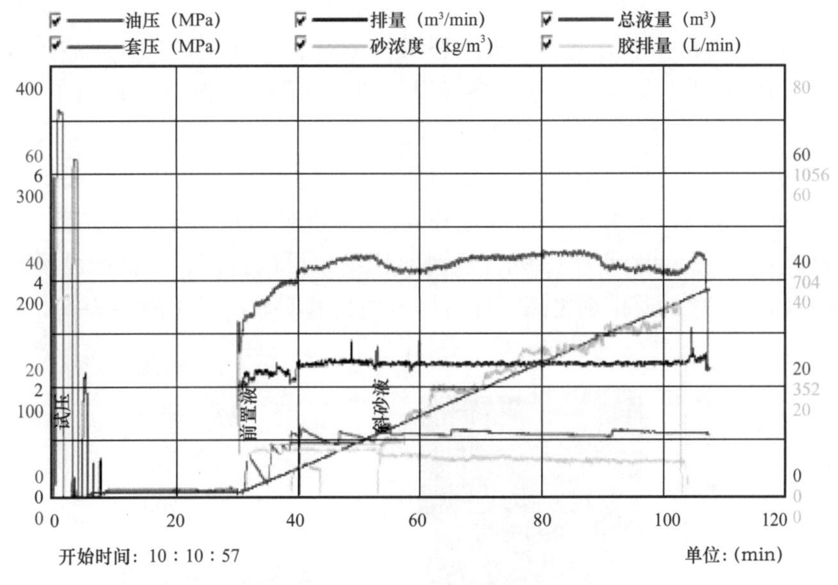

图6-2-3 SD44-X井现场施工曲线

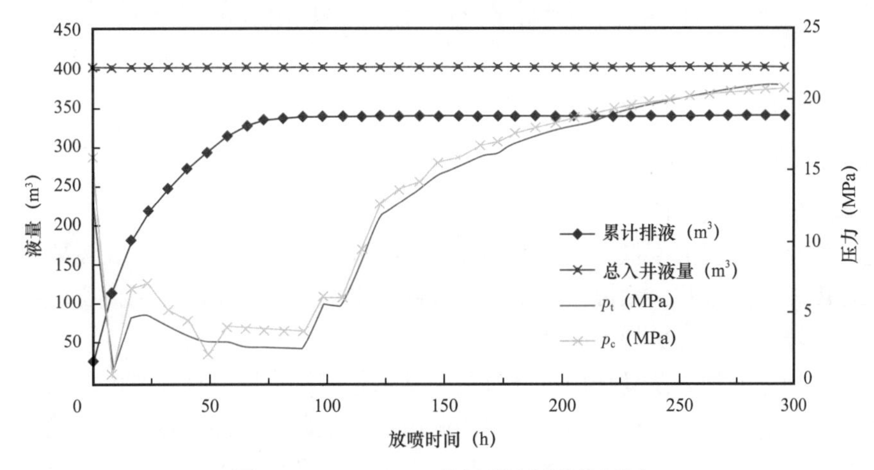

图6-2-4 SD44-X井压裂液返排效果图

低浓度羟丙基瓜尔胶压裂液体系具有成本低、适用性强、配液方便及施工性能稳定等特点。累计实施50口直井和3口水平井的现场试验，取得了较好的改造效果。直井在苏里格气田东区应用50口井次，共计120层，平均无阻流量$5.8\times10^4m^3/d$（完试44口），与区块上古生界试气产量相当，见到一定的增产效果。其中超低浓度瓜尔胶+5层机械封隔工具3口，占总井数的7.3%，平均无阻流量$10.9\times10^4m^3/d$，滑溜水+超低浓度瓜尔胶1口（1层），其余40口直井平均改造层位2.28层，其中完试35口，平均无阻流量$5.4\times10^4m^3/d$。水平井在苏里格气田东区开展了三口水平井+超低浓度瓜尔胶压裂液试验。SD33-60H井采用超低浓度瓜尔胶+水力喷砂7段压裂组合（盒8），施工成功，压后排液迅速，获无阻流量$52.66\times10^4m^3/d$高产；SD26-31H2采用超低浓度瓜尔胶+7段自主裸眼封隔器（盒8），施工成功，压后排液迅速，获无阻流量$34.3\times10^4m^3/d$，效果显著。SD15-36H井采用超低浓度瓜尔胶+水力喷砂6段压裂组合（盒8），施工成功，压后排液迅速，获无阻流量$4.4\times10^4m^3/d$。该体系在苏里格气田、神木气田和子米气田进行了大面积推广，效果良好。截至2021年底已累计推广2791井次。

对比实验井和常规井的返排率和返排时间，17口直井（上古）使用超低浓度瓜尔胶压后平均返排率为88%，平均排液时间为13.4h，17口对比井（常规瓜尔胶）压后平均返排率为81.5%，平均排液时间为13.9h，通过对比结果可以看出，超低浓度瓜尔胶比常规压裂液的排液时间更短，返排率更高，在这两方面具有明显优势（图6-2-5）。

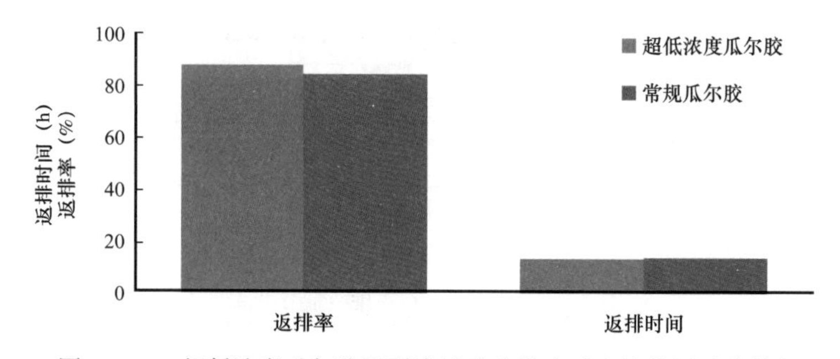

图6-2-5　超低浓度瓜尔胶压裂液试验井排液对比柱状图（直井）

2. 羧甲基瓜尔胶压裂液体系

1）体系介绍

羧甲基瓜尔胶压裂液体系不同于一般的瓜尔胶压裂液体系。

首先，稠化剂使用浓度低，稠化剂和交联剂之间可形成的交联点少，需要更长时间才形成交联强度较弱的凝胶，耐温性及抗剪切性能也受到一定的影响。因此交联技术是羧甲基瓜尔胶压裂液首先要解决的关键技术[174]。

其次，添加剂的种类及其作用机理对羧甲基瓜尔胶压裂液的性能影响较大，掌握各种添加剂的作用原理，保证每种添加剂之间的配伍性，是研发性能优良的产品的关键。为保证水力压裂施工顺利，减少储层伤害，达到改造油气层和保护油气层的双重目的，配方优化技术也是羧甲基瓜尔胶压裂液的关键技术。本体系解决了表面活性剂压裂液低残渣、易破胶的特点和植物胶类压裂液低滤失、低成本的特点相结合的难题，开发出一种新型低成本、低伤害的压裂液体系。

2）主剂研发

稠化剂是压裂液性能中具有决定性作用的添加剂之一。本体系所用的羧甲基瓜尔胶CMHPG是对瓜尔胶分子进行羧甲基化改性而成，CMHPG聚糖分子链上随机排列的阴离子基团之间的静电斥力使卷曲的聚糖分子链刚性化，在溶液中分子链伸直并接近平行排列，因而高分子间临界接触浓度大幅度降低，较少量的CMHPG就可以有效交联，满足施工要求。经过生产和加工技术的不断改进，CMHPG产品的性能越来越稳定，0.6%干基水溶液的表观黏度为102.5～120mPa·s，含水率为5.0%～8.0%，水不溶物含量为2.0%左右，形成有效黏度的浓度可低至0.12%，更适合于致密气储层使用。

由于CMHPG临界交联浓度较低，与之配套的交联剂，必须能够使聚合物分子之间产生较强的三维空间网络结构，即液体的弹性大大增加，但摩擦阻力增加不大。锆交联剂FACM-37可与CMHPG交联，交联时间延迟可控，可以满足180℃以内的储层压裂改造的需要。

3）体系优点

改性后的瓜尔胶为亲油基羧甲基羟丙基瓜尔胶，与普通的羧甲基羟丙基瓜尔胶相比，不但在分子结构上不同，而且分子量小，水溶性好，残渣为219mg/L，使用浓度低至0.12%。与达到相同工业标准的HPG冻胶相比，稠化剂用量可降低20%～50%。

形成了常温至180℃宽温度范围内羧甲基压裂液配方技术，在120℃和180℃、$170s^{-1}$、2h条件下，黏度在200和50mPa·s以上（图6-2-6和图6-2-7），且具有较好的弹性和携砂性能，尤其是对于超高温储层，稠化剂浓度仅为0.6%，基液黏度低，摩阻小。

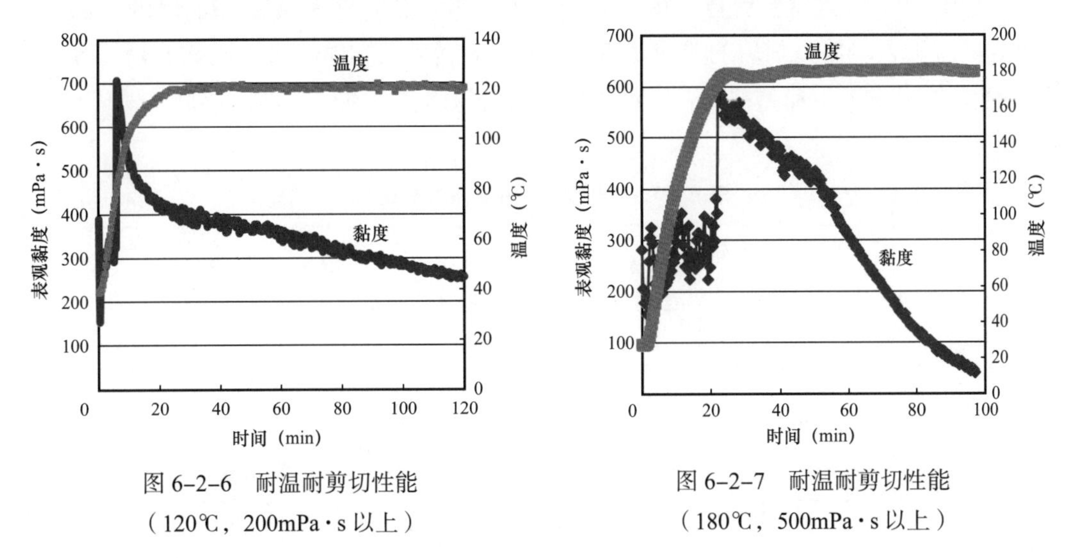

图6-2-6 耐温耐剪切性能（120℃，200mPa·s以上）

图6-2-7 耐温耐剪切性能（180℃，500mPa·s以上）

4）综合性能

压裂液优化设计是在已选择压裂液基础配方上，根据温度场做的更进一步改进和综合性能测试，其目的在于满足储层条件和压裂工艺要求，最大限度地降低压裂液对支撑裂缝导流能力的伤害。降低稠化剂用量或加大破胶剂用量有利于压裂液快速彻底破胶水化，减少压裂液残渣，进而降低压裂液对支撑裂缝导流能力的伤害。

压裂液综合性能评价不但是对其性能的验证，也是对配方体系的完善与提高。在不影响压裂液的耐温耐剪切性能及流变性能的同时，对其各添加剂用量进行调整，以求与储层流体相配伍，既能造缝、携砂，又能快速破胶返排，尽可能地降低储层的损害。

羧甲基瓜尔胶压裂液性体系综合性能见表 6-2-2。

表 6-2-2　羧甲基瓜尔胶压裂液体系综合性能

项目	结果
基液黏度	0.2%～0.6%CMHPG，黏度 18～102.5mPa·s
交联性能	根据储层温度可调，30s～10min
常温稳定性	溶液配伍，静置 72h，无悬浮物，无沉淀
耐温耐剪切性	$170s^{-1}$、2h，黏度大于 50mPa·s
水不溶物含量	2.0%
静态滤失	180℃配方体系：滤失系数 $C_{Ⅲ}=1.07\times10^{-3}m/min^{0.5}$，静态初滤失量 $=0.803m^3/m^2$，滤失速率 $=1.79\times10^{-4}m/min$
破胶性能	破胶时间 8h 内，水化液黏度降小于 5.0mPa·s

5）应用实例

2009 年，羧甲基瓜尔胶压裂液体系在苏里格气田进行了现场应用。之后针对羧甲基瓜尔胶压裂液滤失偏大导致砂体提升困难的问题，优选了与其配套的降滤失添加剂 FACM-45。加入降滤失剂后的羧甲基瓜尔胶压裂液体系在 SD05-X 井首次开展了现场试验。SD05-X 井盒 8 下段物性差，砂体厚度较大，层内无有效应力遮挡，施工难度大。单井基本参数见表 6-2-3。

表 6-2-3　SD05-X 井单井基本参数

井号	层位	顶深（m）	底深（m）	有效厚度（m）	电阻率（Ω·m）	声波时差（μs/m）	密度（g/cm^3）	泥质含量（%）	孔隙度（%）	渗透率（$10^{-3}um^2$）	含气饱和度（%）	综合解释结果
SD05-X	盒 7	2719.4	2723.4	4.0	38.46	229.75	2.50	5.80	8.80	0.480	62.45	气层
		2726.8	2730.6	3.9	18.23	251.23	2.43	7.10	12.37	1.105	57.67	气层
		2732.0	2734.1	2.1	20.09	234.03	2.51	9.14	9.51	0.384	53.53	含气层
	盒 8 上 1	2745.4	2747.3	1.9	18.69	238.87	2.51	14.50	10.32	0.348	50.79	含气层
		2747.3	2750.4	3.1	27.25	247.38	2.44	8.65	11.73	0.968	58.44	气层
		2755.0	2756.9	1.9	23.55	233.73	2.50	14.50	9.46	0.386	55.60	气层
	盒 8 下 1	2783.5	2786.5	3.0	13.42	249.84	2.49	11.19	12.14	0.511	54.45	含气层

SD05-X井现场前置液阶段使用的羧甲基瓜尔胶压裂液体中降滤失剂用量为0.5%，降滤失剂分散快速均匀，放置稳定。该羧甲基压裂液体系最佳交联范围在100∶1.1～100∶1.5，交联时间为30s左右，交联性能良好，可挑挂。现场施工情况见表6-2-4。该井盒8下、盒8上和盒7三层施工时间累计5h，三层分别加砂22.7m³、15.2m³和26.7m³，达到设计要求和改造目的，施工曲线如图6-2-8所示。返排结果见表6-2-5。

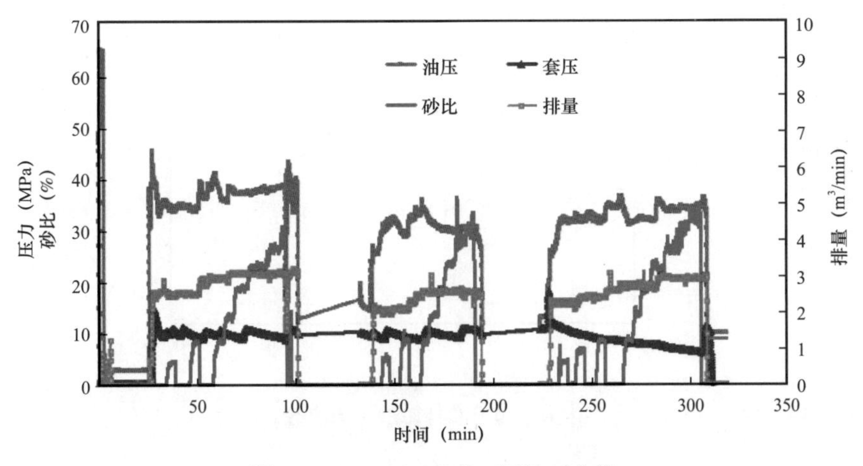

图6-2-8 SD05-X井三层施工曲线

表6-2-4 SD05-X井施工情况统计

层位	射孔段（m）	液氮量（m³）	前置液量（m³）	携砂液量（m³）	施工排量（m³/min）	设计砂量（m³）	实际砂量（m³）	破裂压力（MPa）	施工压力（MPa）	平均砂比（%）
盒7	2720.0～2722.0 2726.0～2729.0	5.1	85.50	121.9	2.82	25	26.70	36.2	33.0	21.9
盒8上	2746.0～2749.0	3.5	50.90	68.1	2.55	15	15.20	33.8	29.1	20.7
盒8下	2783.0～2786.0	4.7	80.86	121.5	2.99	25	22.74	45.1	37.4	18.71

表6-2-5 SD05-X井返排结果表

层位	入地液量（m³）	氮液比（%）	返排液量（m³）	返排率（%）	返排时间（h）	返排80%的时间（h）	无阻流量（m³/d）	井口产量（m³/d）
盒7+盒8	551.52	2	470.0	80.20	95	72	71303	45592

根据裂缝延伸压力双对数曲线的四种典型曲线（图6-2-9），可以判断裂缝内压裂液滤失和裂缝延伸情况。

（1）线段Ⅰ：斜率为0.125～0.2，表示裂缝高度稳定增长，正常的施工曲线。

（2）线段Ⅱ：表示地层内滤失量与注入量持平，或缝高稳定增长到应力遮挡层内。

（3）线段Ⅲ：表示裂缝端部受阻，缝内压力急剧上升，如果斜率大于1则表示裂缝内发生堵塞。

（4）线段Ⅳ：斜率为负值，表示滤失量大大增加，裂缝在高度上失去控制，延伸到非压裂目的层段，或又压开了新的裂缝，或裂缝在延伸过程中遇到了规模较大的天然微裂隙体系。

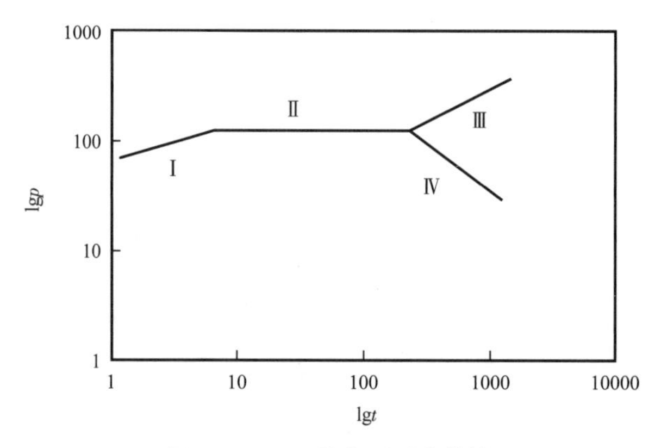

图6-2-9　四种典型压力曲线

对SD05-X井三个压裂层做净压力拟合。由净压力拟合结果可以看出，SD05-X井净压力主要为Ⅰ型、Ⅱ型，表示裂缝高度稳定增长，未出现缝高失控现象；施工后期表现为Ⅲ型，表明裂缝充填较饱满，达到改造目的。统计实施的12口井的压后返排情况见表6-2-6。

表6-2-6　施工井返排结果表

井号	层位	入地液量（m^3）	氮液比（%）	返排液量（m^3）	返排率（%）	返排时间（h）	返排80%的时间（h）	无阻流量（m^3/d）	井口产量（m^3/d）
SD05-105	盒7+盒8	551.52	2.0	470.0	80.20	95.0	72.0	71303	45592
SD35-72C3	盒8+山1	436.10	2.0	386.8	82.10	136.0	95.0	81212	44497
SD40-24	盒8+山1	491.40	3.5	456.0	86.81	116.0	80.0	30516	11382
SD34-60	盒8+山1	685.48	3.5	603.6	80.22	88.0	72.0	516361	117904
SD43-26	盒8	231.20	3.5	262.0	99.28	118.0	18.0	41380	—
SD44-66	盒8+山1	384.85	3.0	343.2	80.86	100.0	60.0	91059	46763
SD47-39	盒8	236.40	3.5	221.0	81.82	84.5	71.0	152240	97927
SD32-24c4	盒8+山1+山2	538.80	3.5	525.3	91.60	68.0	16.0	37962	22035

续表

井号	层位	入地液量（m^3）	氮液比（%）	返排液量（m^3）	返排率（%）	返排时间（h）	返排80%的时间（h）	无阻流量（m^3/d）	井口产量（m^3/d）
SD27–40	盒8上+盒8下	546.80	4.0	494.0	85.20	88.0	45.0	52416	30459
SD15–80	山1+山2	616.91	3.5	545.8	83.60	158.0	90.0	4.1705	2.6376
SD57–42	盒8+山1	563.60	4.0	509.5	83.80	256.0	184.0	20643	15728
SD15–101	太原组	227.04	3.5	211.9	82.10	299.5	163.5	—	3858
SD15–101	盒8上+盒8下+山2	552.90	3.5	479.2	81.09	155.0	99.0	15848	11177

表6–2–6统计结果表明：12口井返排率均在80%以上，反映了羧甲基瓜尔胶压裂液低伤害、易返排的突出优点。

3. 阴离子表面活性剂压裂液体系

1）体系介绍

表面活性剂溶液在浓度不大时，溶液中表面活性剂以单个分子或球形胶束存在，溶液黏度接近溶剂（水）的黏度，为牛顿流体。当表面活性剂的浓度增大到一定值或溶液中加入特定的助剂后，球型胶束可转化成蠕虫状（Worm–Like）或棒状（Rod–Like）胶束。胶束之间相互缠绕可形成三维空间网状结构并表现出复杂的流变性，如黏弹性、剪切变稀特性、触变性等，该种体系称为黏弹性胶束体系。黏弹性胶束体系因其独特的结构和流变性，而具有广泛的用途。由于带电头基间的强烈排斥作用，大多数离子型表面活性剂在溶液中能形成球型胶束，溶液黏度近似溶剂（水）的黏度。当这些表面活性剂胶束/水界面的电荷被屏蔽后，便可形成棒状胶束，该过程可以通过加入适当的反离子来实现。阴离子清洁压裂液依靠自身网状结构形成黏弹性，从而对压裂液的悬砂性能产生影响。温度在表观上影响着压裂液的黏度，而实质上影响着液体的网状结构。温度较低时，尽管表面活性剂溶液黏度相对较小，但是网状结构较好，携砂性能良好；温度影响下，压裂液黏度变化较大，液体自身网状结构变化不大，因而支撑剂沉降速率变化不大。表面活性剂溶液不仅可用于压裂、还可用于钻井液、完井、固井、管输减阻、酸化、黏弹性驱油提高采收率等领域，具有良好的应用前景。

2）主剂研发

合成的阴离子表面活性剂具有较低的Kraft点，可以在冷水中有较高的溶解度，并在低温下保持胶束形状。而传统单链表面活性剂随着水温的下降，溶解度迅速下降，当水温低于10℃时，溶解度降为0，不能使用。在实际现场应用过程中，传统单链表面活性剂很难完成冬季施工。合成的表面活性剂低温溶解的特性使得其应用受到关注。

3）体系优点

研发的新型低成本阴离子表面活性剂压裂液针对岩屑砂岩储层孔喉半径小、排驱压力大、易受压裂液伤害的特点，改变分子结构、避免吸附、降低伤害。主要优点如下：

（1）该表面活性剂结构简单，分离提纯容易，且产品性能优良，具有低温成胶特性，满足寒冷条件下使用。适用浓度低（0.2%），形成的冻胶弹性远远优于黏性，携砂性能好（最高砂比 40%），造缝效率高。

（2）研发了与该体系配套的破胶剂，形成配套可控破胶技术，解决了携砂与伤害的矛盾。破胶液有较高的表面活性，有助于破胶液返排，减小对储层的伤害；破胶后无残渣，不影响裂缝或空隙的导流能力，对储层伤害小。

（3）体系配方配制简单，交联时间 3～60s 可调节，成胶迅速，可实现现场在线快速连续混配。

4）综合性能

阴离子表面活性剂压裂液综合性能见表 6-2-7，流变性能如图 6-2-10 所示，流变参数见表 6-2-8。

表 6-2-7 阴离子表面活性剂压裂液体系综合性能

项目	结果
基液黏度	0.25%BHJS，黏度 30mPa·s
交联性能	根据储层温度可调，30s～2min
常温稳定性	溶液配伍，静置 72h，无悬浮物，无沉淀
耐温耐剪切性	$170s^{-1}$、2h，黏度大于 50mPa·s
水不溶物含量	0%
破胶性能	破胶时间 8h 内，水化液黏度降小于 5.0mPa·s

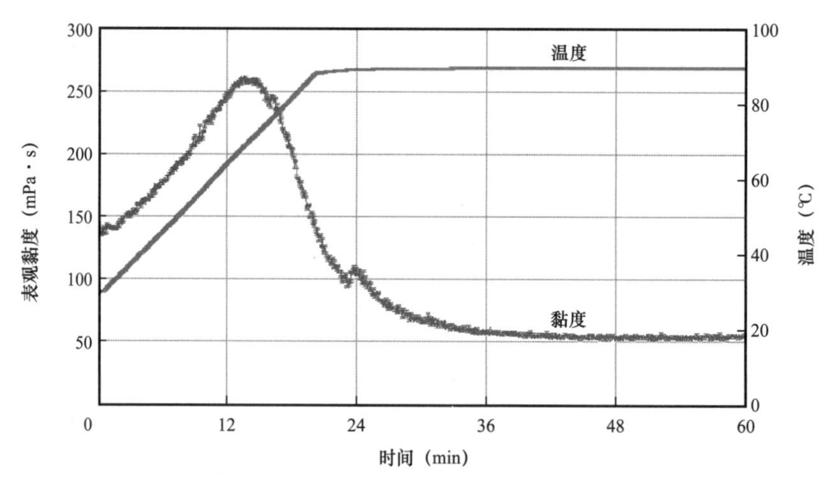

图 6-2-10 90℃下的耐温耐剪切性能

表 6-2-8 阴离子表面活性剂压裂液流变性参数

温度（℃）	流变指数 n	稠度系数 K（$Pa \cdot s^n$）
40	0.4568	2.893
50	0.6317	0.9311
60	0.5691	1.1023
70	0.9285	0.0837
80	0.1666	7.3977

5）应用实例

阴离子表面活性剂压裂液在苏里格气田东区致密气岩屑砂岩储层开展了先导性试验共 33 口井，平均无阻流量 $8.66 \times 10^4 m^3/d$，平均单井产量提高 36.8%。前期投产时间较长的 18 口井分析表明，Ⅰ类、Ⅱ类井增产较明显（表 6-2-9），试验 14 口井投产第一年增气量（145～245）$\times 10^4 m^3$，日均增气量（0.4～0.7）$\times 10^4 m^3/d$。

表 6-2-9 阴离子表面活性剂压裂液体系试验井对比井试气数据表

<table>
<tr><th>类别</th><th>井数</th><th>层位</th><th>厚度（m）</th><th>孔隙度（%）</th><th>基质渗透率（$10^{-3} \mu m^2$）</th><th>含气饱和度（%）</th><th>无阻流量（$10^4 m^3/d$）</th></tr>
<tr><td rowspan="4">Ⅰ</td><td rowspan="2">试验井（16 口）</td><td>盒 8</td><td>9.7</td><td>12.11</td><td>1.03</td><td>63.78</td><td rowspan="2">11.99</td></tr>
<tr><td>山 1</td><td>7.3</td><td>11.05</td><td>0.77</td><td>70.34</td></tr>
<tr><td rowspan="2">Ⅰ类井平均（44 口）</td><td>盒 8</td><td>8.0</td><td>11.28</td><td>1.00</td><td>62.99</td><td rowspan="2">7.91</td></tr>
<tr><td>山西</td><td>6.9</td><td>10.51</td><td>0.65</td><td>66.56</td></tr>
<tr><td rowspan="4">Ⅱ</td><td rowspan="2">试验井（10 口）</td><td>盒 8</td><td>5.0</td><td>11.22</td><td>1.05</td><td>66.28</td><td rowspan="2">7.41</td></tr>
<tr><td>山 1</td><td>4.2</td><td>9.47</td><td>0.71</td><td>70.49</td></tr>
<tr><td rowspan="2">Ⅱ类井平均（86 口）</td><td>盒 8</td><td>5.3</td><td>11.12</td><td>0.91</td><td>62.11</td><td rowspan="2">4.86</td></tr>
<tr><td>山西</td><td>5.1</td><td>10.64</td><td>0.69</td><td>66.49</td></tr>
<tr><td rowspan="4">Ⅲ</td><td rowspan="2">试验井（7 口）</td><td>盒 8</td><td>3.5</td><td>10.27</td><td>0.85</td><td>64.26</td><td rowspan="2">3.45</td></tr>
<tr><td>山 1</td><td>2.6</td><td>10.08</td><td>0.66</td><td>65.54</td></tr>
<tr><td rowspan="2">Ⅲ类井平均（69 口）</td><td>盒 8</td><td>3.3</td><td>10.41</td><td>0.79</td><td>61.69</td><td rowspan="2">2.25</td></tr>
<tr><td>山西</td><td>3.4</td><td>9.62</td><td>0.57</td><td>63.17</td></tr>
</table>

低成本阴离子表面活性剂清洁压裂液实现了规模化试验，在苏里格气田东区共累计实

施 37 口井。其中，2021 年实施 63 口井，测试求产 45 口井，平均无阻流量为 $10.3\times10^4m^3/d$，与区块直井同类储层相比，总体应用增产效果较明显。

6）低浓度羟丙基、低伤害羧甲基、低成本阴离子表面活性剂压裂液试气效果对比

在致密砂岩气藏开展低伤害羧甲基压裂液试验的同时，还进行了阴离子表面活性剂压裂液和低浓度羟丙基瓜尔胶压裂液现场试验，对比了三种液体的压裂改造及试气效果。

（1）不同类型压裂液改造井储层物性及试气效果对比。

对比三种不同类型压裂液改造井的静态测井解释参数和试气效果见表 6-2-10。在物性参数相当的情况下，阴离子表面活性剂压裂液的试气效果最好，高于羧甲基和低浓度瓜尔胶压裂液。在物性差别不大的情况下，使用阴离子表面活性剂压裂液压裂的井无阻流量和单位气层无阻流量最高，使用羧甲基压裂液压裂的井次之，使用低浓度瓜尔胶压裂液压裂的井无阻流量和单位气层无阻流量最低。

表 6-2-10　不同类型压裂液改造井储层物性及试气效果对比

类别	羧甲基	阴离子	羟丙基
井数（口）	62	53	45
有效厚度（m）	13.2	12.6	13.4
孔隙度（%）	9.56	10.11	8.69
渗透率（mD）	0.68	0.70	0.76
气饱（%）	58.54	61.25	57.66
平均无阻流量（$10^4m^3/d$）	7.5551	8.0554	6.3688
每米有效厚度无阻流量（$10^4m^3/d$）	0.5724	0.6393	0.4753

（2）不同类型压裂液压裂井生产情况对比。

跟踪对比了四种液体改造井的生产情况及投产 90 天时不同液体改造井的生产数据见表 6-2-11。

表 6-2-11　不同类型压裂液压裂井生产情况对比

类别	羧甲基	阴离子	羟丙基	常规瓜尔胶
井数（口）	28	35	9	43
投产前套压（MPa）	20.51	20.22	20.23	19.66
初期配产（$10^4m^3/d$）	1.47	1.87	1.00	0.86
目前套压（MPa）	13.94	14.32	13.69	12.46
平均日产量（10^4m^3）	1.41	1.44	0.89	0.73

续表

类别	羧甲基	阴离子	羟丙基	常规瓜尔胶
平均压降速率（MPa/d）	0.073	0.066	0.073	0.08
平均累计产气量（10^4m^3）	127.79	129.64	79.76	68.13
平均单位压降采气量（10^4m^3）	19.45	21.97	12.20	9.46

从投产 90 天的数据来看，通过使用阴离子表面活性剂压裂液和羧甲基压裂液改造的井效果好于其他两种液体体系。

4. CO_2 压裂液体系

1）体系介绍

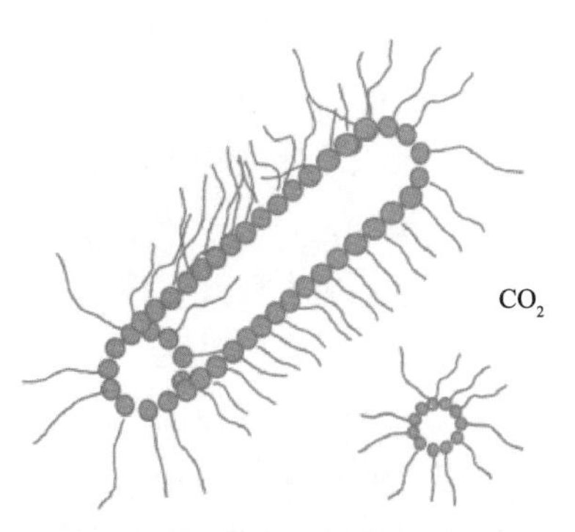

图 6-2-11　液态 CO_2 蠕虫状胶束结构示意图

在 CO_2 泡沫压裂液的基础上发展了纯液态 CO_2 作为携砂液的干法压裂技术（图 6-2-11）。相比常规压裂工艺，该技术具有压后易返排、对储层无固相残留及低伤害等特点，成为水敏性低渗透致密油气藏的一种高效压裂方式，该技术受到了极大的关注[175]。然而，干法压裂也存在一些问题，CO_2 黏度低，携砂能力差、液体容易滤失、泵注压力高等。如果干法压裂液的黏度能得到有效提高，将大大促进水敏性低渗透油气藏和低压油气藏的有效开采和油气的增产。因此，如何提高干法压裂中压裂液的黏度而又保持干法压裂的无伤害特性成为干法压裂技术首先要解决的关键技术。欲提高干法压裂中压裂液的黏度，须对干法压裂液进行改良。研究表明，新的表面活性剂增稠剂可以有效提高液态 CO_2 的黏度。新型表面活性剂可在液态 CO_2 中形成蠕虫状胶束，当表面活性剂的浓度超过临界胶束浓度后，溶液中相互缠绕的蠕虫状胶束会大幅度提高液体黏度，达到增稠目的[176]。通过室内高压管路流变测试及现场携砂压裂测试，新的 CO_2 压裂液体系具有良好的增稠性能。

2）液态 CO_2 增稠机理

液态 CO_2 的物性与有机溶剂的性质类似，液态 CO_2 增稠体系中交联形成的棒状或蠕虫状胶束的亲水基团被水分子吸引[177]，同时亲 CO_2 基团受到 CO_2 分子的吸引，导致分子间的相互作用力增加，CO_2 黏度增加[178]。整个体系的黏度变化主要来源于表面活性剂胶束空间结构的变化及 CO_2 液滴的形变，考虑到液态 CO_2 流体的性质更近似于牛顿流体性质，即 CO_2 作为混合体系的外相是可以忽略其黏度特性受剪切作用影响的，所以对于实验条件下混合体系的剪切稀化特性主要源于剪切作用对表面活性剂胶束空间结构的破坏，使得空间网状结构逐渐拆散成为单一胶束或增大胶束筛孔体积密度，并且胶束的流向在剪切作用下由之前的空间均向性而逐渐趋于一致，减低流动阻力，流体黏度随之减小[179]。

3）体系优点

通过研发溶于液态 CO_2 的新型表面活性剂添加剂与配套辅剂，形成 0～100℃干法 CO_2 增稠压裂液配方体系，大幅度提高了液态 CO_2 的黏度和携砂性能，保证了压裂施工的成功率。CO_2 干法压裂技术采用纯液态 CO_2 代替常规水基压裂液进行造缝携砂，从而避免了水相入侵对油气层的伤害，避免对地下水污染，同时大部分 CO_2 在地层条件下可达到超临界状态，超临界 CO_2 表面张力为零，流动性好，可进入任何大于 CO_2 分子的空间，因此对于低渗透致密油藏，液态 CO_2 最大的优势是可以进入常规水基压裂液不能进入的微裂缝，最大限度地沟通储层中的裂缝网络，可进一步提高产量。与常规水基压裂相比，CO_2 干法压裂对地层零伤害，具有良好的增产增能作用，大量节约了水资源，达到了节能减排、绿色环保的施工要求，对于低渗透致密油藏清洁、高效开发意义深远，具有广阔的应用前景。

CO_2 无水压裂技术使用 100% 液态 CO_2 作为压裂介质。首先将支撑剂加压降温到液态 CO_2 的储罐压力和温度，在专用混砂机内与液态 CO_2 混合，然后用高压泵泵入井筒进行压裂。与水基压裂液相比，液态 CO_2 具有独特的物理化学性质，该技术具有以下优势。

（1）储集层伤害小：压裂过程中没有水相参与，避免了对储集层的水敏、水锁污染。CO_2 压裂液体系只需加入少量稠化剂，添加剂单一，残渣少，降低了对储集层和支撑裂缝渗透率的伤害。

（2）压后返排快且彻底：施工结束后 CO_2 气化，为储层补充能量，促进返排。

（3）储层破裂压力低：CO_2 为低温流体，通过热应力造缝有利于降低储层破裂压力。

（4）造缝网能力强：CO_2 流动性强，可以流入储集层中的微裂缝，提高人工裂缝复杂程度，增大改造体积。

（5）提高单井产量与最终采收率：对于油井压裂时，可以通过制定合理的压后管理制度，实现 CO_2 无水压裂－驱替技术一体化，即实现 CO_2 与原油的充分混相，扩大波及体积，降低原油的黏度，提高原油流动性；对于气井压裂，CO_2 能够置换吸附于煤岩与页岩中的甲烷，提高单井产量与最终采收率。

（6）实现温室气体的封存：注入储集层后，部分 CO_2 吸附于岩石中，而返排部分可以收集起来二次利用。

CO_2 无水压裂是一种极具前景的新型压裂工艺，通过使用液态 CO_2 替代传统水基压裂液改造储层，可以实现水资源节约、CO_2 埋存、提高单井产量与采收率的多重目标。

4）体系性能

液态 CO_2 压裂液不同于常规压裂液体系，其体系需要在压力至少 7MPa 以上的高压状态下才能保证 CO_2 为液体状态。因此通过高压管路流变实验，可模拟液态 CO_2 压裂液在管路内的增稠过程，并计算液态 CO_2 压裂液在管路内的流变参数及摩阻数据变化。实验采用 8mm 的管径进行测试，实验结果显示增稠后的液态 CO_2 压裂液有效黏度在 7.654～20.012mPa·s 范围内，增黏倍数为 85.9～218.3，液态 CO_2 增稠压裂液呈现出剪切稀化特性，液态混合体系的有效黏度随着温度的增加而减小，呈指数规律递减的趋势（表 6-2-12、图 6-2-12 至图 6-2-14）。

表 6-2-12 不同条件下 CO_2 稠化体系黏度测试值

压力（MPa）	温度（℃）	稠化剂比例（%）	剪切速率（s^{-1}）	压裂液黏度（mPa·s）	液态 CO_2 黏度（mPa·s）	增黏倍数（倍）
10	15	1.00	220	15.986	0.0892	179.2
10	15	1.00	442	9.996	0.0892	112.1
10	15	1.00	663	9.361	0.0892	104.9
20	15	1.25	219	16.669	0.1081	154.2
20	15	1.25	331	13.367	0.1081	123.7
20	15	1.25	552	11.759	0.1081	108.8
20	0	1.50	393	20.012	0.1313	152.4
20	0	1.50	446	18.896	0.1313	143.9
20	30	1.50	393	8.461	0.0891	95.0
20	30	1.50	446	7.654	0.0891	85.9
20	40	1.50	446	8.987	0.0783	114.8
20	70	1.50	393	8.567	0.0524	163.5
20	100	3.00	393	8.120	0.0372	218.3
20	100	3.00	446	7.658	0.0372	205.9

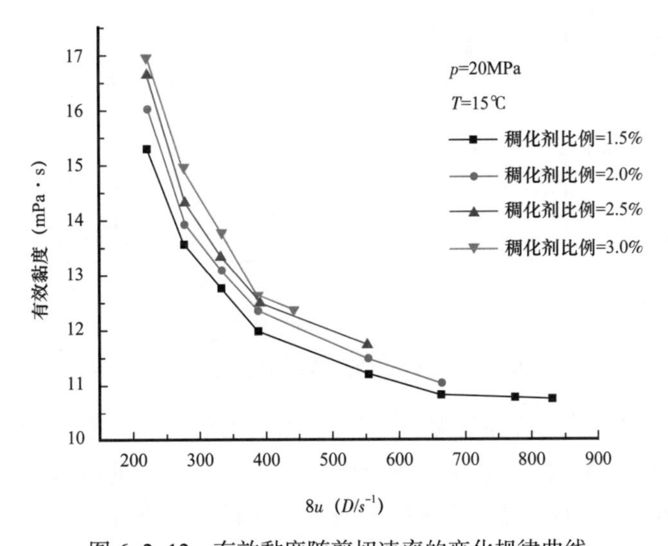

图 6-2-12 有效黏度随剪切速率的变化规律曲线

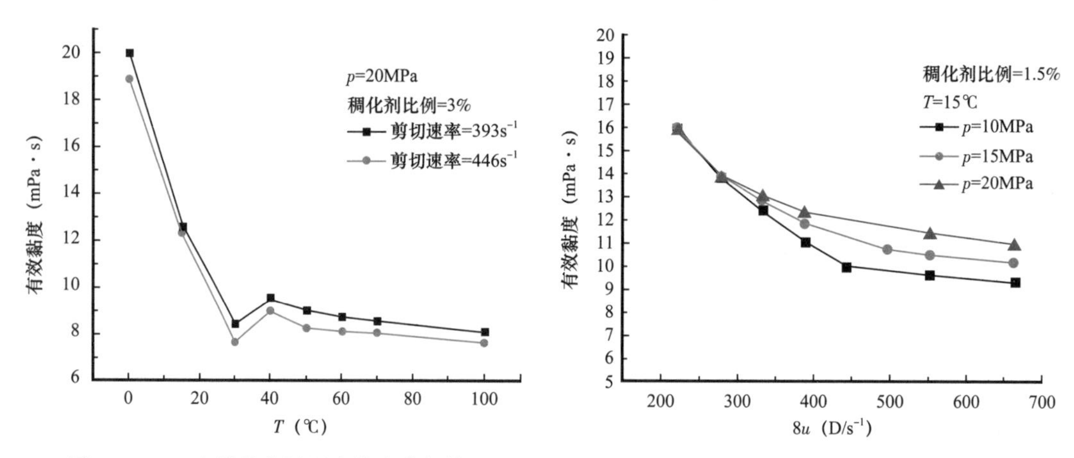

图 6-2-13 有效黏度随温度的变化规律　　图 6-2-14 不同压力下有效黏度随剪切速率变化规律

另外，使用布氏黏度计，将干法 CO_2 增稠压裂液搅拌起泡，从 30℃开始实验，在每一个温度条件下，剪切速率为零开始不断增加至 $200s^{-1}$，测量每一个剪切速率下泡沫的黏度，这一温度条件下实验结束后，增加实验温度，待压裂液温度恒定后继续下一组实验，最终得到不同温度，不同剪切速率条件下的黏温曲线（图 6-2-15）。干法 CO_2 增稠压裂液体系及基液都是剪切变稀流体，随着转速的增加黏度不断降低，并且在剪切初期降低很快，随后降低较慢，压裂液体系随着温度的增加黏度不断降低，在不同温度下黏度降低趋势大体相同，都是初始降低较快，随后降低较慢。

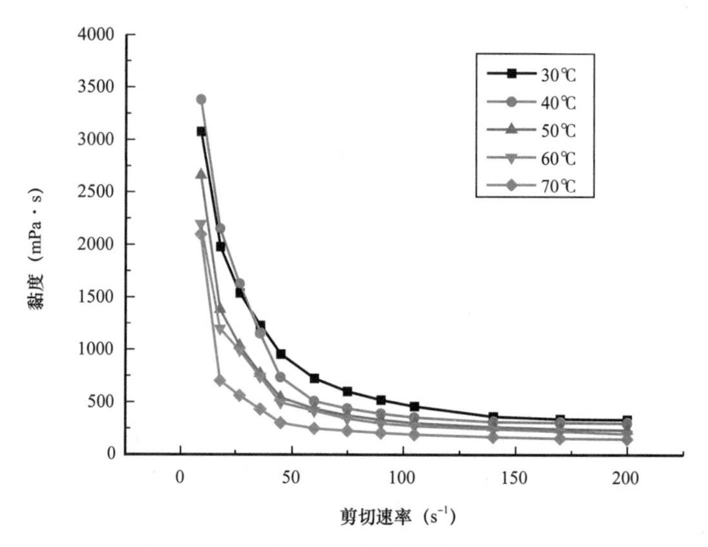

图 6-2-15 干法 CO_2 增稠压裂液黏温曲线

借鉴水基压裂液造壁滤失系数测试方法，利用自研设备干法 CO_2 增稠压裂液评价实验装置（图 6-2-16），测试了干法 CO_2 增稠压裂液对储层岩心的造壁滤失系数。造壁滤失系数为 $0.0242m/min^{0.5}$ 较小，说明该体系在施工中具有一定的造壁降滤失效果，对致密储层和微小孔隙的造壁降滤失效果相对明显。

图 6-2-16 干法 CO_2 增稠压裂液评价实验装置

干法 CO_2 增稠压裂液的压力梯度及流速随时间变化曲线如图 6-2-17 所示，初始时刻流速较高，流动状态如 A 点，此时支撑剂处于全悬浮运移状态；随着流速的下降，压力梯度也随之下降，直到流速到达 B 点即临界沉降流速 V_D=0.76m/s，此时支撑剂开始沉降到底部，但支撑剂沉降层仍在流动；当流速超过 V_D 之后，管内切面的支撑剂浓度差不断加大。该阶段流动状态如 C 点支撑剂沉降层较厚且流动缓慢甚至呈现静置状态。支撑剂的沉降引起过流面积的缩小，导致更高的压力梯度产生；随着流速的再次升高，支撑剂被重新携起，过流面积增大，压力梯度逐渐降低，当流速到达 D 点即临界悬浮点，支撑剂在水平管内再次全悬浮运移。

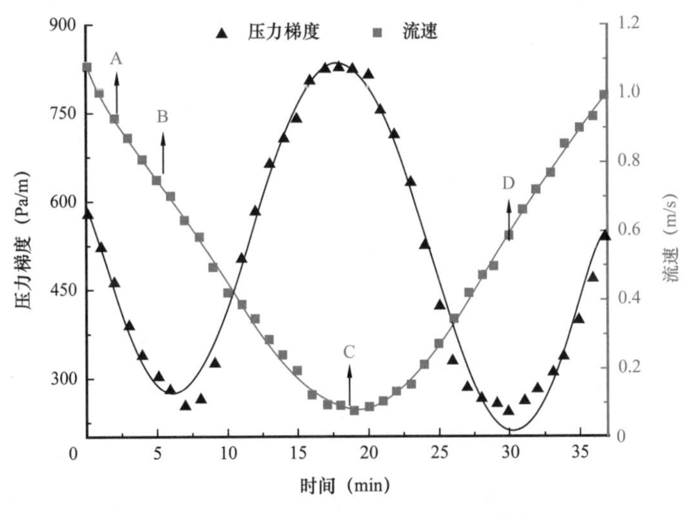

图 6-2-17 水平管中携砂液流动曲线

5）应用实例

截至 2021 年底，CO_2 混相增稠体系干法压裂在长庆油田苏里格气田已开展了 4 口井 5 井次的现场试验，获最高单井无阻流量 $24.7\times10^4m^3/d$。现场试验情况汇总见表 6-2-13。

表 6-2-13　新型 CO_2 干法压裂增稠体系现场试验情况

试验阶段	井号	层位	排量（m^3/min）	砂量（m^3）	平均砂比（%）	总液量（m^3）
使用前	试 1	山 1	2.0～4.0	2.8	3.5	254.0
	试 2	太原	3.0	9.6	7.9	350.5
	试 3	本溪	4.0	10.0	4.5	385.0
	试 4	盒 8	3.6～4.2	8.5	5.3	325.0
	试 5	盒 8	4.2	5.0	4.1	217.6
		山 1	4.5	8.8	5.2	244.2
	试 6	盒 8	3.7～3.9	0.8	2.5	150.1
	试 7	盒 8	4.9	10.0	8.4	457.4
使用后	试 8	山 1	4.2～4.8	10.0	8.2	413.0
	试 9	盒 8 下	4.0～4.5	20.0	10.3	426.0
	试 10	山 1	3.0	14.1	10.5	297.3
		盒 8	3.0	6.2	11.2	90.4
	试 11	山 1	4.5	25.0	12.2	389.0

试 11 井的现场试验（图 6-2-18）在国内首次实现了最高砂比 20%，最大平均砂比 12.2%，最大单层加砂量 25m^3 的施工规模，有效提高了液体工作效率。综合比较施工参数如图 6-2-19 至图 6-2-21 所示。

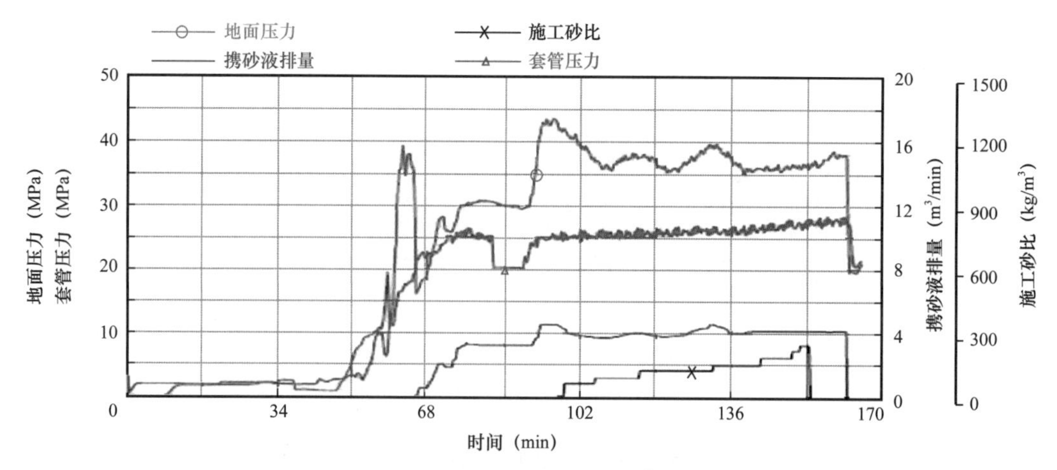

图 6-2-18　试 11 井现场试验施工曲线

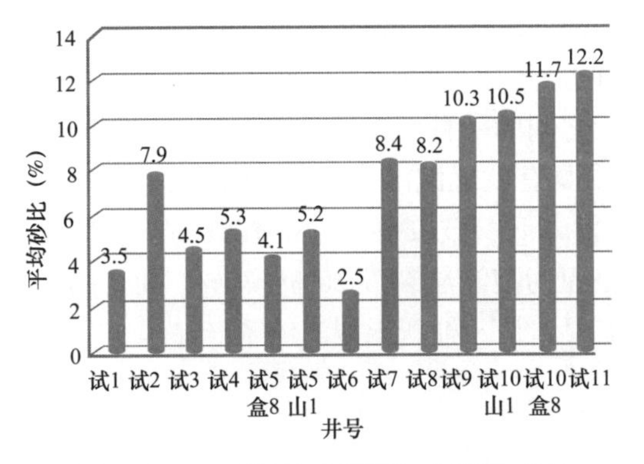

图 6-2-19 现场试验单层加砂情况对比

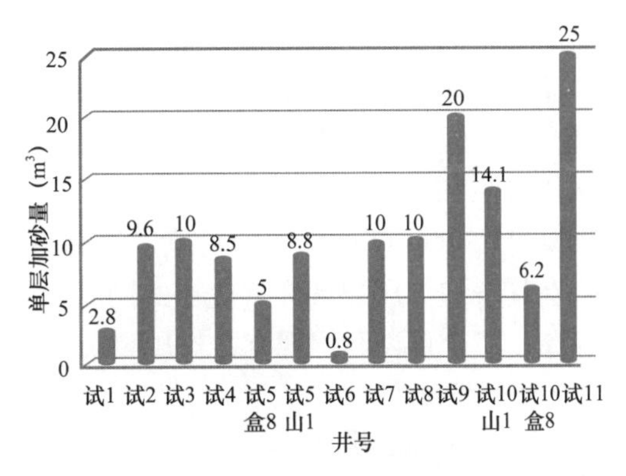

图 6-2-20 现场试验平均砂比对比

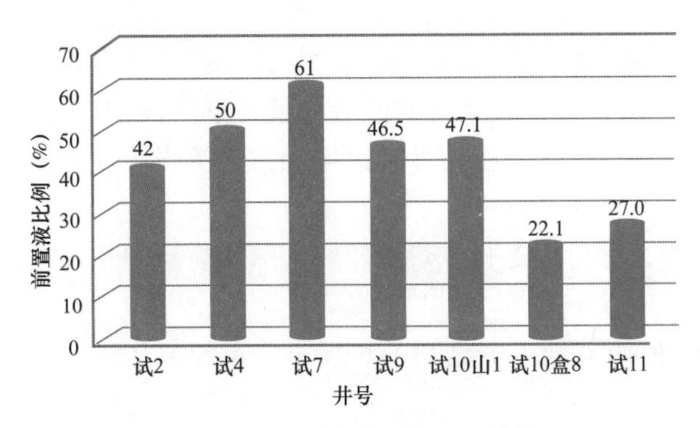

图 6-2-21 现场试验前置液比例对比

综合对比新型 CO_2 干法压裂增稠体系施工前后现场主要施工参数变化情况可以得到以下结论：

（1）压裂液携砂、造缝性大幅提高：新型 CO_2 干法压裂增稠体系应用后较应用前平均单层加砂量由 6.9m^3 提高到 15.1m^3，增幅达 117%；平均砂比由 5.2% 提高到 10.5%，增幅达 102%。

（2）压裂液效率明显提高，前置液比例有效降低：由于压裂液效率的提高，平均前置液比例由 51.5% 降低到 35.9%，降幅达 30.4%。

5. 自生热增压类泡沫压裂液

随着低渗透油气藏采出程度的逐步提高，地层能量（地层压力）逐步降低，加砂压裂改造后，压裂液依靠储层自身能量返排的能力越来越差，返排速度越来越慢，返排率也逐步下降[180]。原有的常规水基压裂液已逐渐不能适应压裂开发的需要，因此，急需引进或研发具有优良性能的新型低伤害压裂液，降低压裂液滤失量，提高压裂液的返排速度和返排率，提高低渗油气藏压裂改造的增产效果。

1）体系介绍

自生热增压类泡沫压裂液具有自动释放热量升温、生成气体增压助排、生成泡沫减少水分与地层黏土矿物接触面和生成微泡沫降低滤失等功能，从而实现降低滤失和压裂液对地层的伤害，并在较低温度下能迅速彻底破胶和快速返排。对低温储层、低压（常压）储层、滤失性大的储层及敏感性强的储层等，具有很好的应用前景。自生热增压类泡沫压裂液是介于常规羟丙基瓜尔胶压裂液和泡沫压裂液之间的一种新型的酸性压裂液，同时具有水基压裂液和泡沫压裂液的许多优点。在地层中具有就地泡沫化、自动升温、自动增压、自动降低密度、自动气举的功能，还具有表面张力低、破胶彻底、破胶液的黏度低等特点。在具备泡沫压裂液许多优点的同时，其价格仅为泡沫压裂液 20%～30%，而且施工程序简单，完全可以利用现有常规压裂设备进行施工，是一种新压裂液体系。

2）主剂研发

（1）催化剂的优选。

酸性催化剂在自生热增压类压裂液体系中起着催化、控制生热剂反应速度的作用，因此催化剂的优选至关重要。笔者通过不同酸性催化剂对生热体系反应速度的影响、反应产生的泡沫质量和稳泡时间、反应后液体膨胀倍数以及压裂液体系腐蚀性等方面的综合室内实验，最终优选确定采用一种新型复合功能酸性催化剂 AFC-B10，该催化剂具有延迟生热、催化速度慢、低腐蚀性、黏土稳定性和助排能力强等强效复配功能。

（2）配方优化。

经过大量室内实验，综合确定自生热增压类泡沫压裂液的基本配方为：

① 基液。

清水 + 0.03% pH 值调节剂 + 生热剂 + 0.48% 瓜尔胶 + 0.5% 黏土稳定剂 + 0.3% 杀菌剂 + 0.5% 助排剂。

② 酸性液。

清水：AFC-B10 = 2∶1，pH 值为 2～3，催化剂加量浓度为 1.7%～3.3%。

现场使用时，基液与酸性液分开配制。施工时按基液：酸性液 =（10～20）∶1 在高压管汇混合即可像常规压裂液一样使用。

3）综合性能

（1）流变性能。

压裂液流变性能的评价不仅可以较直观、准确地反映压裂液黏度随温度和剪切速度的变化情况，也可以推测其携砂性能及摩阻大小。通过模拟地层温度和施工剪切情况评价了自生热增压类泡沫压裂液配方的流变性能（图 6-2-22）。

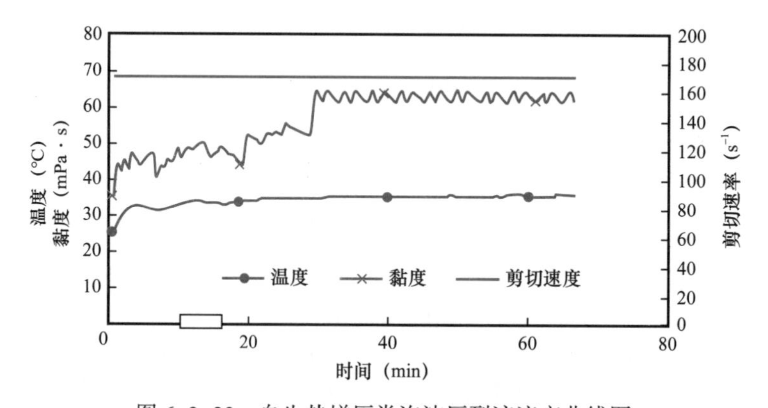

图 6-2-22 自生热增压类泡沫压裂液流变曲线图

从图 6-2-22 中可见，实验配方体系在 35℃下、剪切速率 170s^{-1} 剪切 65min 黏度保持在 60mPa·s 左右，具有较好的流变性能，可以满足施工过程中携砂要求。

（2）膨胀性能。

自生热增压类泡沫压裂液通过生热反应，产生大量的微泡沫，体积急剧膨胀，从而起到了升压的作用。在室温 30℃、40℃条件下，该压裂液膨胀性能的评价见表 6-2-14。

表 6-2-14　自生热增压类泡沫压裂液不同温度条件下膨胀能力实验结果

反应时间（min）	30℃时的膨胀倍比	40℃时的膨胀倍比
5	1.90	1.50
10	2.30	3.50
15	2.80	4.52
20	3.20	5.50
25	3.90	6.05
30	4.50	6.75
35	5.10	7.30
40	6.00	7.90
45	6.70	8.30
50	7.30	8.70
60	7.80	9.00

从表 6-2-14 中可以看出，自生热增压类泡沫压裂液体积膨胀倍数最高可达 9 倍，其体系密度随着体积的增长而变低。现场施工过程中压裂液处于高压密闭状态，压裂液体积膨胀能力越大，对地层的升压能力越高。施工结束放喷时，由于井底压力下降，压裂液体积迅速膨胀，推动地层中的压裂液进入井筒。同时随着压裂液密度下降，可以有效地降低井筒返排液液柱压力，从而提高压裂液的返排效果。

（3）增压性能。

增压功能是本套压裂液最重要的特征之一。该类泡沫压裂液增压原因在于生热反应生成大量气体、气泡受环境条件限制，体积膨胀受压缩，从而对外形成高压状态。在室内 20℃条件下评价了该压裂液的增压能力，实验结果如图 6-2-23 所示。

从图 6-2-20 中实验结果可以看出，在 60min 内压裂液增压能力达到了 8.2MPa，增压能力良好，表明该体系具有非常好的增能助排作用。结合体系的流变曲线（图 6-2-19）还可以看出该压裂液在最初的时间内增压幅度较为显著，因此使用该体系进行压裂施工时应注意充分利用好该时间段的增能助排作用，利于压裂液的快速、高效返排。

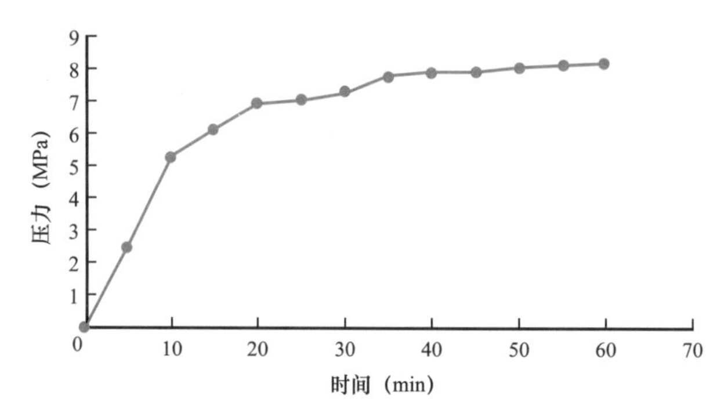

图 6-2-23　室温 20℃条件下的增压能力图

（4）悬砂性能。

自生热增压类泡沫压裂液不同于常规压裂液，不具备挑挂性能，主要依靠稳定的泡沫结构和黏度达到携砂的目的。实验室采用常规的携砂实验方法对液体进行悬砂性能评价。

将 20/40 目、体积密度为 1.75g/cm³、视密度为 3.38g/cm³ 的陶粒按 25% 的砂比放入混合好的不同瓜尔胶浓度（0.3%、0.35%、0.4%、0.5%、0.6%）的泡沫压裂液中，充分搅拌后倒入量筒中。可以观察到陶粒随着压裂液体积的膨胀而不断上升，悬浮在量筒内，没有发生沉降，图 6-2-24 为实验室 50℃水浴条件下 30min 静态悬砂实验结果。

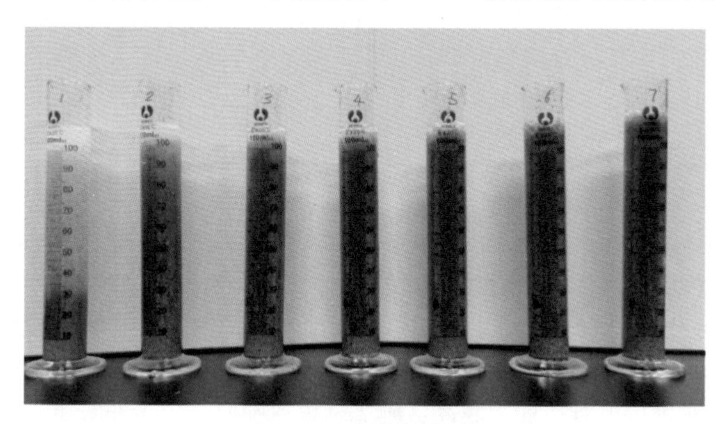

图 6-2-24　静态悬砂图

实验测定 20/40 目陶粒，在 25% 砂比时的沉降速度约为 0.34cm/min，表明该自生热增压类泡沫压裂液具有很好的悬砂性能。

（5）伤害性能。

压裂液对储层的伤害程度是影响压后效果的关键因素。自生热增压类泡沫压裂液破胶液伤害评价实验结果见表 6-2-15。从实验结果可以看出，自生热增压类泡沫压裂液对储层的伤害率比常规配方压裂液伤害率明显降低，平均伤害率仅为 14.57%。

（6）腐蚀性能。

模拟压裂施工过程，将准备好的标准 N80 钢片放入按比例混合好的基液、酸性催化液中，然后置于 40℃的恒温水浴锅进行腐蚀实验，实验结果见表 6-2-16。

表 6-2-15　压裂破胶液对岩心伤害实验数据表

序号	伤害前液体渗透（mD）	伤害时间（h）	伤害后液体渗透（mD）	伤害率（%）	损害程度
1	0.00569	2	0.00489	14.06	弱
2	0.00428	2	0.00363	15.08	弱

表 6-2-16　自生热泡沫压裂液的腐蚀性实验结果表（40℃）

<table>
<tr><th>序号</th><th>N80 钢片编号</th><th>2h 腐蚀速率［g/（m²·h）］</th><th>6h 腐蚀速率［g/（m²·h）］</th><th>腐蚀后钢片</th></tr>
<tr><td>1</td><td>441</td><td>0.18</td><td>0.20</td><td rowspan="4">表面光亮平滑，无点蚀或坑蚀现象</td></tr>
<tr><td>2</td><td>499</td><td>0.18</td><td>0.20</td></tr>
<tr><td>3</td><td>461</td><td>0.18</td><td>0.20</td></tr>
<tr><td colspan="2">平均值</td><td>0.18</td><td>0.20</td></tr>
</table>

注：压裂液 pH 值为 5～6。

实验结果表明，基液与酸性催化液混合形成的自生热增压类泡沫压裂液在 2h 内的平均腐蚀速率仅为 0.18g（m^2·h），6h 内的平均腐蚀速率仅为 0.20g/（m^2·h），压裂液腐蚀速率低，现场应用可以不考虑腐蚀问题。

4）应用实例

W20 区块工程地质特征：四五家子油田 W20 区块农安油层埋藏深度 500～650m，含油井段约 150m。该区块油层主要集中于泉头组的泉二段，砂岩成分成熟度很低，储层主要为粗粉砂岩和细砂岩，储层岩性多为岩屑长石砂岩或长石砂岩，部分为长石岩屑砂岩，少见石英砂岩。岩屑含量为 10%～35%，多在 20% 左右，长石一般为 35%～50%，石英仅为 40%～55%。泉头组储层黏土矿物以蒙皂石、伊利石、高岭石为主，见表 6-2-17。

表 6-2-17　W20 区块泉二段黏土矿物成分表　　单位：%

<table>
<tr><th>序号</th><th>蒙皂石</th><th>伊利石</th><th>高岭石</th><th>绿泥石</th><th>蒙皂石 / 伊利石</th><th>蒙皂石 / 绿泥石</th><th>总均含量</th></tr>
<tr><td>1</td><td>1.98</td><td>2.59</td><td>1.76</td><td>0.42</td><td>0.02</td><td>0.34</td><td rowspan="2">7.14</td></tr>
<tr><td>2</td><td>28.15</td><td>33.65</td><td>29.30</td><td>7.95</td><td>0.60</td><td>0.49</td></tr>
</table>

统计分析表明：W20 区块储层孔隙度分布在 10%～30%，集中分布在 23%～30%，平均孔隙度为 24.4%。渗透率一般分布在 10～800mD，集中分布在 110.0～276.7mD，最大渗透率为 846mD。

依据薄片鉴定及扫描电镜观察，W20 区块泉二段储层储集空间类型主要有粒间孔隙、粒间胶结物溶孔、粒内溶孔、晶间孔及微孔隙。从砂层厚度可以看出：农Ⅰ、农Ⅱ、农Ⅲ砂层组在全区均有分布。从沉积相上来看，该区砂体为曲流河沉积，河流走向主要为西南—东北向。农Ⅱ砂层组沿 W55、W18、W11、W17-6 方向砂体最厚，向河道两侧砂体减薄，另一条砂体主要在 DB2 及 BK20-4 附近砂体较厚，本区农Ⅲ砂层较薄。

W20 区块油层中部平均深度为 570m，平均地层温度 28.7℃，平均温度梯度为 4.7℃/100m；油层中部平均深度折算压力 5.5MPa，压力系数 0.90。该区原油为低密度稠油，密度为 0.8564～0.8968g/cm^3，黏度为 50～80mPa·s。原油具有高蜡、高沥青、高胶质特点，含蜡量为 30%～40%，含胶质为 20.94%，高凝固点为 25～27℃。

鉴于油藏以上特点，由于压裂时地层温度本身就不高，常规压裂液注入地层后，会导致近井地层温度下降，干扰油藏内原油的平衡，当温度被冷却到低于始析蜡点时，石蜡析出并会在地层孔隙中结蜡，封堵一部分液体通道，限制流体流动，蜡一旦析出，即使恢复到原始油层温度，也很难重新溶解到原流体中。因此，现有常规压裂液不能满足油藏压裂开发的需要，蜡的析出将会对储层造成严重的伤害。另一方面，偏低的压力系统也影响了压裂后压裂液的返排。

四五家子油田 W20-5 井泉二段 634.0～639.8m 地层压力为 5.82MPa，压力系数仅为 0.91 左右，属于低压油藏，改造层段温度为 28～30℃，因此，采用自生热增压类泡沫压裂液，可满足压裂施工的要求。2009 年 9 月，对该井进行了加砂压裂施工，泵注活性水 16m^3，排量为 1.28～2.59m^3/min，泵压为 16.5～21.6MPa。高挤前置液 45m^3，加粉陶 1.4m^3，排量为 4.4m^3/min 左右，泵压为 17.5MPa。高挤携砂液 65.0m^3，泵压为 16.5MPa，排量为 4.4m^3/min 左右，加入 20～40 目石英砂 18.0m^3，平均砂比 28.6%。高挤顶替液 2.0m^3，泵压为 16.1MPa，排量为 4.4m^3/min 左右，停泵压力为 7.0MPa，施工曲线如图 6-2-25 所示。

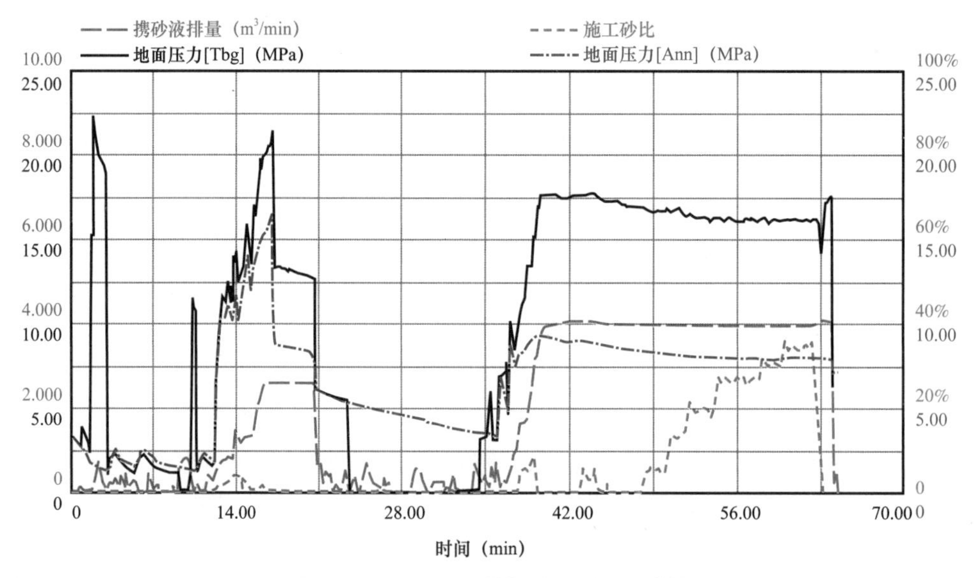

图 6-2-25　W20-5 井加砂压裂施工曲线

本井加砂压裂后获得了一定的效果，产油从加砂压裂前的 0.24t 增加到加砂压裂后的 2.0t，增产倍比为 8.33，与常规压裂液加砂压裂后效果（平均增产倍比 3.07）相比，采用自生热增压类泡沫压裂液进行加砂压裂储层改造取得了较好的效果，该项工艺对该地层具有一定适应性（表 6-2-18）。

表 6-2-18　W20-5 井邻井增产效果情况统计表

井号	射孔井段（m）	层位	压裂液类型	压前效果（t/d）	压后效果（t/d）	增产倍比
SN140	865.9～881.0	K_1q	常规压裂液	1.80	2.30	1.30
QK121-6	1069.0～1088.0	K_1q	常规压裂液	0.77	3.50	4.54
QK122-21	1062.9～1067.9	K_1q	常规压裂液	0.50	1.69	3.38

加砂压裂过程中，通过对压力施工曲线的分析可以看出，整个携砂过程反映出液体体系携砂良好，未出现液体脱砂、发生砂堵的迹象，说明自生热泡沫压裂液的携砂性能良好，流变达到设计要求。研制的线性自生热泡沫压裂液具有低腐蚀性的特点，现场使用不会对井内管柱、施工管线、地面排液流程等造成腐蚀，推广应用前景良好。

二、特色酸液体系

1. 胶凝酸体系

胶凝酸是指在常规酸液中加入一定数量的稠化剂，形成的一种具有一定黏度的酸化工作液。胶凝酸主要用于油气井增产作业中的压裂酸化环节，用稠化剂提高酸液黏度，以此降低酸岩反应速率，提高酸液对深部地层的溶蚀能力，作用距离较常规酸要远得多。

胶凝酸常用工艺有 4 种：活性水 + 胶凝酸酸压工艺；前置液 + 胶凝酸酸压工艺；多级注入深度酸压工艺；多级注入 + 闭合酸化工艺。其施工成功率 90% 以上，增产有效率 55% 以上。

分别取 2.0%、2.2%、2.4%、2.6%、2.8%、3.0% 的 FAC-1 稠化剂，用 31% 工业盐酸配制成 15% 盐酸浓度的酸液，测定不同温度下的酸液黏度，实验结果如图 6-2-26 所示。

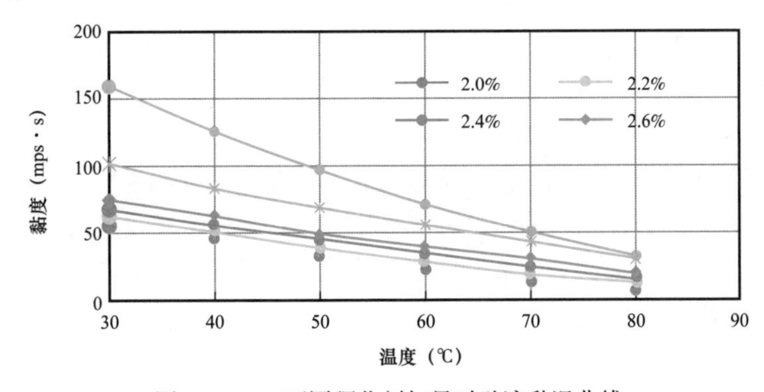

图 6-2-26　不同稠化剂加量时酸液黏温曲线

在要求温度下对酸工作液样品在高剪切条件下剪切一段时间，然后恢复剪切。耐剪切稳定检测结果为黏度 186.3mPa·s（图 6-2-27）。

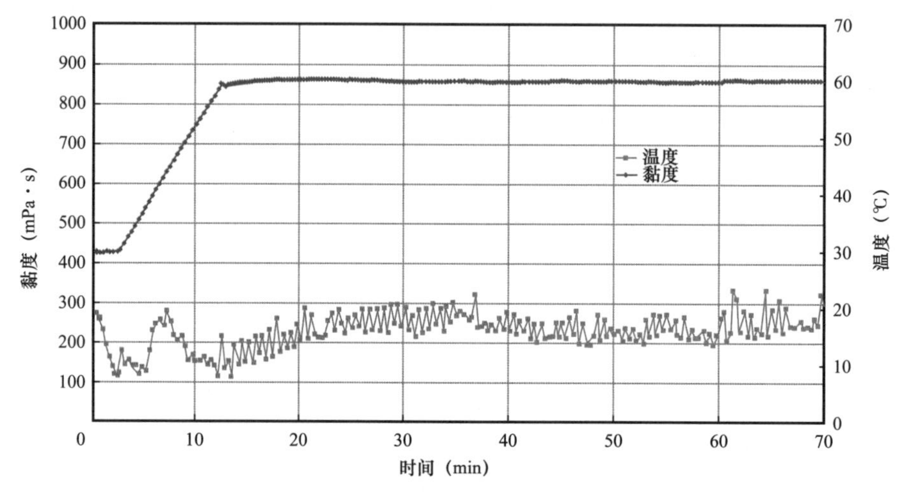

图 6-2-27 胶凝酸耐温耐剪切曲线

150℃、20% 酸浓度时反应速率为 1.06×10^{-4}mol/（cm^2·s），常规酸的反应速率为 1.60×10^{-4}mol/（cm^2·s），比常规酸慢 50.38%（表 6-2-19）。平均腐蚀速率较低［优于一级指标不大于 60g/（m^2·h）］，满足施工要求（表 6-2-20）。

表 6-2-19 胶凝酸的高温缓速性能

酸液	反应速率［mol/（cm^2·s）］	反应速率方程
高温胶凝酸	1.0675×10^{-4}	J=$4.1610\times10^{-6}C^{1.7525}$

表 6-2-20 胶凝酸的高温缓蚀性能

腐蚀实验条件	评价条件	腐蚀速率（N80 试片）
残酸腐蚀速率	150℃、16MPa、24h、H_2S1500mg/L	3.23g/（m^2·h）
新酸腐蚀速率	150℃、16MPa、4h	48.27g/（m^2·h）

在 150℃下放置 2～4h，取出后酸液均匀，无成团、交联等异常现象（图 6-2-28）。

2. 交联酸

交联酸主要是由酸用稠化剂、酸用交联剂和其他配套添加剂组成，主要目的是形成网络冻胶体系。交联结构的存在可使聚合物刚性增强、构象转变难度增大，提高液体的抗盐能力、增黏能力和耐温能力，为酸液深穿透、低滤失、高导流提供了保障，使储层深度酸压改造达到了最好的效果。

性能优良的交联酸首先要具有较好的挑挂性能，才能保障酸液的耐温性及携砂性（图 6-2-29）。典型的交联酸耐温耐剪切性能是采用耐酸高温高压流变仪测试，与测试压裂液耐温耐剪切性能方法相同，在 170s^{-1} 剪切速率下，温度由室温升至规定温度，将交联冻胶酸在规定的时间内连续剪切，测试交联冻胶酸黏度的变化（图 6-2-30）。

图 6-2-28 胶凝酸 170℃高温后外观

图 6-2-29 20%HCl 交联酸冻胶

良好的酸液体系在施工过程中，不能对施工管线、车辆、井下设备造成腐蚀。因此要按照 SY/T 5405—2019《酸化用缓蚀剂性能试验方法及评价指标》进行腐蚀性能评价，酸液体系要具有良好的缓蚀性能，才能起到延缓腐蚀的作用，使施工过程更安全。

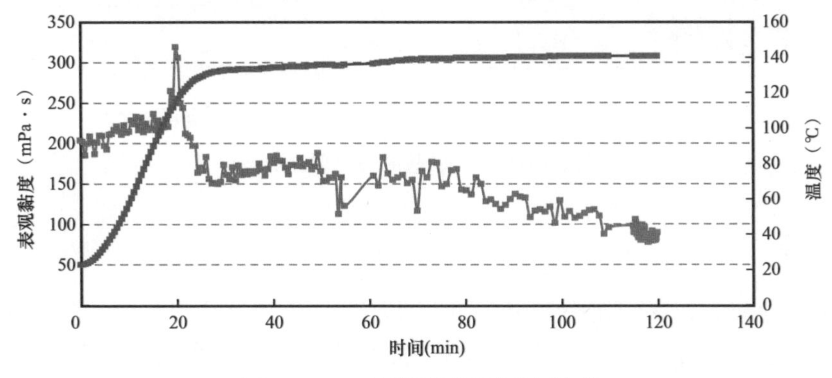

图 6-2-30 交联酸耐温耐剪切性能

交联冻胶酸的破胶试验采用岩心反应法。在一定的温度条件下，盐酸与灰岩岩心反应，生成氯化钙、水，放出二氧化碳。随着反应的进行，酸液体系中 Ca^{2+} 的含量逐渐增多，交联冻胶酸的网络结构逐渐被破坏，酸液体系的黏弹性逐渐降低，H^+ 的传质系数不断增大，最终导致交联冻胶酸网状结构的完全破坏而破胶水化。在适当的条件下，交联酸体系与岩石反应，可以在 3h 后彻底破胶水化，可满足施工后快速、彻底破胶返排的要求。

酸岩反应速度是单位时间内酸浓度的降低值或单位时间内岩石单位面积的溶蚀量或称溶蚀速度。交联酸体系的性能与压裂液相似，与稠化酸相比，具有较高的黏度，因此具有更低酸岩反应速度。通过溶蚀速率评价方法得到普通酸、稠化酸、交联酸的溶蚀速率（图 6-2-31）。可见，交联酸体系较好地起到了延缓反应速度的作用，可使活性酸作用距离更远。酸蚀裂缝导流实验进一步能够表明交联酸的穿透能力和控制滤失能力（图 6-2-32）。从岩心酸蚀缝的形态、结构来看，地面交联酸在岩板上形成显著的单一溶蚀沟槽，而且溶蚀沟槽的深度超过 0.5cm，可见交联酸具有最好的流动性和抗压性，也有很好的深穿透能力。因此，地面交联酸对低渗、需要造长缝的地层更为适应。

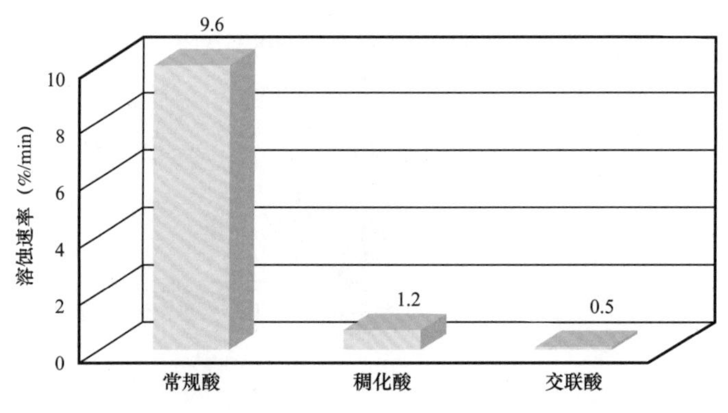

图 6-2-31　不同酸液类型的溶蚀速率

(a) 15%盐酸体系　　(b) 20%盐酸体系

图 6-2-32　交联酸的酸蚀裂缝形态

3. 乳化酸

乳化酸是延缓酸岩反应速率最早采用的方法。乳化酸是延迟酸的一种，它是国外在 20 世纪 70 年代开发应用的一种酸化工作液，尤其适用于低渗透碳酸盐岩油气藏的深度酸化改造和强化增产作业。乳化酸多为在乳化剂及其助剂作用下，用酸（盐酸、氢氟酸或它们的混合酸）和油（原油或原油馏分）按一定比例配制而成，它依靠油对酸的包裹作用，有效地阻挡 H^+ 的扩散和运移，以减缓酸与岩层的反应和降低酸反应速度，实现酸的深度穿透。水相与油相体积比通常为 30∶70。主要添加剂为乳化剂，其主要作用是稳定乳液，可以选用阳离子、阴离子或非离子表面活性剂。阳离子表面活性剂因具有吸附性可减少乳化剂损失，在目前应用最广。不同温度的配方中采用的乳化剂不同，低温井配方中还可加入一定量的残酸破乳剂。与普通酸液相比，它具有反应速率小、有效作用时间和距离长、腐蚀速率小的特点。但是乳化酸对于气井、低孔低渗储层，由于返排时易形成三相流动而影响排液效率，对地层造成很大伤害。

图 6-2-33 乳化酸酸液体系

乳化酸通常具有以下特点：（1）乳化酸是具有一定黏度的油外相的乳化体系，可以在施工过程中使流体转向；（2）降低酸岩反应速率，形成更长的酸蚀裂缝，提高导流能力；（3）在酸岩过程中，乳化酸逐渐破乳，且通常破乳彻底，对地层的伤害减少；（4）形成不均匀刻蚀；（5）降低对管线的腐蚀程度。

乳化酸要具有良好的延缓酸岩反应的作用，必须具有很好的稳定性，通常要求配制后要具有长时间的放置稳定性（大于 2 天），而且在地层温度下也要具有良好的稳定性，才能起到缓速效果。乳化酸的稳定性评价方法有放置法、电导率法、流变测试法。除此之外，在酸压完成之后，乳化酸破乳要彻底，黏度低，宜返排。

酸岩反应的过程，就是酸液被岩石消耗及岩石被酸溶解的过程。稠化酸、交联酸和乳化酸都有特有的反应机理，并可以延缓酸岩反应速率，增加酸蚀裂缝的长度，因此可以提高酸化的效果。酸岩反应动力学实验一般有静态反应实验和动态反应实验两类。旋转圆盘动态模拟实验可以反映酸岩反应的真实状况，对于油外相的乳化酸来说，在配制好的乳化酸中加入一定量的氯化钙很难溶解，而且测定反应后酸液浓度的变化也有一定的难度，因为此时乳化酸还部分处于乳化状态。为了模拟反应前后酸液的区别，可以选择以称量反应前后岩心质量的变化来表征乳化酸与岩心的反应速度，反应后的岩心（图 6-2-34）。

(a) 10%盐酸的乳化酸

(b) 15%盐酸的乳化酸

(c) 20%盐酸的乳化酸

图 6-2-34 颗粒石灰岩岩心与乳化酸反应后的形态

4. 清洁自转向酸

清洁自转向酸（DCA）利用酸液中的特殊黏弹性表面活性剂在酸岩反应后的残酸中形成巨型胶束，使酸液黏度大幅度增加，对已经酸化的储层进行暂堵，使酸液转向到相对低渗透或高伤害储层进行酸化。该过程交替反复进行，实现对储层的转向均匀改造。胶束结构遇油可彻底破胶返排，基本不伤害储层。

DCA 增黏原理：自转向酸中转向剂在高浓度的鲜酸中基本以单个分子存在，不改变鲜酸黏度；当酸液与储层岩石发生化学反应后，产生大量钙镁离子的同时使酸液酸度大幅度降低，导致转向剂分子在残酸液中首先缔合成柱状或棒状胶束；而后，由于大量钙镁反离子的存在，对极性的亲水基团产生吸附，使柱状或棒状胶束形成集合体，并相互连接形成巨大的体型结构，从而导致残酸体系的黏度急剧增大（图 6-2-35 和图 6-2-36）。酸液黏度由鲜酸的十几毫帕秒增大到残酸的几百到上千毫帕秒（图 6-2-37）。

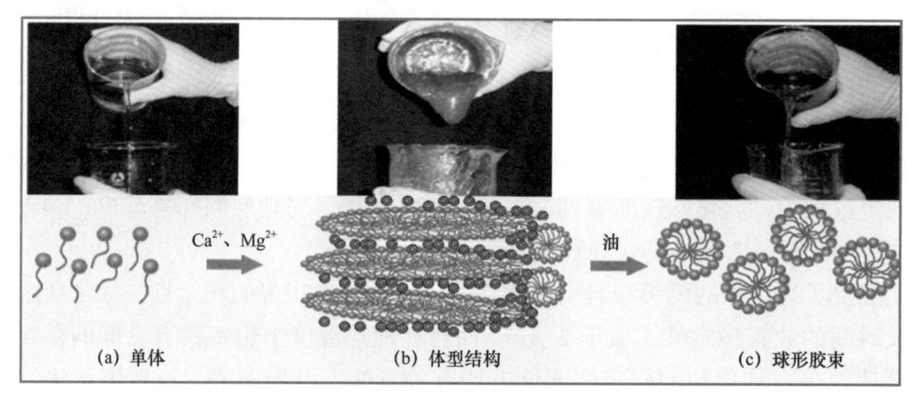

图 6-2-35　DCA 增黏原理

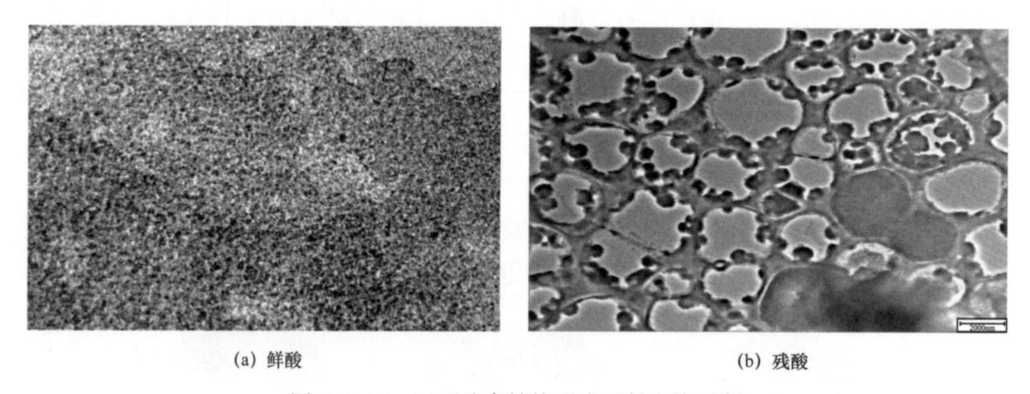

图 6-2-36　巨型胶束结构形成透射电镜观察

转向酸化原理（6-2-38）：转向酸被挤入地层后，先沿着较大的孔道，进入渗透率较高储层，与碳酸盐岩发生反应使酸液黏度大幅增高，而增加流动阻力，对大孔道和高渗透地层产生堵塞，使井底压力增高，后续注入的鲜酸自动转向进入较低渗透率的地层，实施转向酸化；酸岩反应后，残酸又对较低渗透率的储层进行暂堵，使注入酸液的泵注压力继续上升，迫使新注入的鲜酸进入渗透率更低的储层，这一过程重复进行，酸液不仅可以酸化渗透率较高储层，也可自动转向到渗透率较低储层酸化，达到层内均匀酸化目的。

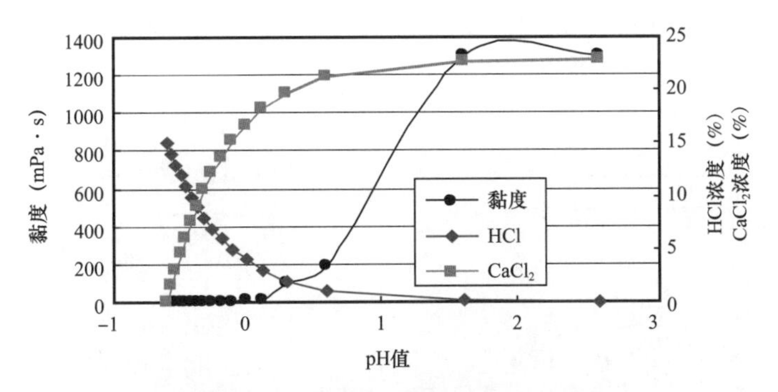

图 6-2-37　酸液黏度随 pH 值变化曲线

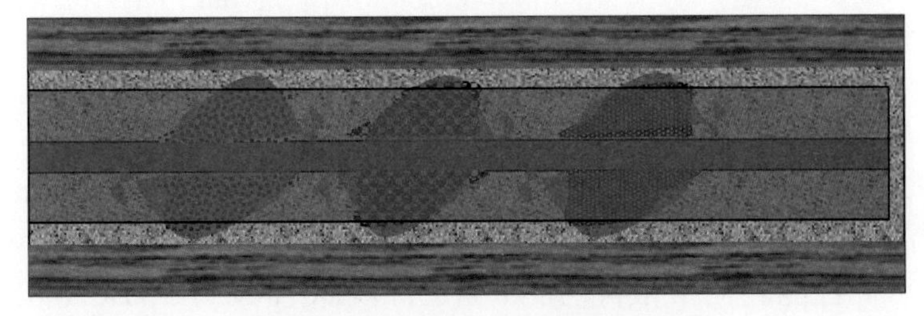

图 6-2-38　DCA 转向酸化原理

转向酸压原理（图 6-2-39）：在酸压施工中，清洁自转向酸与地层碳酸盐岩发生作用之后，同样可以形成巨型胶束结构，使其黏度大幅增加，滤失速度得到控制，酸岩反应速率也将减慢，从而增加酸液在地层中的有效作用距离，沟通更多的富含油气储集体，同时，对储层岩石的基质孔隙也具有转向改造作用，从而，提高酸化酸压效果。

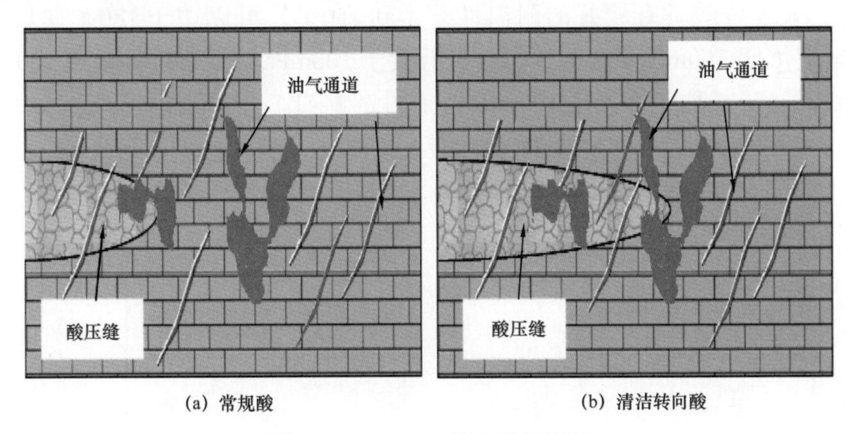

图 6-2-39　DCA 转向酸压原理

清洁改造原理（图 6-2-40）：残酸破胶彻底，利于返排和保护储层。酸液中形成的巨型胶束结构遇到烃类物质时，可自动破坏，转变成球状胶束，使残酸黏度和界面张力大幅降低，有利于返排、保护储层和提高酸化改造效果。酸液不含聚合物，增黏不需金属离子交联，不存在伤害问题。酸液基于表面活性剂胶束缔合增黏技术，体系中不含聚合物，不存在聚合物损害；酸液增黏不用铁、锆等金属胶联剂，不会导致硫化物伤害。酸液滤失低，可减轻滤液伤害。酸液在地层中反应后会产生很高黏度，具有降滤失效果，减少工作液侵入储层量，起到保护储层作用。

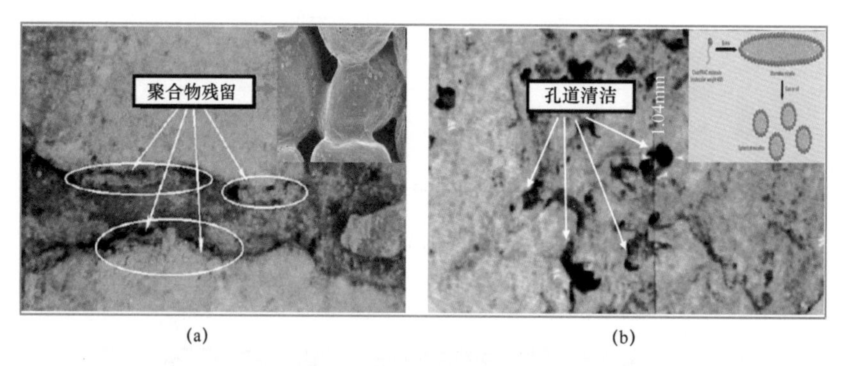

(a) (b)

图 6-2-40 DCA 清洁改造原理

目前形成不同温度的 DCA 转向酸酸液体系配方有以下几种：

低温（60℃）智能转向酸液配方：20%HCl+4%DCA-L+1%DCA-6，适用于 40～80℃、碳酸盐岩含量在 30% 以上的储层。

中温（90℃）智能转向酸液配方：20%HCl+5%DCA-M+1.5%DCA-6，适用于 80～110℃、碳酸盐岩含量在 30% 以上的储层。

高温（120℃）智能转向酸液配方：20%HCl+10%DCA-H+2%DCA-6，适用于 110～150℃、碳酸盐岩含量在 30% 以上的储层。

超高温（150℃）智能转向酸液配方：20%HCl+12%DCA-UH+4%DCA-6，适用于 150～180℃、碳酸盐岩含量在 30% 以上的储层。

破胶后 DCA 残酸具有较好的耐温性，达到 150℃，可以用于 180℃储层；中温体系：90℃黏度大于 300mPa·s，115℃黏度仍大于 100mPa·s；高温体系：100℃黏度大于 500mPa·s，120℃黏度仍大于 400mPa·s（图 6-2-41）；超高温体系：120℃黏度大于 500mPa·s，150℃黏度仍大于 350mPa·s（图 6-2-42）。

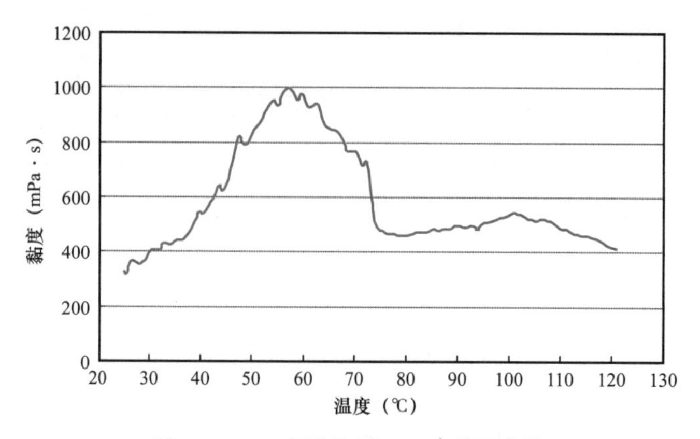

图 6-2-41 高温体系 $170s^{-1}$ 黏温曲线

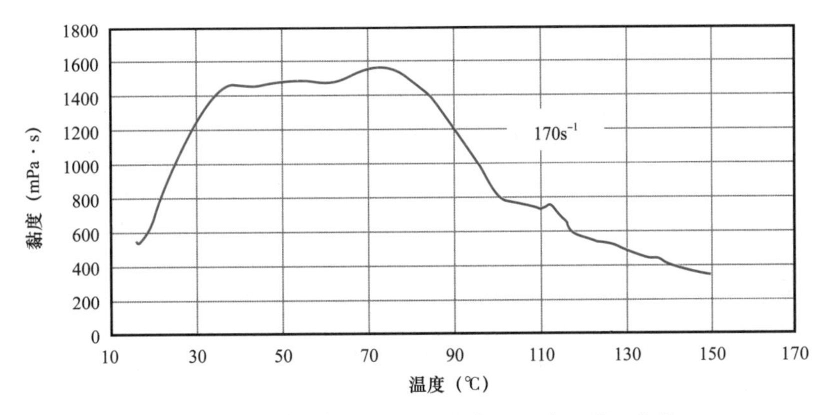

图 6-2-42 超高温体系剪切速率 $170s^{-1}$ 下黏温曲线

清洁自转向酸的特点有低泵送摩擦压力、可控制的漏失、较低的地层反作用力值、较高的流体黏度和较好的流变性（n 和 K），破胶后黏度与常规盐酸的黏度相当，对储层伤害小，具有更好的酸化不同渗透率岩心的能力，适用于储层温度低于 180℃的碳酸盐岩储层的酸化与酸压，也适用于碳酸盐岩含量大于 30% 的砂岩及复杂岩性储层的酸化。

清洁自转向酸体系在地下与岩石反应改变周围 pH 值环境后，达到增加黏度的目的。但地层下条件复杂，地层水矿化度、黏土含量、裂缝等因素不能准确测定，清洁自转向酸体系黏度改变的条件控制难度大，给施工效果带来不可预知性。

5. 自生酸液体系

自生酸作为一种适用于高温深井酸化改造的液体体系，具有在地面常温常压条件下基本不生酸，注入地层后在催化剂、水或者温度压力场的作用下逐步生成 H^+ 与地层反应的特点。该体系在注入过程中基本不生成酸，对管柱腐蚀较小，液体到达地层后随推进逐步生酸，可在裂缝中一定距离保持一定酸浓度，同时减小了使用强酸时入口端酸浓度过高引发的岩反应速率过快、酸液过度消耗、近井地带溶蚀严重的问题，酸液有效作用距离增长（图 6-2-43）。同时结合压裂液携砂造缝的特点，形成一套自生酸压裂液，可同时满足造缝与酸蚀要求，酸液可达裂缝前段，实现全裂缝有效酸蚀。

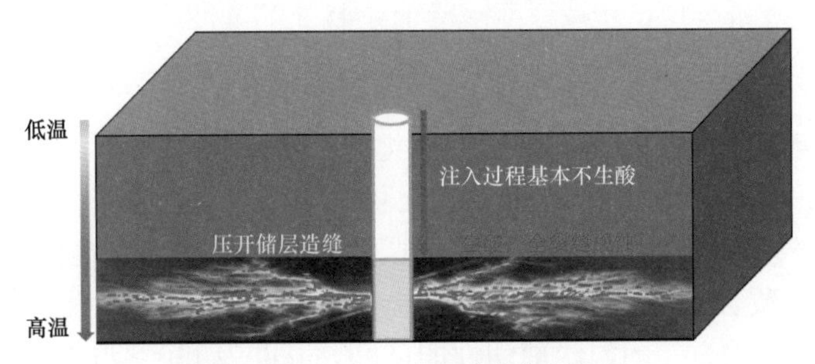

图 6-2-43 自生酸压裂液作用机理

自生酸的生酸机理如下所示：

自生酸中有效物质 SGA-E 在水中高温下发生水解反应，缓慢水解出氢离子和醇类，反应方程式如下：

$$SAG{-}E+H_2O \longleftrightarrow A{-}H+B{-}H+ROH$$

自生酸放置稳定性好（图 6-2-44），40℃下放置 12h，生酸浓度不超过 0.1mol/L，说明低温时基本不生成酸。100℃加热 2 小时，生酸浓度不超过 0.2mol/L（图 6-2-45），生酸量很少，所以该自生酸生酸温度大于 100℃。自生酸随时间推移逐步生酸（图 6-2-46），并随温度增加，生酸速率加快，120℃时，约 3h 生酸量稳定，150℃时，1h 生酸量稳定，最终生酸浓度基本不受加热温度影响，可达 2.3mol/L（8%）左右。自生酸高温逐步生酸的特点有利于其在高温储层中长时间保持酸性，达到深部酸化的目的。

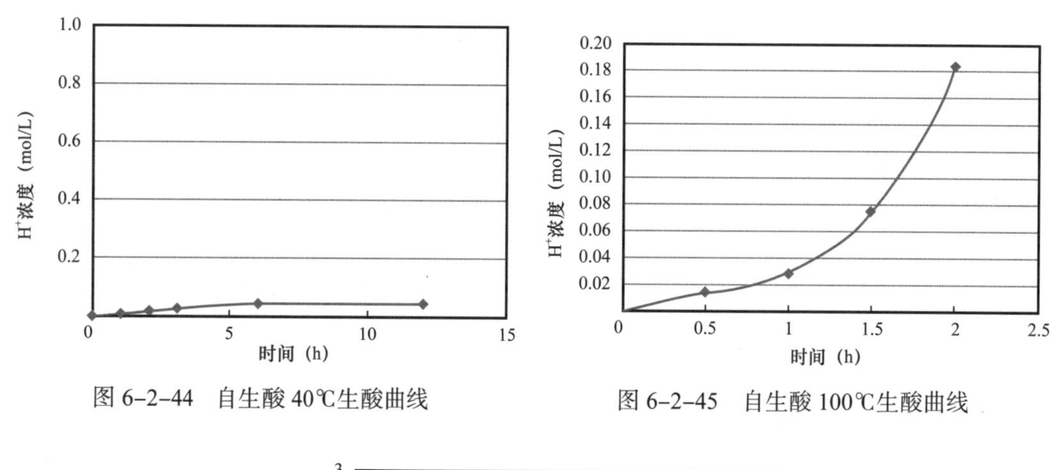

图 6-2-44　自生酸 40℃生酸曲线

图 6-2-45　自生酸 100℃生酸曲线

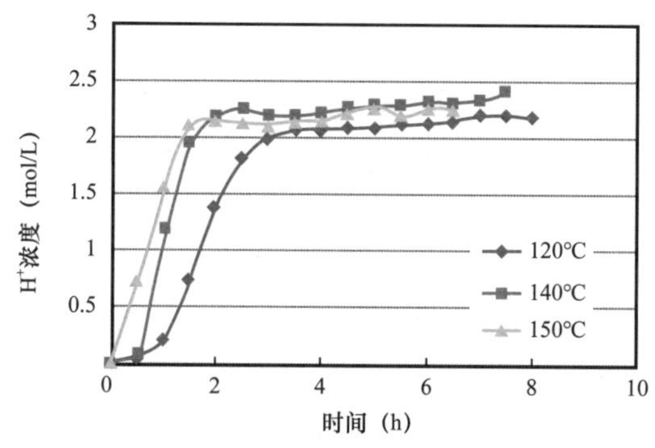

图 6-2-46　自生酸高温生酸曲线

在该自生酸基础上，配套新型聚合物稠化剂、高性能交联剂，形成自生酸压裂液体系。体系基液均一稳定，黏度为 63mPa·s，交联冻胶完整、强度大、可挑挂（图 6-2-47），生酸浓度与自生酸接近，同时由于逐步释放 H^+ 与交联后黏度增加协同作用，酸岩反应时 H^+ 传质速率减慢，酸岩反应速率仅为同浓度盐酸的 1/20。

对体系进行流变测试，耐温耐剪切性能良好。温度为 130℃与 150℃时，在 $170s^{-1}$ 下剪切 120min，黏度大于 50mPa·s，满足水基压裂液性能指标（图 6-2-48）。使用适量常规过硫酸盐类破胶剂可在测定温度下完全破胶，破胶后无残胶、残渣，破胶液黏度小于 5mPa·s（图 6-2-49）。

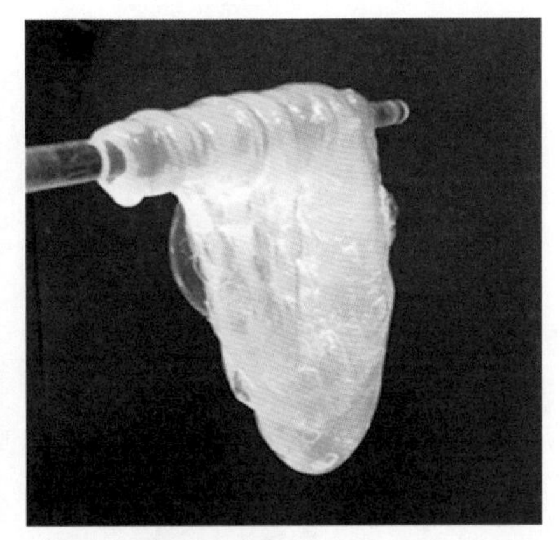

图 6-2-47 交联基液与交联效果图

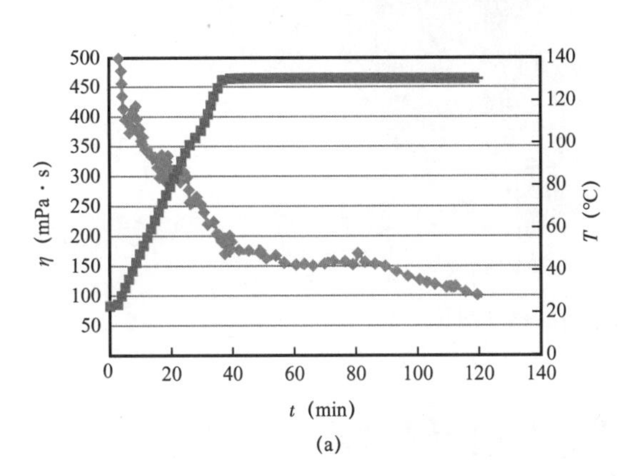

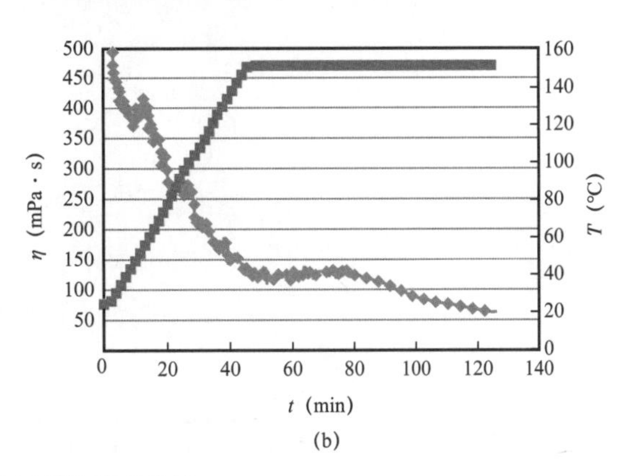

图 6-2-48 生酸压裂液流变曲线

（a）130℃流变曲线；（b）150℃流变曲线

对体系进行腐蚀性能测试，对比组 90℃，未加缓蚀剂，HCl 与 13Cr 钢片反应，腐蚀严重，腐蚀速率 V=1037.28g/（m^2·h）；未加缓蚀剂，150℃，弱酸性交联自生酸压裂液体系与 13Cr 钢片反应，基本无腐蚀，腐蚀速率 V=0.86g/（m^2·h），满足缓蚀剂一级标准，施工中可以少加或不加缓蚀剂（图 6-2-50），减小了成本以及由于缓蚀剂吸附对储层造成的伤害。

该自生酸及酸压液体系对环境友好，生酸温度高，对管柱腐蚀速率小，可以在不加入缓蚀剂的条件下直接使用，减小了缓蚀剂用量与伤害；体系与现场所取胶凝酸配伍性良好，可直接取代现场酸压前置液，施工工艺简单，适用于 120～160℃的储层。

图 6-2-49 交联压裂液破胶液

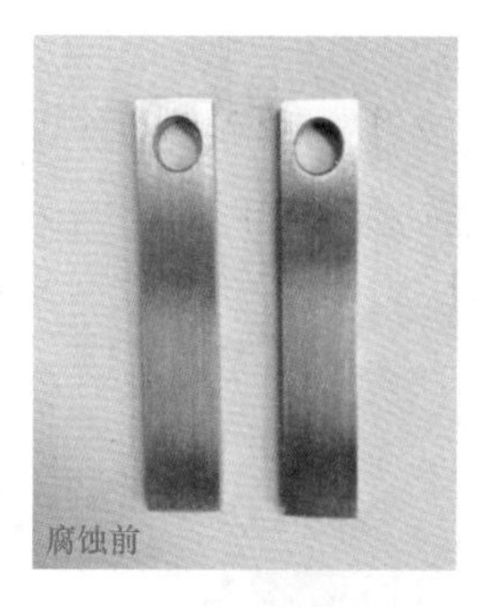

(a) 90℃，13Cr 试片与HCl腐蚀实验

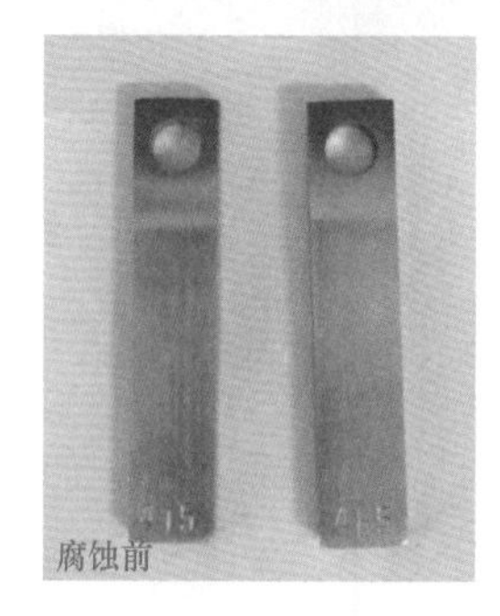

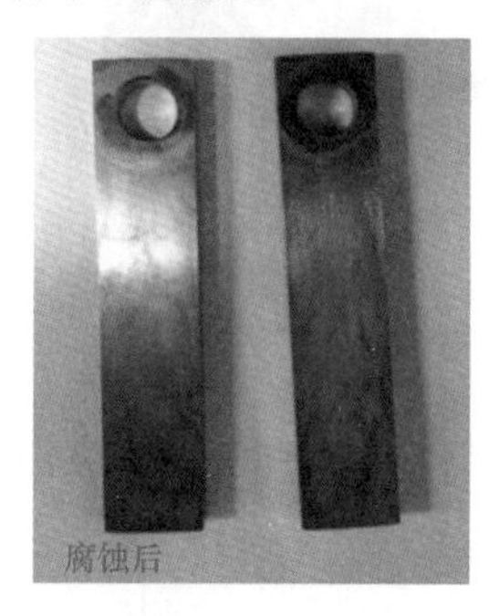

(b) 150℃，13Cr 试片与酸压液腐蚀实验

图 6-2-50 腐蚀试验前后钢片对比

第三节 支撑剂体系特征及指标

一、支撑剂基本职能

压裂开采是油气田稳产增产的重要技术手段，对低渗透及超深油气藏的开发尤为重要。压裂开采利用地面高压泵，通过井筒向油层挤注具有较高黏度的压裂液。当注入压裂液的速度超过油层的吸收能力时，则在井底油层上形成很高的压力，当这种压力超过井底附近油层岩石的破裂压力时，油层将被压开并产生裂缝。继续向油层挤注压裂液，裂缝就会继续向油层内部扩张。为了保持压开的裂缝处于张开状态，接着向油层挤入带有压裂支撑剂（通常为陶粒砂）的携砂液，携砂液进入裂缝之后，一方面可以使裂缝继续向前延伸，另一方面可以支撑已经压开的裂缝，使其不致于闭合[181]。再接着注入顶替液，将井筒的携砂液全部顶替进入裂缝，用陶粒砂将裂缝支撑起来。最后，注入的高黏度压裂液会自动降解排出井筒之外，在油层中留下一条或多条长、宽、高不等的裂缝，使油层与井筒之间建立起一条新的流体通道。压裂之后，油气井的产量一般会大幅度增长。

压裂支撑剂是进行油气压裂开采的核心技术产品，其性能指标（如强度、酸溶解度、圆球度等）直接影响着水力压裂的效果。压裂支撑剂主要有天然石英砂、人造陶粒和覆膜支撑剂三类[182]。

二、支撑剂体系特征

经过数十年的长期实践，基于技术性能和制造成本，压裂支撑剂使用基本定型，天然石英砂支撑剂和人造陶粒支撑剂成为最主要的两大类压裂用支撑剂。人造陶粒支撑剂分类比石英砂支撑剂略微复杂，密度近似石英砂支撑剂的被称为低密度陶粒支撑剂，密度明显高于石英砂支撑剂的被命名为中密度陶粒支撑剂或高密度陶粒支撑剂。

国内中国石油天然石英砂支撑剂和陶粒支撑剂的用量相对稳定，其比例从近十年来的8：2逐步转变成为2：8，总用量由2014年的70万吨逐步增至2021年的380万吨。树脂类支撑剂有少量的应用，比例不超过2%～3%。其他国内油公司的情况趋势相同，数量略低于中国石油。2018年天然石英砂支撑剂用量激增，达到总用量80%左右[183]。

国外北美压裂支撑剂情况与国内近似，2017年发生变化，油公司开始投资开发石英砂矿（这是美国页岩油气藏压裂使用石英砂支撑剂的重要原因之一），页岩油气压裂用天然石英砂支撑剂用量接近100%。北美树脂类支撑剂的使用情况曾经略高于我国，达到所用支撑剂总量的5%～10%（图6-3-1）。

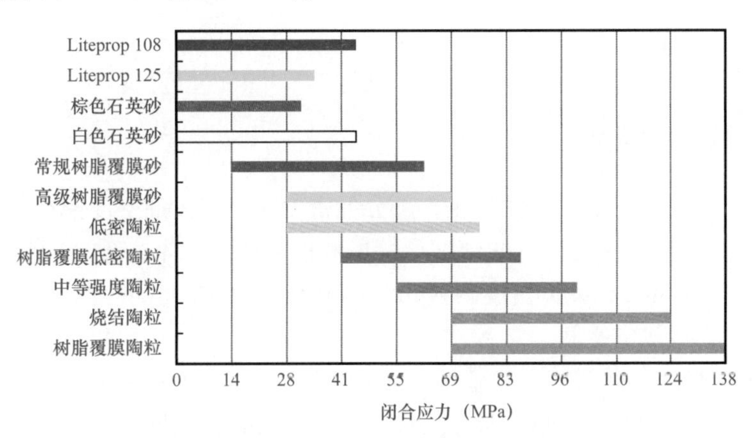

图6-3-1 不同种类20/40目支撑剂不同地层深度的应用

通用支撑剂使用的闭合压力范围为2000～20000psi❶。支撑剂实验室导流能力随闭合压力变化的规律已经成为常规数据，不同的实验室实验数据虽有差异，但趋势性结论大致相同[184]，全世界根据不同地层深度所选用的支撑剂类型也大致相同。

油气资源在1500m以下的浅层使用天然石英砂支撑剂进行压裂作业，随着开发油气资源的深度不断增长，使用混合支撑剂（石英砂和陶粒混合，石英砂和树脂类支撑剂混合），陶粒支撑剂进行压裂作业。这是几十年使用支撑剂的成功经验。

压裂工艺技术的方案设计、单井设计计算机程序化已经在世界范围内广为应用。使用实验室支撑剂铺置层导流能力实验数据作为计算机程序的输入数据，通过计算机程序计预评估裂效果的模式在许多油气田的开发应用中获得成功。支撑剂使用的选择应该综合考虑支撑剂性能、相对渗透率及支撑剂价格三项要素，其核心目标是经济利益最大化[185]（图6-3-2）。

❶ 1psi=6.895kPa。

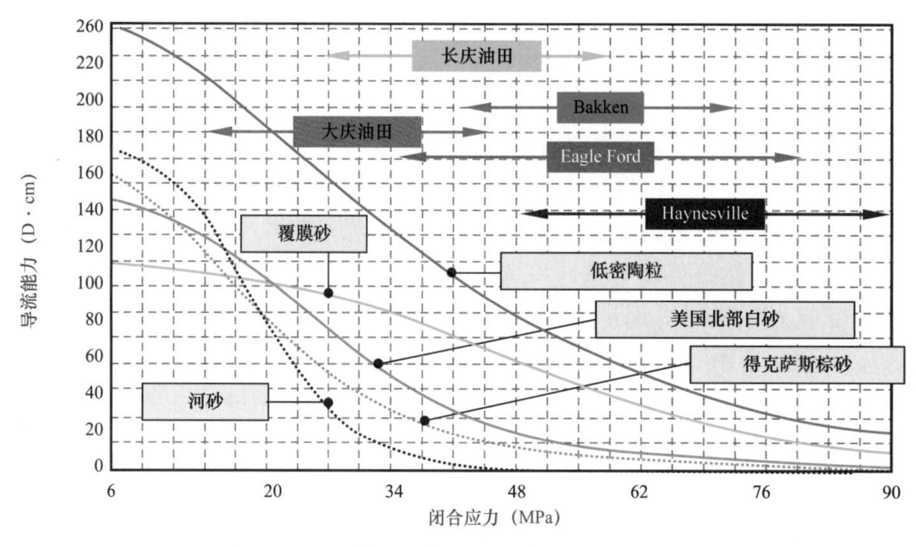

图 6-3-2 不同油田使用不同类型支撑剂的概况

三、陶粒支撑剂体系

1. 低密度陶粒支撑剂

中国低密度支撑剂有了长足的进步，部分低密度陶粒支撑剂密度偏高，视密度达到了 2.90g/cm^3 左右。有些低密度陶粒的密度指标虽和世界先进水平一致，但抗破碎能力略低于国际先进水平（Cabor Lite 低密度陶粒 52MPa 破碎率≤5%）。中国低密度优质陶粒支撑剂的密度指标还有改进的空间。

国外低密度陶粒支撑剂基于非金属陶瓷烧成机理，但原材料成分中铝矾土的成分较少，甚至基本不用。产品烧成后，物理特性近似瓷性材料，刚度加好，但脆性较高，静态测试结果比较理想，使用时应考虑这一特性带来的影响。支撑剂在入井过程中需经受历程较长，速度较高的剪切，这对瓷性材料的支撑剂极为不利，剪切后瓷性材料的破碎率会急剧上升，从而影响其使用效果。

国产低密度陶粒支撑剂的研发应注意区分烧结铝矾土类型和陶瓷类型陶粒支撑剂的区别，原材料以铝矾土为主要成分的陶粒支撑剂能降低的密度十分有限。追求低密度将不得不牺牲一定的强度，为降低非金属材料烧成的密度在烧成工艺上必须有所改进，原矿石可能需要初次煅烧，成球原粉细度将进一步提升，烧成速度需要更精确的控制，这些都会增加支撑剂的制造成本。

为降低泵送液体（添加剂）的费用，就会试图降低支撑剂的密度，但不能否认，从某种意义上讲：降低陶粒支撑剂的密度等于增加更多的费用以降低裂缝的导流能力。

2. 中密度陶粒支撑剂

中密度高强度陶粒支撑剂是中国特色的产品，可称为最典型的“中国智造”。该类型陶粒支撑剂选用制铝业二级、三级，甚至是制铝业的弃料为主要原料，再添加一定的辅助添加剂煅烧而成。

中密度高强度陶粒支撑剂的研制具有非常特殊的意义，在降低体积密度的前提下（体积密度 1.75g/cm^3 左右），提高了抗破碎能力，达到了原有高密度陶粒支撑剂的抗破碎能力。20/40 目中密度高强度陶粒支撑剂的视密度一般在 3.30g/cm^3 以下，其破碎率临界值可达到 69MPa≤5% 左右，极限值可达到 69MPa≤3% 左右。

普通的中国中密度陶粒支撑剂属于典型的经济性陶粒支剂，破碎率 52MPa≤10%，相当于 Cabor Ecnomic，造价低廉，烧成温条件相对宽松，技术指标较为实用，前景比较理想。2018 年，中国大部分陶粒支撑剂产区经济型陶粒支撑剂制造成本低于 1200 元 /t（130 美元 /t），加上物流费用和美国石英砂支撑剂的现场价格相差无几。

根据支撑剂粒径均值与破碎率的关系，30/50 目、40/70 目、70/140 目的小颗粒陶粒支撑剂可以应用到闭合压力达到 69MPa、86MPa，甚至 103MPa 的油气储层压裂。

3. 高密度陶粒支撑剂

HSP（High Strenth Proppant）陶粒支撑剂，体积密度 2.0g/cm^3 左右，视密度 3.5g/cm^3 左右，20/40 目常规的 HSP 陶粒支撑剂在 69MPa、86MPa、103MPa 的闭合压力下，破碎率都低于 10%。中国指标：69MPa、86MPa、103MPa；破碎率 3%、6%、10%。

HSP 陶粒支撑剂用材要求很高，必须使用制铝业用材的一级料，铝矾土含铝量需达到 80% 左右，这无疑会大大提高该种类支撑剂的制造成本，制粉、成球、煅烧方面的要求也远高于其他陶粒支撑剂。

目前，HSP 陶粒支撑剂的用量极为有限，除少数科探井压裂使用之外，由于该产品的价格昂贵，很难得以广泛使用。

为追求陶粒支撑剂的强度，不得已提高其密度是没有办法的办法，视密度 3.5g/cm^3 是目前非金属材料煅烧制品的极限，在这一领域是难以逾越的极限。

四、石英砂支撑剂体系特征

我国天然石英砂支撑剂资源丰厚，沿内蒙古自治区由西北向东南随风运移而成，主要分布自兰州安宁至宁夏青铜峡、河北围场、内蒙古赤峰、通辽等地，原砂粒径均值随成因呈规律性变化，移动距离越长，粒径均值越小。原砂粒径包含 850/425μm、600/300μm、425/250μm、425/212μm 和 212/106μm，850μm 以上的石英砂较为少见。除兰州砂含铁呈黄色外，其他地区的石英砂含少量长石类杂志呈灰白色，赤峰地区少量石英砂纯度较高，呈白色，指标近似美国白砂。

全世界的石英砂支撑剂制砂工艺无太大区别，一般采用水洗、擦洗、重力分级、烘干、筛分、包装等工艺流程。正是由于石英砂制造工艺简单，所以也是制造成本最低的压裂支撑剂。有制造商曾试图采用石英矿石破碎的方法制造石英砂支撑剂[186]。

2015—2020 年对我国各类天然石英砂支撑剂共 70 个随机抽样的样品进行了性能评价实验。浊度合格率 91.3%，酸溶解度合格率 94.6%，圆球度合格率 100%。由于各地区天然石英砂支撑剂的天然成因，且制造商大都通过了 ISO9000 质量体系认证，并经过多年的网络管理促进提高，其产品的物理性能在粒径筛析、密度、圆球度、酸溶解度、浊度、砂石英含量等方面基本相同，其中筛析、圆球度、酸溶解度、浊度等限制性指标也基本能达到行业标准及 ISO 标准的要求。

我国石英砂支撑剂的破碎率指标除大颗粒支撑剂（850/425μm，20/40 目）之外，部分小粒径规格也能通过 4～5K（28～35MPa）的破碎率测试。有些支撑剂受粒径分布和杂质含量的影响，部分地区的产权品难以通过 4K（28MPa），但如果按照行业标准中保留的 ISO 支撑剂压力分级表，将 4K（28MPa）的支撑剂破碎率级别向下取整到 3K（21MPa），我国各产地的石英砂支撑剂就可以全面覆盖中国石油天然气行业的需求。

石英砂支撑剂的天然成因决定了其物理性质，SiO_2 的抗压极限很难超过 35MPa，虽然使用现行标准规定的测试方法对小颗粒石英砂支撑剂进行的破碎率测试能得到满意的结果，但在 35MPa 以上的闭合应力条件下使用，很难得到满意的使用效果。

被称为美国白砂的 Jordan 砂，指标一流，作为压裂支撑剂使用较为少见。美国白砂的石英含量达到 99%，杂质极少，是高端玻璃制造用材，开采美国白砂受到严格的政策限制。美国大规模使用的天然石英砂支撑剂是得克萨斯州的棕砂（Brown 砂），棕砂与中国使用的石英砂支撑剂水平相当[187]。

图 6-3-3 为 35MPa 下中国石英砂产地与美国棕砂对比，整体看 40/70 目、70/140 目，破碎率均高于美国棕砂，需要在石英含量、结构与制砂工艺等方面开展研究。

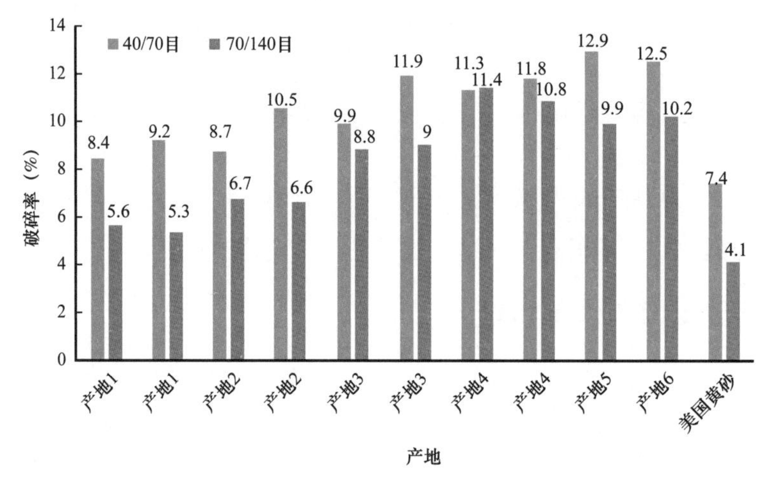

图 6-3-3　在 35MPa 下中国石英砂破碎率

中国目前已投入开发的压裂用石英砂主要分布于宁夏青铜峡、河北围场、内蒙古赤峰和通辽等地区，同属北方风成砂，而中国石油非常规油气资源主要集中于南方四川、西北新疆和长庆等地区，石英砂生产成本约为 260 元 /t，而北方石英砂运输到四川、新疆等地的运输成本为 450～700 元 /t，如能实现砂源本地化，将极大降低支撑剂成本。

借鉴北美地区油气公司砂源本地化策略，针对中国非常规油气重点开发的准噶尔、鄂尔多斯和四川三大盆地，中国石油组织相关单位在四川、陕西、内蒙古、新疆等地开展 51 个不同地区砂源地考察、取样、测试分析、出品率评价等工作，为石英砂本地化打下了坚实的物质基础。其中四川地区砂源主要以石英砂矿矿砂为主，石英含量高，其中江油、青川地区 70/140 目粉砂与现场在用石英砂破碎率和导流能力相当，基本满足页岩气浅层压裂需求。本地化石英砂厂的建设可大幅降低成本，大幅度缓解支撑剂供应短缺问题，有利于西南油气田页岩气的大规模开发。

五、覆膜类支撑剂体系特征

石英砂是一种常见的支撑剂，但未经处理的石英砂容易产生大量的细颗粒，细粉的产生通常以破碎率评价进行测量。石英砂主要应用于浅层低闭合压力井的压裂作业，陶粒主要应用于中深井压裂工艺，陶粒虽然解决了石英砂强度低的问题，但由于其密度大、成本高、施工风险高等因素，难以满足日益增长的压裂工艺技术的要求。覆膜类支撑剂是一种改性的树脂形成一层不可熔化的惰性薄膜将石英砂或陶粒包裹（涂覆）起来的一种支撑剂。树脂覆膜支撑剂综合了石英砂和陶粒的优点，施工方便，主要用于防止地层出砂和支撑剂返吐。

树脂覆膜支撑剂主要有两种：预固化树脂覆膜支撑剂和可固化树脂覆膜支撑剂。预固化树脂覆膜支撑剂是指在加热的基体（如陶粒、石英砂、坚果壳、玻璃球等）上覆膜一层或多层热固性树脂（如酚醛树脂、环氧树脂、呋喃树脂、聚氨酯等），并同时固化形成三维网状结构的增强支撑剂。具有表面光滑、酸溶解度降低、圆球度得到改善、密度下降、破碎率大幅降低等优点。可固化树脂覆膜支撑剂是指在基体（如石英砂、陶粒、玻璃球和坚果壳等）上冷覆膜或热覆膜一层固体热固性树脂，并将其注入地层裂缝中，在地层应力、温度和活化剂的作用下，骨料上的树脂软化，相互粘接和固化，形成一个过滤网；或者是将液体热固性树脂直接注入地层裂缝中的支撑剂上，树脂固化将支撑剂粘接成一个过滤网。该过滤网可防止地层出砂、支撑剂返吐和减少支撑剂嵌入地层。按覆膜的树脂种类主要分两大类：一类是酚醛树脂覆膜支撑剂，另一类是环氧树脂覆膜支撑剂。

覆膜石英砂较石英砂具有表面光滑、酸溶解度降低、圆球度得到改善、密度下降、破碎率大幅降低等优点。树脂覆膜支撑剂包层厚度约为 0.025mm，占总重量的 5% 以下，颗粒密度小于为 2.55g/cm^3，体积密度小于 1.55g/cm^3，浊度小于 20FTU，酸溶解度小于 2%。典型的不同支撑剂性能见表 6–3–1。

表 6–3–1 20/40 目不同支撑剂性能评价

样品	体积密度（g/cm^3）	视密度（g/cm^3）	圆度	球度	浊度（FTU）	酸溶解度（%）	破碎率（%）		
							28MPa	69MPa	86MPa
石英砂	1.53	2.59	0.78	0.8	68	3.8	5.1	—	—
陶粒	1.67	3.04	0.88	0.89	99	8	—	8.2	—
覆膜石英砂	1.52	2.47	0.79	0.84	2	0.6	—	—	5.3

树脂覆膜石英砂的优点和用途：（1）树脂覆膜石英砂后，其表面比石英砂光滑，表面光滑有利于降低油气与支撑剂表面的摩擦阻力，油气可顺利地通过支撑剂充填层。（2）树

脂覆膜石英砂的抗破碎能力比石英砂高，在高闭合压力下不易破碎，产生的碎屑少；同时，树脂覆膜石英砂包封了大多数在高闭合压力下破碎了的砂粒，砂粒即使被压碎，所产生的碎屑、细粉包裹在树脂壳内，不会产生碎屑和细粉的运移，有利于支撑剂的导流能力。(3)石英砂覆膜树脂后，视密度下降6%左右，密度小时有利于泵将支撑剂送到更深的裂缝处，铺置浓度提高，有利于裂缝的导流能力增加。(4)可固化树脂覆膜支撑剂能有效防止支撑剂返吐和地层出砂，避免了带到地面的支撑剂和地层砂都能侵蚀油嘴、阀门和其他设备，防止因出砂造成的支撑剂的导流能力下降。2014年至2020年中国石油覆膜类支撑剂年用量基本在3万吨左右。

第四节　压裂材料发展展望

一、压裂液发展方向

未来液体技术的发展趋势仍是向低伤害、低成本、可重复应用、高效环保的方向发展，实现提高单井产量、降低施工成本和环境友好的目标。一是可以从降低开采过程中对油层的伤害，保护储层，稳定产能出发，研制出油田工作液用的新型的表面活性剂。在现有的新型清洁压裂液基础之上，重点研发出抗高温性能的技术。二是降低作业成本，根据国内的藏油特点研制开发出一套适合国内需求的新型的压裂液体系。三是加强压裂液研发与油藏和工艺的结合，为当前国内开展的端部脱砂压裂技术提供可靠的压裂液。根据以上压裂液的发展趋势，提出以下建议。

1. 新型清洁压裂液

根据储层改造对压裂液研究和应用的情况以及压裂技术的发展实际，考虑到现有清洁压裂液存在的缺陷，从油藏可持续开采的角度考虑，在我国继续开展新型清洁压裂液的研究迫在眉睫。在国外研究的基础上，国内重点研制开发油田工作液用新型表面活性剂、适合国内油藏特点的清洁压裂液体系，进行清洁压裂液抗高温性能以及应用工艺技术的研究。低基质伤害和低残渣伤害一直是低渗透油气藏压裂液发展的主要方向，下一步研究仍在瓜尔胶改性和降低稠化剂使用浓度两方面进行。同时由于瓜尔胶价格问题，应寻求一种可替代品，从成本和性能上取代瓜尔胶。

2. 低成本压裂液体系

低成本的压裂液体系一直是新型的压裂液体系研发方向的追求，研发压裂液体系具有配方简单、配制速度快、长期放置稳定性好、成本低、耐温耐剪切性能好、交联后黏度适中、破胶后基本无残渣、破胶液防膨性能好、表面张力低等优点。

目前国内使用最普遍的压裂液是水基压裂液，它的使用量约占总量的70%，但是水基压裂液也有一定的缺陷，水基压裂液不能够完全的破胶，而破胶后残渣留在了缝隙中，从而使支撑剂充填层的渗透率严重降低，最终导致影响产层，大大降低了压裂液的使用效果和功效。所以应继续加强如何提高水基压裂液的破胶性的研究。

3. 新型压裂液添加剂

在压裂液添加剂方面，未来主要在以下几个方面加大研发力度。

（1）天然半乳甘露聚糖类稠化剂。

① 将其他类型的稠化剂或者化学物质与植物胶复配制成压裂液稠化剂；

② 研发其他的植物胶以代替供不应求的瓜尔胶或其他植物胶，例如多侧基植物胶苦苈胶；

③ 研发更多的性能优良的新型多侧基植物胶，降低植物胶的使用浓度。

（2）合成聚合物稠化剂。

① 在稠化剂中引入性能更好的疏水单体，使得由它形成的压裂液能在分子间产生具有一定强度但又可逆的物理缔合，形成三维网状结构；

② 制备性能优良的嵌段共聚物压裂液增稠剂；

③ 制备两性聚合物大分子。

（3）纤维素类稠化剂。

① 开发性能优良的纤维素或纤维素衍生物，以形成超低浓度稠化剂压裂液，例如改性的 CMHPC；

② 对纤维素压裂液携砂机理进行进一步的理论研究和实验验证。

4. 压裂废液处理及利用

对于压裂废液的处理，我国目前还没有特别有效的处理方法，各油田几乎都采取在油田边远地区挖池堆土的方法进行集中存放。而国外在压裂废液的处理技术上，重复利用率已达到 100%，我国油井压裂过程中废弃压裂液的处理，日益受到国家和各大油田的重视。今后应加大压裂废液处理工艺研究力度，为油田降本增效以及环保做出贡献。

5. 变黏滑溜水压裂液体系

变黏减阻剂（High Viscosity Friction Reducers，简称 HVFRs）是近年来发展的非常规油气井压裂液新技术，该体系兼具良好的降阻性能与携砂性能，可以实现低黏降阻体系与高黏携砂体系实时切换，大大提高了施工效率。在北美非常规油气田水平井压裂中，HVFRs 取得了良好的应用效果和经济效益，北美重要的七个油田（或盆地）26 口井施工情况统计显示，HVFRs 使用后化学用剂成本下降 30%～80%，耗水量减少 30%，产量增幅达 30%～80%。该技术在国内尚处于起步阶段，仍需进一步攻关。

二、酸液发展方向

过去酸液体系发展过程都是追求最大限度延迟与岩石反应速度，使活性酸作用距离更远，使酸蚀裂缝最大化，获得与压裂技术相同的高导流能力裂缝。随着储层改造工艺技术及液体技术的进步，加大了对低渗透储层、高温高压储层、深层等复杂油气藏的动用程度，对复杂储层面临的难题，如低渗透储层的高温深井改造、酸岩反应速度过快、酸液有效作用距离短等问题还需要进一步加大研究力度。未来酸液研究的指导思想仍然是高耐温、低滤失、低摩阻、低酸岩反应速度、高造缝效率、容易返排的酸液体系，这是实现酸液体系深穿透、提高酸蚀裂缝导流能力、延长压后有效期、提高单井产能的有效方法；另外由于环保压力大、油价持续低迷，低成本环保型的酸液体系的研究也是势在必行。因此在酸液发展方面提出以下建议。

1. 低伤害、环保型的酸液体系

在目前低油价与环保双重压力下，研发低伤害、环保型的酸液体系是未来酸液发展的一个主要方向，也是酸液研究需持续关注的重点。氨基多羧酸类含有 N 原子和 O 原子的有机化合物，它们几乎可以和所有金属离子形成稳定的配合物，避免形成碳酸盐沉淀，降低不溶性氟硅酸盐和氟化钙沉淀，并有助于去除支撑剂中的细小黏土，因此可用于研究螯合酸体系。该酸液体系易生物降解，具有健康、安全和环保优势，同时还能够降低温度对酸岩反应速度的影响，在高温下获得良好的酸化效果。

2. 高温稠化酸体系

随着勘探开发向深层超深层进军，在四川盆地和渤海湾盆地发现了温度超过 180℃、最高达到近 200℃的超高温碳酸盐岩储层。为满足高温储层酸化酸压改造需求，需研发 180℃以上的高温稠化酸体系，同时配套研发高温缓蚀剂。

稠化酸体系中重要的添加剂主要是耐高温稠化剂和高温缓蚀剂。现有的稠化剂在耐温方面还存在不足，两性离子缔合聚合物分子链上含有两性基团和活性侧基，可实现分子间缔合，在不要求高分子量的同时大大提高酸液的表观黏度，同时筛选某种表面活性剂，通过协同作用可大大提高稠化酸的耐温性能，因此是一种研究稠化剂耐高温的发展方向。为了保护施工管道，缓蚀剂是酸液体系中必不可少的添加剂之一，由于高温深井的大力开发，耐高温缓蚀剂的研究必不可少。

3. 残酸回收处理与再利用

环保压力下，酸化酸压返排液不能落地，研究经济高效的残酸回收处理技术意义重大，同时应研究返排液的再利用，以降低作业成本。酸液体系不同于压裂液体系，通常酸液与储层发生复杂的化学反应，因此在回收利用上存在更大的困难。在研究回收再利用方面可以考虑从配方简单的稠化酸开始，首先形成可在线连续混配的稠化酸体系，然后逐步形成可回收再利用的稠化酸体系，最终达到降低成本、提高安全性及环保性的酸液体系。

三、支撑剂发展方向

1. 超低密高强度环保陶粒

理想的支撑剂应能承受较大的应力、耐腐蚀、低密度和价格低廉，并具有尽可能高的

导流能力。常规陶粒支撑剂（体积密度1.55～1.85g/cm^3）制备对高品位铝矾土的依赖性高，资源浪费现象严重。利用工业废料（如陶瓷辊棒废料、支撑剂废料、耐火材料废料、废瓷粉、粉煤灰、赤泥、油页岩渣、煤矸石等）或焦宝石矿（图6-4-1），部分或全部代替高品位的铝矾土，同时提升生产制造工艺，生产符合标准的低成本超低密度陶粒，解决了支撑剂密度与抗压强度、应用效果和使用成本之间的矛盾，同时生产制造成本低廉。超低密度陶粒是未来陶粒支撑剂最重要的方向[188-189]。低密度代表压裂液携砂运移距离更远且铺置更均匀，支撑剂可进入非常规油气复杂裂缝的支缝和二级支缝。低密度特性代表可选用低黏度的新型低成本压裂液体系，降低压裂成本。

2. 功能型支撑剂

水力压裂中准确获得水力裂缝空间展布和有效裂缝开启位置对优化压裂设计至关重要。裂缝监测技术是获得水力裂缝扩展规律的重要手段。随着材料合成、改性技术和探测技术的发展，新型功能型压裂支撑剂的研发，如示踪支撑剂（图6-4-2），过去未受关注的特种功能压裂支撑剂正受到越来越多的关注。示踪支撑剂在通常使用的常规压裂支撑剂中掺入可探测的成分（如化学物质、放射性同位素和高中子俘获截面元素等），利用ICP、XRF、PIXE和能谱仪等设备监测这些成分，可获取注入支撑剂的位置、裂缝形态、返排等信息，对水力压裂参数设定和压裂效果评价具有重要意义。

图6-4-1　40/70目粉煤灰陶粒（视密度1.40g/cm^3）

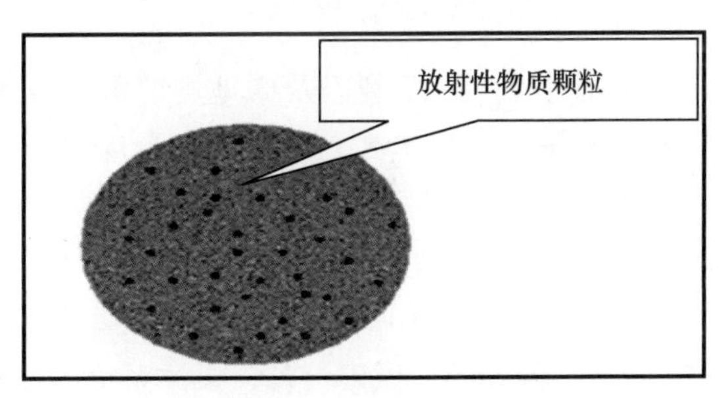

图6-4-2　零污染示踪支撑剂

3. 自悬浮支撑剂

高黏压裂液可造缝宽度大，但会造成油藏区域的破坏，滑溜水压裂使用低黏流体，可深度造缝，对地层伤害小，但携砂能力差，有效支撑裂缝长度短。自悬浮型支撑剂的出现，可有效增黏和携砂[190]。自悬浮支撑剂表面是薄层吸水性高分子，如聚丙烯酸和聚丙烯酰胺。遇水可快速吸水膨胀，达到悬浮和缓冲的效果。自悬浮支撑剂在水基压裂液中的悬浮性和分散性好，且表面光滑，减阻效果好，包覆层可起到保护作用，减少破碎率，应用潜力较大。

第七章　储层改造工厂化作业模式

工厂化作业管理模式的概念起源于北美非常规资源储层改造，其主要思想是通过系统工程的协调、组织管理的改善、管理水平的提高，集中配置人力、物力、财力，优化压裂井场布置，协调压裂车组、改善操作流程，纵向上对钻井、射孔、压裂、完井和生产进行流程化管理，横向上对多井型、多井组进行集约化模块化运行，通过将施工工序流程化、地面装备模块化、作业现场标准化，科学合理地组织压裂、试油等施工和生产作业。本章将从工厂化作业模式、工厂化核心理念多角度进行综合分析，然后列举北美和国内实例及其提质增效方面的应用效果。

第一节　工厂化作业概况

一、工厂化作业背景

水平井钻井、压裂以及微地震监测等技术的进步推动了页岩油气的发展，但页岩油气勘探开发投入成本高，产能低，为规模开发带来了诸多挑战，除了通过单项技术的发展进步，也必须利用系统工程的理论，改善管理水平，降低运行成本，“工厂化”应运而生[191]。2005 年哈里伯顿公司率先提出“压裂工厂（FRAC FACTORY）”的概念，即系统考虑，统筹规划，集中配置人力、物力、投资、组织等要素，全盘优化井场布置、井口装置、供水 / 液系统、供砂设备、泵注系统等环节。

二、工厂化作业核心理念

1. 工厂化基本模式

工厂化压裂通过优化生产组织模式，在一个井场不移动设备、人员和材料情况下就可以对相隔数百米至数千米的多个井进行压裂，连续不断地向地层泵注压裂液和支撑剂，从而减少设备动迁和安装，大幅提高压裂设备的利用率，减小作业间隙，提高作业时效，达到降低作业成本的目的。后来，这一概念逐渐扩展为“工厂化钻完井”，即在一个井场完成多口井的钻井、射孔、压裂、完井和生产等作业流程。通过这种模式，可以大大缩减完井周期，降低完井成本。美国致密砂岩气、页岩气开发，英国北海油田、墨西哥湾和巴西深海油田，都采用“工厂化”作业的方式。

“工厂化”作业为非常规油气实现有效开发提供了高效运行模式。根据国外开发经验，一般现场实施有 2 种方式：一种是 2 套压裂车组同时压裂，称为同步压裂（Synchronous Fracturing）；另一种拉链式压裂是先对一口井的一段进行压裂，然后再压裂另一口井的一段，同时准备下一段，两口井的压裂段就像拉链两侧的齿，故名为拉链式压裂，是 2 口井、1 套压裂车组，配合射孔、下桥塞等作业，交互施工、逐段压裂，称为交叉压裂（ZipperFracturing，又称拉链式压裂）[192]。为了监测压裂裂缝扩展形态，一般选择第 3 口井作为微地震监测井。这 2 种方法的显著优点是可以促使水力裂缝在扩展过程中相互作用，产生更复杂的缝网，增加改造体积，可大幅度提高初始产量和最终采收率，同时减少作业时间和设备动迁次数，降低施工成本。一般平均产量比单独压裂可类比井提高 21%～55%，成本降低 50%以上。2006 年，同步压裂首先在美国 Ft.Worth 盆地的 Barnett 页岩中实施，旨在通过两口井或多口井同时压裂，增强邻井间的裂缝干扰，改变近井应力场，从而增大裂缝复杂程度。这种压裂方式在过去几年内已经飞速成为很多公司的选择。2012 年以前，哈里伯顿只有不到 25% 的井采用拉链式压裂，但现在这个比例已经超过了 85%。各公司之所以采用这种方法，更多看中完井效率，而不是潜在的产量效益。使用拉链式压裂不应用于单井完井。单井逐段压裂时，一旦单段压裂施工完成，电缆进行下一级送桥塞和射孔作业在井筒中花 2～3h，因此持续段间要花 5h，这样的时效为一天能压 3～4 段，而通过拉链式压裂，一天能压 6～8 段（图 7-1-1）。

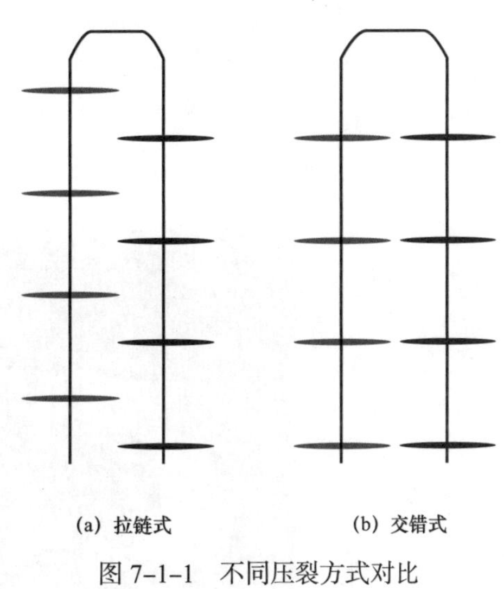

图 7-1-1 不同压裂方式对比

“工厂化”作业不同于普通的压裂作业，其对地面设备的要求较高，既要满足“大液量”“大排量”“不间断”连续施工要求，又要满足环保要求。主要的地面流程如图 7-1-2 所示。

2.“工厂化”关键系统

“工厂化”压裂的施工时间长（2～4h 连续施工、全天候运转）、施工压力高、作业次数频繁（一天 4～6 段），对地面设备的要求很高。“工厂化”压裂的成功实施，需要包括 6 大关键系统的紧密配合。

（1）连续泵注系统。需要准备具有高输出能力、性能优良的混砂车及压裂泵车车组，同时配备大量易损耗件；采用高抗压级别的高压管汇及压裂井口，以应对在长期高压下的连续施工；选用远程控制的液控闸门，安全方便。

北美地区压裂所用的泵车以 2250 型设备为主，相当于国内的 2000 型（图 7-1-3）。由于施工要求高，配备大量易损耗配件。

（2）连续供砂系统。根据施工规模和施工次数要求，须准备单次供砂能力强的巨型固定砂罐；根据施工极限砂比和施工排量估算、选择合适的连续输砂装置。

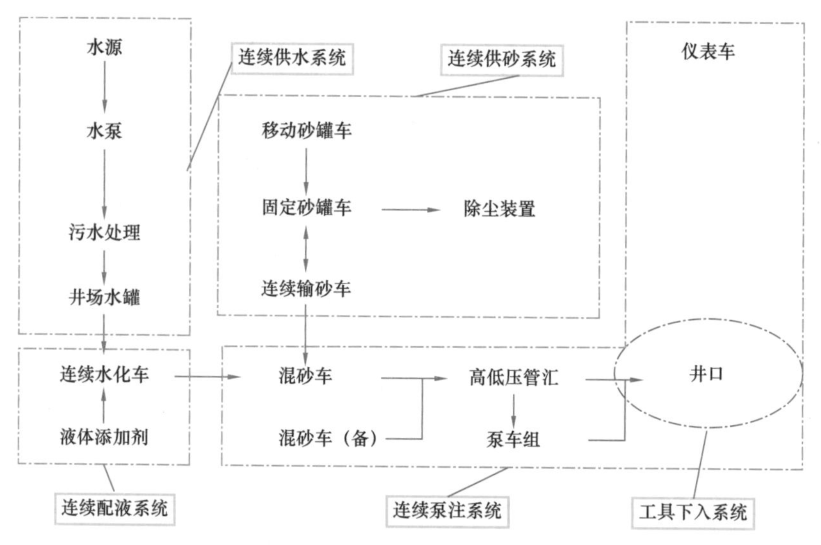

图 7-1-2　工厂化压裂施工流程图

图 7-1-3　压裂泵车

北美地区使用的混砂车输出排量有 $16m^3$/min（100BPM）和 $20m^3$/min（130BPM），输砂能力分别为 7200kg/min 和 9560kg/min。建议在条件允许情况，尽量选用混砂车的输出排量 $20m^3$/min（130BPM），保障大排量作业需求（图 7-1-4）。

图 7-1-4　混砂车

（3）连续配液系统。需要可连续配液，适用于大型压裂的连续混配车，混配能力16～20m³/min。现场用液体性能必须具备溶胀时间短、降阻率高、可回收利用的特点，以满足连续混配、高排量施工、低成本和环保的要求（图 7-1-5）。

图 7-1-5　连续混配橇

（4）连续供水系统。利用周围河流或湖泊的水直接送到井场的水罐中或者在井场附近打水井做水源，挖大水池来蓄水。对于多个丛式井组优先考虑使用蓄水池，压裂后返排水直接排入水池，经过处理后重复利用。因压裂返排液量大，须妥善处理，达到再利用的标准，降低环保压力，因此现场必须具备相应的污水处理系统（图 7-1-6）。

图 7-1-6　蓄水池

（5）工具下入系统。主要实现射孔、下桥塞，包括以下三个主要部分：射孔及工具车、吊车及井口密封设备、泵车（专门泵送桥塞）（图 7-1-7）。

(a) 射孔工具车

(b) 吊车及井口密封设备

(c) 泵车系统

图 7-1-7　工具下入系统

（6）后勤保障系统。主要是各种油料供应、设备维护、人员食宿、工业及生活垃圾回收等。主要包括以下三个部分：废旧机油及润滑油回收车、应急照明灯、野营房及卫星传输系统（图 7–1–8）。

(a) 润滑油回收车

(b) 应急照明灯

(c) 野营房及卫星传输设备

图 7–1–8　后勤保障系统

第二节　工厂化作业实例与效果

一、北美应用情况

北美由于页岩气的大规模开发，井工厂得到了较多地应用，井工厂的开发模式及应用相对成熟。

目前美国已掌握了从气藏分析、数据收集和地层评价、钻井、压裂、完井和生产的系统集成技术，通过页岩气“水平井钻井 + 多段压裂”技术的大规模应用、“井工厂”理念的开发部署，直接推动了页岩气的商业开发。在美国页岩气开发的各个环节，由不同的专业公司介入作业。美国油气专业服务公司门类齐全，具有强大的技术优势，自主研发仪器装备，专业化程度高。页岩气水平井钻井、完井、固井和分段压裂等工程，以及测井、实验测试等作业，一般都委托专业技术服务公司。某专业公司在完成本环节相应服务后即可退出，后续工作由下一环节的技术服务公司接替，从而使不同作业公司形成相互衔接、配套服务的局面。如地震公司在完成地震勘探后，由钻井公司接替进行专业化的钻井作业，之后交由压裂公司进行增产改造。这种专业化井工厂式的作业方式，提高了效率，增加了效益。

目前在 BakkenEagle Ford 和 Marcellus 页岩气开采中，井工厂模式已得到非常广泛地使用。在 Encana’s Piceance 的页岩气工厂，目前已在 4.2acre❶ 的单一井场钻出了 52 口井。井工厂开发模式，降低生产成本，减少循环时间，优化了气井的生产。在 Piceance 的气井工厂，目前的设计已成功地减少卡车行程超过 50000 辆次 /a，减少钻机在井场到井场之间的搬迁，回收利用了 90% 以上的产出水。降低了钻井和完井时间，优化压裂效率，通过气举优化气井生产[193]。2005 年至 2009 年，在 Piceance 气体工厂，钻井周期从 26 天降低

❶ 1acre=100m^2。

到 8 天，前期产量（30 天 IP）从 1250 增加到 1850Mcft/d。

“工厂化”作业模式能够有效提高效率、降低成本。因地理环境、地质条件及不同时期钻完井技术水平等条件差异，“工厂化”压裂作业有多种形式。一种是以美国 Piceance 盆地和 Green River 盆地为代表的页岩气与致密砂岩气“工厂化”作业，也称“压裂基地”模式。该模式既可对位于同一平台的水平井丛进行集中压裂，也可建立独立的压裂平台，利用长距离地面高压管线对一定距离范围内的平台井或单井进行“远程”压裂施工。由于避免了多次拆装和搬迁设备、材料等，同时实现了产出液集中处理与回收利用，极大地提高了效率，降低了成本。Green River 盆地利用中心压裂平台对其周围单井或多井平台的 40 口井完成了 400 段压裂，地面高压压裂管线最大长度达 2000m 以上[194]。另一种是加拿大 Horn River 页岩气开发所采用的“工厂化”作业模式。Horn River 页岩气每个钻井平台约有 8～16 口井，平均每井压裂 20～25 段，每个平台潜在压裂段数在 300 段以上，每段压裂平均耗时 5～6h，由于压裂设备不需要重新拆卸、组装和移动，节省了大量时间，可完成全天候施工，每天可压裂 3 段，一般需要 20 部 2250 型泵车，排量达到 14～16m^3/min，压力 45～69MPa。

二、国内应用情况

中国新增探明油气储量中，低渗透、致密油气资源占了很大比例，如何实现这类低品位油气资源的有效动用，如何应对低油价的挑战，是石油行业上游业务亟需解决的重大问题。中国石油为了应对低油价的严峻挑战和经济发展新常态，认真落实开源节流降本增效措施，以提高投资回报和降低成本为重点，深化对标管理和精细化管理，推进压裂技术进步、推进大井丛工厂化作业作为重要的举措，努力在提高单井产量、降低工程成本上下功夫，从而提升上游业务的质量和效益[195]。“十三五”以来，在川渝页岩气、新疆玛湖—吉木萨尔、长庆陇东等重点作业区域投入钻井队伍 260 余支、压裂机组 70 余套、人员 2 万余人，推广大平台工厂化作业模式，创一大批新的指标和记录，施工效率持续提升，有力支撑了非常规油气效益开发。

1. 四川盆地川渝页岩气

立足四川盆地地形地貌及人居环境与北美的明显差异，创新形成了适应于盆地复杂山地条件的工厂化作业技术，实现了钻井、压裂、排采多工种交叉作业、各工序无缝衔接、资源共享，有效解决了复杂山地地形条件下场地受限、大规模、多工序、多单位同时作业效率较低的难题，作业效率显著提升，成本大幅下降。

1）钻井工厂化作业技术

四川盆地与北美页岩气压裂作业环境有很大不同，不能简单照搬北美工厂化作业模式，山地丘陵地形限制了钻机、橇装设备、单边压裂车摆放和 24h 连续作业的应用。通过优化工序、安装钻机滑轨，实现“双钻机作业、批量化钻进、标准化运作”的工厂化钻井模式，钻前工程周期节约 30%，设备安装时间减少 70%。研制了滑轨式和步进式钻机平移装置，制定了平移评估流程和平移方案，钻机平移时间大幅降低。

2）压裂工厂化作业技术

受四川山地环境、井场大小、供水能力、作业噪音等因素的影响，形成“整体化部署、分布式压裂、拉链式作业”的工厂化压裂模式，压裂效率提高50%以上。采用平台储水、集中管网供水，实现区域水资源的统一调配以及返排液就近重复利用。

3）井区工厂化作业技术

采用“工厂化布置、批量化实施、流水线作业”井区工厂化作业模式，减少了资源占用，降低了设备材料消耗，精简了人员及设备，提升了效率，降低了费用。井位平台、设备材料、水电讯路工厂化布置，为资源共享、重复利用奠定基础。同一区块、同一平台多口井人员、设备共享，钻井液、工具重复利用，达到批量化实施的目的。同一区块、同一平台多口井钻井压裂各工序间有序衔接，流水线作业，简化了流程，优化了资源，提高了效率，降低了成本。在威204H9平台开展了同平台钻井压裂同场作业现场试验，为该模式进一步改进完善积累了经验。

从2014年开始正在实施的西南页岩气开发示范工程以来，以每个平台6口水平井为标准设计，采用双钻机工厂化作业以及拉链式工厂化压裂，有效控制了工程成本。2014～2015年部署平台40个，井数214口，2015年页岩气产量达到$14\times10^8m^3$，2021年页岩气产量达$116\times10^8m^3$。钻井上，创新双钻机“三同步”作业模式，即同步进场、同步安装、同步开钻，中完后钻机平移并统一倒换油基泥浆，缩短平台钻机占用时间；形成“一套班子、一支队伍”，实现了“三统一”，即统一组织协调、统一管理、统一技术规范，节约了人工和材料费用。技术上，通过井身结构优化、油基钻井液、过钻杆测井等技术集成应用，长宁区块平均单井钻井周期由95天降至65天，降幅达32%；威202井区由92天降至55天，降幅达40%；威204井区由110天降至80天，降幅达27%；昭通区块由100天降至70天，降幅达30%。页岩气压裂施工规模大、连续作业时间长，从前期评价井到开发示范规模建产，水平井压裂技术上不断完善并形成了地质—工程一体化研究与优化设计、井筒清洗、低黏滑溜水、可溶球大通径桥塞等技术，施工组织能力得到了很大提高，3口井交叉拉链式压裂每天平均可完成3.15段，压裂效率得到了很大提高。2014—2021年采用工厂化作业方式共完成大型压裂106口井、2000段，压裂工艺不断得到优化，强化了压裂参数和压裂规模，完善提高了压裂液技术水平，提高了现场实施水平，单井产量实现了翻番，突破了各区块产量关。西南油气田在长宁H3井组率先完成国内页岩气水平井组工厂化压裂作业，且三口井全部采用自主工艺、工具和液体，作业过程中完成了压裂、电缆下桥塞及射孔、排液、返排液回收利用等多作业工序的交叉施工。

以长宁H3井组为例，其位于长宁背斜构造中奥陶顶构造南翼，是“四川长宁—威远国家级页岩气示范区”的首批页岩气水平井组之一，其目的是评价核心建产区水平井产能，探索国内工厂化压裂作业模式。根据西南油气田在页岩气领域的研究成果，采用复合桥塞＋电缆分簇射孔联作、大规模滑溜水压裂工艺进行改造。3口井累计注入液量$5.5\times10^4m^3$，砂量2205.57t，施工排量一般8～$11m^3/min$，施工压力一般68～81MPa。在施工过程中采用井下微地震进行压裂裂缝监测，并指导压裂方案实时调整，确保了压裂改造效果。监测结果表明，工厂化作业各段压裂裂缝形态复杂，实现了滑溜水改造的目的

（图 7–2–1 和图 7–2–2），3 口井的改造体积达 $3.8 \times 10^8 m^3$，且事件点主要集中在龙马溪组以内，下部灰岩层中事件点少，压裂改造效果好。2020 年攻关形成以“标准井场布局、钻机快速平移、批量化钻完井、液体重复利用、区域资源共享”为核心的工厂化作业模式，钻井周期总体向好，压裂指标持续提升，水平井目标箱体钻遇率由开发初期的 43.6% 提升至 2021 年的 98.6%。自 2016 年到 2020 年，单井段数由 19.98 段增加到 22.20 段，用液强度由 $27.35m^3/m$ 增加到 $28.63m^3/m$，加砂强度由 $1.45m^3/m$ 增加到 $2.59m^3/m$，压裂效率由 1.09 段 /d 增加到 1.70 段 /d（图 7–2–3）。

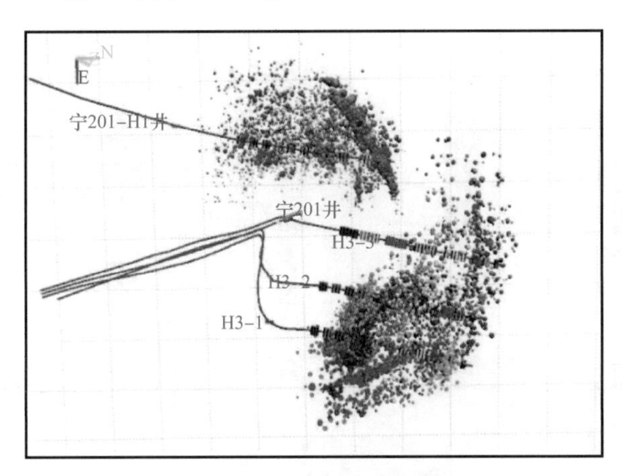

图 7–2–1 长宁 H3–1 井和长宁 H3–2 井压裂裂缝形态图（威德福）

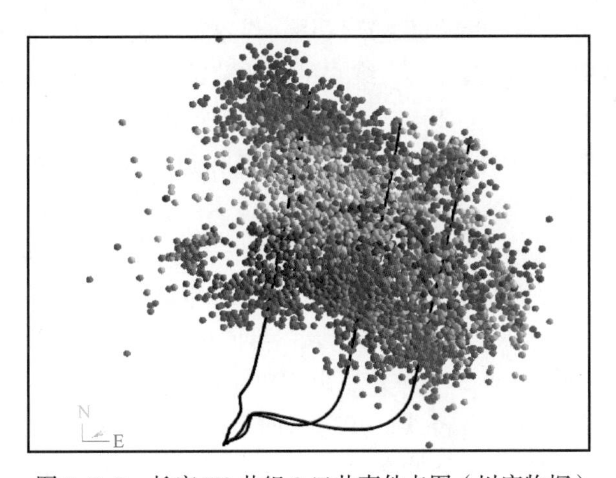

图 7–2–2 长宁 H3 井组 3 口井事件点图（川庆物探）

2. 鄂尔多斯盆地苏里格气田

长庆油田苏里格南天然气合作区块位于鄂尔多斯盆地西北部、苏里格气田南部，通过三维地震波阻抗、泊松比与测井资料合成的波阻抗、泊松比对比，发现泊松比是唯一能识别储层的属性参数，从而确定利用三维地震泊松比属性进行储层预测，优化井丛位置。以 3km × 9km 一个井丛 9 口井为标准设计，从钻井到压裂投产按工厂化模式采用标准化的施工设计工序进行作业，并通过持续改进实现“流水线”作业，提高了作业效率，形成了苏南工厂化作业标准做法。从 2011 年建井开始，该区块已建成产能 $16.5\times10^8m^3$，2015 年产气 $14.5\times10^8m^3$，平均单井日产气量 $1.55\times10^4m^3$，开发效果突出。苏南区块通过工厂化作业，相对于传统作业模式，节约征地 8000 亩❶，集输站减少 80%；平台钻井周期由 380 天降到 245 天，降幅 35%；平台压裂试气作业移交周期从 52 天缩短至 35 天，降幅 32.7%，在提高作业效率、减少土地占用、降低工程成本上取得了显著的效果。

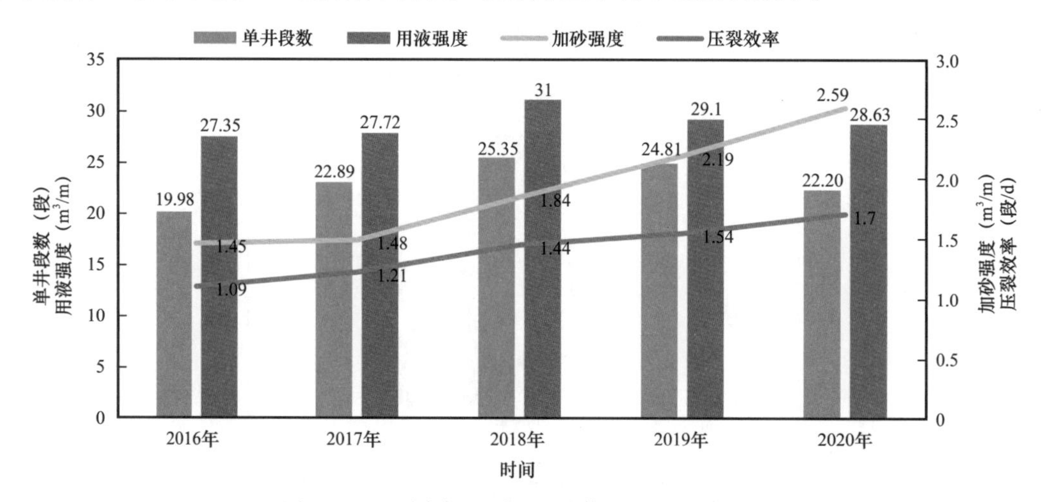

图 7-2-3　页岩气压裂工厂化作业指标变化情况

同时针对苏里格南、神木等规模建产区块，借鉴苏南工厂化作业模式，结合砂体描述落实井位部署，通过批量表层钻井、三维水平井快速钻井、水源集中供应、压裂液体循环利用等进一步完善工厂化作业。2014 年，苏里格南区块完成 12 井组 85 口井工厂化作业试验，每井组（9 口井）减少征地 58.5 亩，减少井场道路 8 条，单井建井周期缩短 8 天，压裂配液罐减少 $2500m^3$，压裂备水配液时间减少 5 天，折单井压裂周期减少 9.8 天。2013 年，长城钻探在苏 53 井区一个平台上部署 1 口直井、2 口定向井、10 口水平井共 13 口井，通过工厂化作业，比计划提前 50 天完成，实现了当年部署井位、当年完钻、当年压裂、当年投产。10 口水平井平均建井周期 34.6 天，与同区块水平井相比缩短 44.6%，仅用 13 天时间完成 13 口井的压裂作业，与单井压裂相比缩短压裂周期 64%。截至 2020 年底，已经形成 3 种大井丛、立体式布井模式，实现纵向上多个小层的全部动用。2020 年与 2019 年相比，钻井周期缩短 14%，压裂效率提高 31%；最大单平台布井数由 6 口增加到 30 口（华 H100 平台）。

3. 松辽盆地新立油田

吉林油田为进一步提高单井产量、提高工程效率而积极探索降本措施。2015 年，在新立油田区块产能建设中，部署优化大井丛平台，采用油藏工程一体化设计、钻井压裂工厂化作业，提高了建井效率，有效控制了产建投资。通过大井丛集约化布井，即由最初设

❶ 1 亩 $=666.67m^2$。

计 23 个小平台优化为 2 个大平台（分别为 48 口井、39 口井），将内部收益率由 13.8% 提高到了 17.84%；钻井、压裂、投产各环节通过工厂化作业，单井建井周期缩短 22%，单井压裂效率提高 200%，地面建设周期也大幅缩短。新立Ⅲ区块通过大井丛工厂化作业，实现了“双提、双降”目标，单井产量提高了 1t、区块采收率提高了 8.3 个百分点，产建投资降低了 20.8%，吨油运行成本降低了 195.3 元，取得了显著的开发效果。应用大井丛轨迹优化、防碰绕障、地层压力预测等工厂化作业技术，与应用前相比，钻井周期缩短 20.4%，建井周期缩短 18.8%；单井产量由设计的 1.5 吨提高到 2.5 吨，区块采收率由调整前的 37.3% 提高到 45.6%。

第八章　储层改造技术发展展望

本章结合以上七章内容，围绕未来国内外油气资源逐步向非常规油气、高温、深层等领域发展，储层改造面临 8000m、200℃、140MPa 以上等的挑战，突出储层改造在未来油气勘探开发中的重要性，分析储层改造技术面临新的机遇与挑战。剖析未来储层改造面临难题，提出储层改造下步发展方向。

第一节　储层改造面临的主要技术难点

“十四五”及未来，国内外油气资源逐步向非常规油气、高温、深层等领域发展，储集层改造是油气勘探与开发中的关键技术。特别是超深层逐步突破 8000m，水平井突破 5000m 面临超深、超长、高温、高压等挑战。随着页岩油新领域的不断拓展，储层改造技术面临的挑战、难点更复杂，水平井储层改造是油气勘探与开发中的关键技术。如何深化水平井储集层改造技术攻关，提高最终采出程度面临诸多挑战。

此外，随着超深、超高温、超高压的“三超”井逐年增多，储层改造不断突破工程极限，塔里木、四川、准噶尔、柴达木、渤海湾等盆地不断向超深层（>8000m）、超高温（>200℃）、超高压（大于 140MPa）拓展，储层改造不断突破上述技术极限。超深超高温（8000m、200℃）压裂液体系的抗高温—交联—破胶等关键技术还需大力攻关。

（1）水平井立体式改造是解决页岩油气平面非均质性强、纵向多层叠置问题的重要思路，已取得显著成效，但是在油藏精细描述、甜点识别、平台布井、井距优化、立体改造方案设计等方面仍需深入研究，例如如何同步开展甜点识别与水平井轨迹设计、做到效益最大化的最佳井密度、立体布井井型和布井方式、如何防止子母井裂缝碰撞等[196]。

（2）非常规油气藏孔喉属纳达西级，储层流体流动规律复杂，天然裂缝与人工裂缝的耦合关系不清晰，压裂设计井间距、缝间距、施工规模等参数与 EUR 的关系仍需优化，压裂后形成的人工裂缝形态复杂多样，不同储层存在经济最优缝间距，亟待发展能够识别并定量表征复杂缝网的裂缝诊断技术。

（3）低渗透等老油田重复改造提高产量面临挑战，早期的水平井压裂由于施工工艺受限、技术不配套，存在着改造不彻底、低产低效的问题，如国内某油田区块现有 1386 口水平井日产油<2t（占开井数 51.8%），2019 年采用水平井重复压裂技术，试验 3 口井，单井日产提高至 15.3t，但受井筒条件、工艺技术、工具配套的影响，与新建水平井相比，仍有较大差距，重复压裂技术成为延续水平井生命周期的重要方法，但是仍存在着剩余油分布特征描述难度大，渗流场表征重构难；复压前应力场变化规律复杂，动态应力场重构难；已压井筒有效封隔工具缺乏，水平井井筒重构难；评价复压时机技术手段欠缺，确定

复压时间点难；重复压裂效果评价方法局限，效果再评估需创新的问题。

（4）截至2020年底，中国石油现有水平井9864口，年产油量1208×10^4t，但超半数水平井含水大于50%（平均75.9%）。随着非常规资源的开发，预计水平井数将大幅攀升，多段改造的水平井一旦出水，就会造成产量递减甚至关井，如何有效确定老井水平井出水位置，实现一体化有效封堵恢复产能仍需深化研究。同时目前水平井修井作业仅限于简单的洗井、冲砂，针对复杂水平井的打捞、封堵、补孔、套管再造等问题的作业相对较少，工艺技术尚不配套，段长超过1500m的水平井基本上难以修理。

（5）低成本改造技术面临挑战，储层改造技术成本仍然较高（水平井单井费用超过2000万），同时超深层对所用工具要求苛刻，全可溶桥塞仍存在分瓣式双卡瓦可溶桥塞投送过程易遇卡，现有坐封方式存在可靠性问题，可溶橡胶无法满足高/低极限温度井况作业需求，高效趾端阀与全可溶桥塞的可靠性与稳定性不足，页岩油气射孔作业时间仍需2～4h，作业时间相差较大，6600m以深连续管作业仍需配套完善，滑溜水比例仍有潜力实现100%，石英砂替代比例虽已达71%，仍有进一步提高比例的空间。

（6）工厂化压裂目前设备功效仍较低、作业周期长。如页岩气工厂化压裂作业时效为每12h完成2～3段，压裂周期平均30d，时效已提高超过1倍，但设备噪声大、作业功率低；同时储层改造大数据、云处理信息化数据库建设刚起步，存在数据采集难、共享基础薄弱等问题，同时全过程远程决策系统的实时数据发送—接受、压裂动态效果分析、系统多节点的兼容性均有许多问题亟待解决。

第二节　储层改造主要研究方向

为实现“中国国内原油稳产2×10^8t，天然气快速发展”的重要目标，结合未来中国油气勘探开发的储层对象、储层改造的技术需求，经梳理储集层改造现状、技术难点及差距，认为中国储集层改造技术在今后的工作重点应集中在非常规储集层改造机理研究、地质—工程一体化软件研发、提高采收率改造工艺升级、低成本多功能压裂液配方、高效压裂装备配备、信息化建设等6个方面[197]。

（1）继续加强储集层改造基础理论研究及室内实验，丰富非常规压裂理论：深化复杂地质和工况条件下的裂缝起裂、延伸机理研究；加强储集层地质可采性与工程可压性评价；深化大型物理、数值模拟、复杂缝网的形成条件及可控因素研究。国外非常规储集层改造普遍采用滑溜水压裂液，北美多选用0.075～0.150mm（200～100目）石英砂作为支撑剂，通过大型携砂平行板模型研究滑溜水携砂运移、充填剖面规律，同时真实有效闭合应力下支撑剂受力与导流能力关系也是目前要开展的工作。

（2）继续推动地质工程一体化，建立探井改造技术系列与流程，构建4个（评价、设计、共享、分析）“一体化”平台，建立地质工程一体化研究方法，以一体化的理念和方法，结合技术的创新成果，实现地质—工程一体化压裂优化设计软件国产化，形成集地质—工程—信息一体化的压裂软件平台。

（3）继续开展缝控压裂改造技术的攻关研究，提高裂缝控藏程度，大幅提高采收率。

降低致密油气受非达西流动、启动压力等渗流特征的影响，实现裂缝壁面与储集层基质的接触面积最大、储集层流体从基质流至裂缝的距离最短、基质中流体向裂缝渗流所需压差最小的目的，进而有效提高裂缝控藏程度。通过超长水平段、密切割、多簇射孔、缩小井距等技术方法突破传统井控储量的定义与开发固有的思路，建立多井联动的井群式压裂改造新模式。

（4）开展低成本多功能压裂液体系研发，在大规模压裂液造裂缝网络的同时，利用低渗透、致密储集层具超高毛细管压力、渗吸作用强的特点，增加压裂液的渗吸置换功能，压裂液减排或缓排，延长油水置换时间，达到提高采收率的目的。针对超深、超高温（8000m，200℃）储集层，完善适合 230℃温度条件、低成本、加重压裂液体系等攻关，探索绿色、化学压裂液体系。同时根据中国储层特点、应力加载条件，加大低成本石英砂支撑剂的现场试验及推广力度，加快石英砂砂源本地化、经济化评价，培育石英砂产业基地，目前已经创建鄂尔多斯、准噶尔玛湖等石英砂推广应用六大示范区。石英砂用量由 2015 年 65×10^4t 提高到 2019 年的 275×10^4t，占比由不足 46% 增加到 69%，年节约成本达到 20 亿元以上。预计未来 7 年内年改造井次将达 4.5 万～5.5 万次，年支撑剂用量将达（500～600）$\times10^4$t，需求量将是目前的 2.5 倍。以西南页岩气为例，预计到 2025 年拟新建水平井约 1800 口，按目前平均单井支撑剂 2700t 的规模和当前核算价格（石英砂约 1100 元 /t，陶粒约 2200 元 /t），预计累计支撑剂投资约 110 亿元，若采用石英砂替代，投资有望降到 60 亿元以内，降幅超 40%，若实现砂源本地化后，成本有望进一步降低，这对实现低品位资源的低成本、高效开发意义重大。基于以上研究和认识，为进一步提升石英砂降本增效，未来应持续扩大石英砂在四川页岩气、鄂尔多斯、新疆、松辽等致密油气的应用规模，加强石英砂推广应用与就近砂厂建设，提高我国石英砂品质，保障国内油气低成本开发。

（5）继续强化压裂泵车、分段工具研制，大幅度提高设备保障能力。根据中国压裂泵车装备的缺陷，须研发 3 项核心部件（发动机、变速箱、底盘）及 5 大装备（双燃料驱动、电驱动压裂、橇装式压裂、智能化压裂、深层连续油管作业配套）。特别是发展 7000 功率力大型电驱动橇装式压裂装备，该装备可实现 100% 国产化，与现有设备相比，可降低采购成本 20%～30%，燃料成本 25%～40%，减少碳排放约 100t/a，大幅度提高工作效率并满足环保需求（已在西南地区页岩气现场试验中取得阶段成果）。改造工具方面重点攻关 5 项新型高效压裂工具，分别为耐高温可溶桥塞、深层分段压裂、老井重复压裂、小井眼压裂、智能化改造等工具。利用可分解材料制作的可溶桥塞工具可消除磨铣对地层的伤害、降低钻铣作业风险、实现全通径等提高生产效率的优势，是未来分段改造工具研发的重要方向。

（6）创新水平井物联网、大数据、云计算技术平台。伴随着信息化快速发展，复杂的储层改造系统包括油藏信息、油套管参数、射孔程度、封隔工具性能、改造方案、地面井口状况、压裂设备状态、仪器仪表监控等多个环节，通过物联网、大数据实现以上各个环节的信息采集、交流、集成、指挥并赋予其人工智能，就成为储层改造下步的发展方向和目标，实现储层改造的人工智能化。以中国石油为例，构建人工智能的储层改造决策系统主要分为四步：第一步建立中国石油远程决策中心，实现储层改造数据资源共享与现场实施的远程决策；第二步将中国石油每年水平井压裂2万段的施工资料进行大数据化，提高信息决策能力；第三步逐步将压裂各个环节实现物联网，实时跟踪现场施工，提高反应决策能力；第四步构建人工智能的储层改造系统。通过人工智能方法，快速形成压裂设计方案，大幅提升设计针对性和有效性，形成中国石油远程决策支持中心和压裂大数据平台，构建人工智能的水平井储层改造决策系统。

参考文献

[1] 赵建安 . 世界油气资源格局与中国的战略对策选择 [J]. 资源科学，2008，30（3）: 322-329.

[2] 张姗 . 世界及中国油气发展形势初步分析 [J]. 中国能源，2019，41（3）: 29-32.

[3] 童晓光，张光亚，王兆明，等 . 全球油气资源潜力与分布 [J]. 石油勘探与开发，2018，45（4）: 727-736.

[4] 邹才能，翟光明，张光亚，等 . 全球常规 - 非常规油气形成分布、资源潜力及趋势预测 [J]. 石油勘探与开发，2015，42（1）: 13-25.

[5] 王陆新，潘继平，娄钰 . 近十年中国石油勘探开发回顾与展望 [J]. 国际石油经济，2018，26（7）: 65-71.

[6] 赵政璋，杜金虎 . 致密油气 [M]. 北京：石油工业出版社，2012.

[7] 贾承造，庞雄奇，姜福杰 . 中国油气资源研究现状与发展方向 [J]. 石油科学通报，2016，1（1）: 2-23.

[8] 贾承造，郑民，张永峰 . 中国非常规油气资源与勘探开发前景 [J]. 石油勘探与开发，2012，39（2）: 129-136.

[9] 贾承造 . 中国石油工业上游发展面临的挑战与未来科技攻关方向 [J]. 石油学报，2020，41（12）: 1445-1464.

[10] 埃克诺米德斯 . 油藏增产措施（第三版）[M]. 北京：石油工业出版社，2002.

[11] 洪世铎 . 水力压裂理论 [J]. 石油钻采工艺，1980，2（1）: 76-82.

[12] 黄荣撙 . 水力压裂裂缝的起裂和扩展 [J]. 石油勘探与开发，1982（5）: 62-74.

[13] 雷群，杨立峰，段瑶瑶，等 . 非常规油气“缝控储量”改造优化设计技术 [J]. 石油勘探与开发，2018，45（4）: 719-726.

[14] 陈勉 . 石油工程岩石力学 [M]. 北京：科学出版社，2008.

[15] 路保平，张传进 . 岩石力学在油气开发中的应用前景分析 [J]. 石油钻探技术，2000，28（1）: 7-9.

[16] 朱杰兵，蒋昱州，王黎 . 岩石力学室内实验技术若干进展 [J]. 固体力学学报，2010，31（S1）: 209-213.

[17] 牛学超，张庆喜，岳中文 . 岩石三轴实验机的现状及发展趋势 [J]. 岩土力学，2013，32（2）: 600-605.

[18] 陈勉，金衍，卢运虎 . 页岩气开发：岩石力学的机遇与挑战 [J]. 中国科学：物理学力学天文学，2017，47（11）: 6-18.

[19] 佘诗刚，董陇军 . 从文献统计分析看中国岩石力学进展 [J]. 岩石力学与工程学报，2013，32（3）: 442-460.

[20] 陈勉 . 我国深层岩石力学研究及在石油工程中的应用 [J]. 岩石力学与工程学报，2004，23（14）: 2455-2462.

[21] 柴巧玲，李志航，潘新伟 . 压裂液体系优化研究方法探讨 [J]. 钻采工艺，2007，30（3）: 118-120.

[22] DAWSON J，CRAMER D.Reduced polymer based fracturing fluid : is less really more ? [C]. SPE90851，2014.

[23] 胡忠前，马喜平，何川，等 . 国外低伤害压裂液体系研究新进展 [J]. 海洋石油，2007，27（3）: 93-97.

［24］曹朋青．压裂液体系研究的进展与展望［J］．内江科技，2008，(11)：126–127.

［25］卢拥军，陈彦东，丁云宏，等．水基植物胶压裂液体系与流变特性［C］．“力学2000”学术大会论文集，2000：280–281.

［26］WILLIAMS N，KELLY P，BERARD K，et al.Fracturing fluid with low–polymer loading using a new set of boron crosslinkers：laboratory and field studies［C］.SPE151715，2012.

［27］钟安海．压裂液体系对岩心渗流能力的影响［J］．钻井液与完井液，2011，28(3)：69–71，96–97.

［28］何青，姚昌宇，袁胥，等．水基压裂液体系中交联剂的应用进展［J］．油田化学，2017，34(1)：184–190.

［29］Cawiezel K E，Niles T D.Rheological properties of foam fracturing fluid under downhole conditions［J］. SPE–16191–MS，1997.

［30］段百齐，管保山，王树众，等．氮气泡沫压裂液流变特性试验［J］. 石油钻采工艺，2005，27(4)：71–75.

［31］Reidenbach V G，Harris P C.Rheological study of foam fracturing fluid using nitrogen and carbon dioxide［J］.SPE–12026–PA，1986.

［32］Reidenbach V G. Rheological study of foam fracturing fluid using nitrogen and carbon dioxide［C］. SPE 13177，1987.

［33］周继东，朱伟民，卢拥军，等．二氧化碳泡沫压裂液的研究与应用［J］．油田化学，2004，21(4)：316–319.

［34］赵正龙，李建国，杨朝辉，等.CO_2泡沫压裂工艺技术在中原油田的实践［J］．钻采工艺，2006，29(2)：54–56.

［35］李宗田，李凤霞，黄志文．水力压裂在油气田勘探开发中的关键作用［J］．油气地质与采收率，2010，17(5)：76–79.

［36］曹彦超，曲占庆，郭天魁，等．水基压裂液的储层伤害机理和实验研究［J］．西安石油大学学报，2016，31(2)：87–92，9.

［37］郑力会，魏攀峰．页岩气储层伤害30年研究成果回顾［J］．石油钻采工艺，2013，35(4)：1–16.

［38］郭和坤，朱琪．胍胶筹划家对低渗透砂岩气藏储层伤害的实验研究［J］．科学技术工程，2015，15(22)：24–28.

［39］吴洁．显微CT技术在油层伤害机理研究中的应用初探——以胜利临南油区为例［D］．上海：华东理工大学，2013.

［40］孙卫，史成恩，赵惊蛰，等.X–CT扫描成像技术在特低渗透储层微观孔隙结构及渗流机理研究中的应用——以西峰油田庄19井区长82储层为例［J］. 地质学报，2006，80(5)：775–779.

［41］贾利春，陈勉，孙良田，等．结合CT技术的火山岩水力裂缝延伸实验［J］. 石油勘探与开发，2013，40(3)：377–380.

［42］徐祖新，郭少斌．基于NMR和X–CT的页岩储层孔隙结构研究［J］. 地球科学进展，2014，29(5)：624–631.

［43］DANESHYA A.Hydraulic Fracture Propagation in Layered Formations［C］.SPE–6088–PA，1978.

［44］WARPINSKIN R，CLARK J A，SCHMIDTR A，et al.Laboratory investigation on the effect of in situ stresses on hydraulic fracture containment［C］.SPE–9834–PA，1982.

［45］PATER C J，CLEARY M P，Quinn T S，et al.Experimental Verification of Dimensional Analysis for Hydraulic Fracture［C］.SPE-24994-PA，1994.
［46］CASAS L，MISKIMINS J L，BLACK A，et al.Laboratory Hydraulic Fracturing Test on a Rock with Artificial Discontinuities［C］.SPE-103617-MS，2006.
［47］TEUFEL L W，CLARK J A.Hydraulic Fracture Propagation in Layered Rock：Experimental Studies of Fracture Containment［C］.SPE-9878-PA，1984.
［48］ROBERTO S R，LARRY B，GREEN S，et al.Defining Three Regions of Hydraulic Fracture Connectivity，in Unconventional Reservoirs，Help Designing Completions with Improved Long-Term Productivity［C］.SPE-166505-MS，2013.
［49］MENG C F，PATER C J.Hydraulic Fracture Propagation in Pre-Fractured Natural Rocks［C］.SPE-140429-MS，2011.
［50］柳贡慧，庞飞，陈治喜.水力压裂模拟实验中的相似准则［J］.石油大学学报（自然科学版），2000，24（5）：45-48，5-6.
［51］付海峰，刘云志，梁天成，等.四川省宜宾地区龙马溪组页岩水力裂缝形态实验研究［J］.天然气地球科学，2016，27（12）：2231-2236.
［52］张士诚，郭天魁，周彤，等.天然页岩压裂裂缝扩展机理试验［J］.石油学报，2014，35（3）：496-503，518.
［53］程远方，徐太双，吴百烈，等.煤岩水力压裂裂缝形态实验研究［J］.天然气地球科学，2013，24（1）：134-137.
［54］付海峰，张永民，王欣，等.基于脉冲致裂储层的改造新技术研究［J］.岩石力学与工程学报，2017，36（S2）：4008-4017.
［55］李传华，陈勉，金衍.层状介质水力压裂模拟实验研究［C］.中国岩石力学与工程学会第七次学术大会论文集，2002：124-126.
［56］郭印同，杨春和，贾长贵，等.页岩水力压裂物理模拟与裂缝表征方法研究［J］.岩石力学与工程学报，2014，33（1）：52-59.
［57］WANG K，ZHOU J P.Kinematical Analysis and Simulation of High-Speed Plate Carrying Manipulator Based on Matlab［J］.Engineering，2012，4（12）：850-856.
［58］LU Y L，LI W Q，ORAIFIGE I，et al.Converging Parallel Plate Flow Chambers for Studies on the Effect of the Spatial Gradient of Wall Shear Stress on Endothelial Cells［J］.Journal of Biosciences and Medicines，2014.
［59］BHATT S，RAHMAN A，ARYA S K，et al.Twin-T Oscillator Containing Polymer Coated Parallel Plate Capacitor for Sea Water Salinity Sensing［J］.Open Journal of Applied Biosensor，2013，2（2）：8.
［60］MALHOTRA S，LEHMAN E R，SHARMA M M.Proppant Placement Using Alternate-Slug Fracturing［J］.SPE 163851-MS，2014.
［61］TOUMI M，BOUAZARA M，RICHARD M J.Development of Analytical Model for Modular Tank Vehicle Carrying Liquid Cargo［J］.World Journal of Mechanics，2013，3（2）：122-138.
［62］常青林.平行板间边界层流体速度计算及差异分析［J］.中国海上油气，2014，26（1）：109-113.
［63］吕其超，李兆敏，李宾飞，等.新型聚合物压裂液管内携砂性能研究［J］.特种油气藏，2015，22（2）：

101–104

[64] 宋付权，陈晓星. 液体壁面滑移的分子动力学研究 [J]. 水动力学研究与进展 A 辑，2012，27 (1): 80–86.

[65] GE X R，REN J X. Real–time CT Testing of Rock Damage Evolution Mechanism Under Triaxial Compression [J] .ISRM–11CONGRESS–2007–090，2007.

[66] TOGASHI Y，KIKUMOTO M，TANI K.A Method of Triaxial Testing for Determining Constitutive Parameters of Anisotropic Rocks Using a Single Specimen [C] .ARMA16–6666，2016.

[67] ALQAM M H，ABASS H H.The Development of a New Laboratory Techniqueto Monitor the Consolidation Process of Control Additives during Propped Hydraulic Fracturing Treatment [C]. ARMA19–62.

[68] 杜凯，邓建华，王化俗，等. 基于 3D–DIC 技术的约束岩石裂缝扩展研究 [J]. 力学季刊，2021，42 (4): 743–7510

[69] ADACHI J I，SIEBRITS E，PEIRCE A P，et al.Computer simulation of hydraulic fractures [J]. International Journal of Rock Mechanics and Mining Sciences，2007，44 (5): 739–757.

[70] Xu G，W.WONG. S Interaction of Multiple Non–Planar Hydraulic Fractures in Horizontal Wells [J]. IPTC–17043–MS，2013.

[71] SNEDDON I N，ELLIOT H A.The opening of a Griffith crack under internal pressure [J] .Quarterly of Applied Mathematics，1946，4 (3): 262–267.

[72] GEERTSMA J，Klerk F D.A Rapid Method of Predicting Width and Extent of Hydraulically Induced Fractures [J] .Journal of Petroleum Technology，1969，21 (12): 1571–1581.

[73] GREEN A E，SNEDDON I N .The distribution of stress in the neighbourhood of a flat elliptical crack in an elastic solid [J] .Mathematical Proceedings of the Cambridge Philosophical Society，1950，46 (1): 159–163.

[74] SIMONSON E R，ABOUSAYED A S，CLIFTON R J .Containment of Massive Hydraulic Fractures [J]. Society of Petroleum Engineers Journal，1978，18 (1): 27–32.

[75] VANDAMME L，CURRAN J H .A three–dimensional hydraulic fracturing simulator [J] .International Journal for Numerical Methods in Engineering，1989.

[76] YAMAMOTO K，SHIMAMOTO T，SUKEMURA S .Multiple Fracture Propagation Model for a Three–Dimensional Hydraulic Fracturing Simulator [J] .International Journal of Geomechanics，2004，4 (1): 46–57.

[77] RUNGAMORNRAT J，WHEELER M F，Mear M E .Coupling of Fracture/Non–Newtonian Flow for Simulating Nonplanar Evolution of Hydraulic Fractures [J] .SPE–96968–MS，2005.

[78] CASTONGUAY S T，MEAR M E，DEAN R H，et al.Predictions of the Growth of Multiple Interacting Hydraulic Fractures in Three Dimensions [J] .SPE–166259–MS，2013.

[79] WENG X，KRESSE O，COHEN C，et al.Modeling of Hydraulic–Fracture–Network Propagation in a Naturally Fractured Formation [J] .Spe Production & Operations，2011，26 (4): 368–380.

[80] 李育光. 压裂酸化施工工艺优化设计 [J]. 大庆石油地质与开发，1995，14 (1): 53–55.

[81] 郭大立，赵金洲，吴刚，等. 水力压裂优化设计方法研究 [J]. 西南石油学院学报，1999，21 (4):

61–63.
[82] 金昌彬，滕虹，李皓白，等 . 压裂工艺参数优化设计的研究 [J]. 节能技术，1997，(2)：8–10，19.
[83] 颜晋川，黄禹忠，任山，等 . 压裂设计中加砂浓度优化方法及应用 [J]. 钻采工艺，2007，30（6）：58–60，145.
[84] 蒋廷学，王宝峰，单文文，等 . 整体压裂优化方案设计的理论模式 [J]. 石油学报，2001，22（5）：58–62，2.
[85] 曾凡辉，郭建春，赵金洲，等 . 水平井分级压裂优化设计软件研制及应用 [J]. 石油地质与工程，2008，22（1）：78–81.
[86] 杨兆中，任书泉 . 限流压裂施工参数的优化 [J]. 石油钻采工艺，1996，18（2）：58–61，108.
[87] 谢风猛，金花，王昌龄，等 . 限流压裂设计和数值模拟方法研究 [J]. 石油钻探技术，2007，35（2）：62–66.
[88] 肖晖，李洁，曾俊 . 投球压裂堵塞球运动方程研究 [J]. 西南石油大学学报（自然科学版），2011，33（5）：162–167，203.
[89] 冯明生，方宏长 . 投球压裂曲线分析及压开层位的判定计算 [J]. 大庆石油地质与开发，1999，18(2)：43–45，56.
[90] 蒋廷学，胥云，李治平，等 . 新型前置投球选择性分压方法及其应用 [J]. 天然气工业，2009，29(9)：88–90.
[91] 杨浩，李新发，陈鑫，等 . 低渗透气藏水平井分段压裂分段优化方法研究 [J]. 特种油气藏，2021，28（1）：125–129.
[92] DOMELEN M V，JACQUIER R C，SANDERS M W.State–of–the–Art Fracturing in the North Sea [J]. OTC–7890–MS，1995.
[93] MALDONADO B，ARRAZOLA A，Morton B.Ultradeep HP/HT Completions：Classification，Design Methodologies，and Technical Challenges [J]. SPE–0307–0083–JPT，2007.
[94] BROWN A，FARROW C，COWIE J.The Rhum Field a Successful HP/HT Gas Subsea Development（Case History）[C]. SPE–108942–MS，2007.
[95] GU H，WENG X.Criterion For Fractures Crossing Frictional Interfaces At Non–orthogonal Angles [C]. ARMA–10–198，2010.
[96] 马瑾，MOORE D E，SUMMERS R，等 . 温度压力孔隙压力对断层泥强度及滑动性质的影响 [J]. 地震地质，1985，7（1）：15–24.
[97] 毛金成，王晨，张恒，等 . 阳离子 VES 转向酸体系的研制及性能评价 [J]. 石油与天然气化工，2019，48（6）：65–69.
[98] 雷群，翁定为，管保山，等 . 基于缝控压裂优化设计的致密油储集层改造方法 [J]. 石油勘探与开发，2020，47（3）：592–599.
[99] 王富平，黄全华，王东旭，等 . 渗透率对低渗气藏单井控制储量的影响 [J]. 断块油气田，2008，15（1）：45–47.
[100] 李艳春，刘雄明，徐俊芳 . 改进 Barnett 页岩增产效果的综合裂缝监测技术 [J]. 国外油田工程，2009，25（1）：20–23.

[101] ASTAKHOV D, ROADARMEL W, NANAYAKKARA A.A New Method of Characterizing the Stimulated Reservoir Volume Using Tiltmeter–Based Surface Microdeformation Measurements [C]. SPE–151017–MS, 2012.

[102] XIN W, YUN H D, XIU N L, et al.A New Method to Interpret Hydraulic Fracture Complexity in Unconventional Reservoir by Tilt Magnitude [J].IPTC–17094–MS, 2013.

[103] 修乃岭，严玉忠，骆禹，等.地面测斜仪压裂裂缝监测技术及应用[J]. 钻采工艺，2013，36(1): 50–52，11.

[104] 陈芷若，江山，刘亚昊，等.微地震裂缝监测技术及其进展[J].能源与环保，2019，41(2): 76–81.

[105] WU Y, TUCKER A, RICHTER P, et al.Hydraulic Frac–Hit Height and Width Direct Measurement by Engineered Distributed Acoustic Sensor Deployed in Far–Field Wells [C].SPE–201643–MS, 2020.

[106] 朱世琰，李海涛，张建伟，等.分布式光纤测温技术在油田开发中的发展潜力[J].油气藏评价与开发，2015，5(5): 69–75.

[107] JONES D, PIEPRZICA C, VASQUEZ O, et al.Monitoring Hydraulic Fracture Flowback in the Permian Basin Using Surface–Based, Controlled–Source Electromagnetics [C]. URTEC–2019–230–MS, 2019.

[108] PUGH T, STOCKING R, Greene T, et al.Proper Parenting with Newborns — A Frac Fluid Tracking Case Study [C]. URTEC–2020–3217–MS, 2020.

[109] 臧传贞，姜汉桥，石善志，等.基于射孔成像监测的多簇裂缝均匀起裂程度分析——以准噶尔盆地玛湖凹陷致密砾岩为例[J].石油勘探与开发，2022，49(2): 394–402.

[110] PALISCH T T, CHAPMAN M A, GODWIN J W.Hydraulic Fracture Design Optimization in Unconventional Reservoirs – A Case History [J]. SPE–160206–MS, 2012.

[111] FOSTER J.Applying Technology to Enhance Unconventional Shale Production [J].Journal of Petroleum Technology, 2014, 66(12): 18–20.

[112] 吴汉川.大型压裂装备应用问题解析及发展方向[J].石油机械，2017，45(12): 53–57.

[113] 彭俊威，周青，戴启平，等.国内大型压裂装备发展现状及分析[J].石油机械，2016，44(5): 82–86.

[114] 王晓宇.国外压裂装备与技术新进展[J].石油机械，2016，44(11): 72–79.

[115] 田雨，谢梅英.新型大功率电动压裂泵组的研制[J].石油机械，2017，45(4): 94–97.

[116] 王庆群.利用电力开展页岩气压裂规模应用的分析及建议[J].石油机械，2018，46(7): 89–93.

[117] HU Q, ZHU F, LV W.Simulating Experiments of Hydrajet Perforating Process [J].SPE–155879–MS, 2012.

[118] ZHANG J, MENG S, LIU H, et al.Improve the Performance of CO_2–based Fracturing Fluid by Introducing both Amphiphilic Copolymer and Nano–composite Fiber [C]. SPE–176221–MS, 2015.

[119] MENG S, HE L, XU J, et al.The Optimisation Design of Buffer Vessel Based on Dynamic Balance for Liquid CO_2 Fracturing [C]. CMTC–151716–MS, 2012.

[120] MENG S, HE L, XU J, et al.The Evolution and Control of Fluid Phase During Liquid CO_2 Fracturing[C]. SPE–181790–MS, 2016.

[121] FENG W, WANG Y, ZHU Y, et al.Application of Liquid CO_2 Fracturing in Tight Oil Reservoir [C]. SPE-182401-MS, 2016.

[122] 韩烈祥 .CO_2 干法加砂压裂技术试验成功 [J]. 钻采工艺, 2013, 36 (5): 99-101.

[123] 刘合, 王峰, 张劲, 等 . 二氧化碳干法压裂技术——应用现状与发展趋势 [J]. 石油勘探与开发, 2014, 41 (4): 466-472.

[124] 彭平生, 荀永军, 王云海 . 压裂液连续混配装置现状及发展 [J]. 石油和化工设备, 2016, 19 (5): 15-17.

[125] 叶登胜, 王素兵, 蔡远红, 等 . 连续混配压裂液及连续混配工艺应用实践 [J]. 天然气工业, 2013, 33 (10): 47-51.

[126] 刘灼 . 大型压裂液连续混配装置的研制与试验 [J]. 石油机械, 2017, 45 (7): 93-96.

[127] 王云海, 陈新龙, 吴汉川, 等 . 页岩气压裂连续输砂关键设备的研制 [J]. 石油机械,2016,44(3): 102-104.

[128] NAKHWA A D, LOVING S W, FERGUSON A, et al.Oriented Perforating Using Abrasive Fluids through Coiled Tubing [J]. SPE-107061-MS, 2007.

[129] 丁庆新, 侯世红, 杜鑫芳, 等 . 国内水平井压裂技术研究进展 [J]. 石油机械, 2016, 44 (12): 78-82.

[130] 杜伊芳 . 国外水力压裂工艺技术现状和发展 [J]. 西安石油学院学报 (自然科学版), 1994, 9 (2): 26-29

[131] 李健, 杨军, 叶红旗 . 压裂工艺现场施工的质量控制措施 [J]. 石油工业技术监督, 2008, (9): 28-30.

[132] 邓云娇, 甘旭红 . 大通径压裂封隔器及管柱研究 [J]. 江汉石油职工大学学报, 2008, 21 (2): 84-86.

[133] 李军 . 水平井机械隔离分段压裂技术研究与实践 [J]. 新疆石油天然气, 2008, 4 (1): 74-77.

[134] 孙金声, 刘伟 . 我国石油工程技术与装备走向高端的发展战略思考与建议 [J]. 石油科技论坛, 2021, 40 (3): 43-55.

[135] 路超, 张根, 陈杨 . 水平井封隔器分段压裂技术在油气田的应用探究 [J]. 新型工业化, 2021, 11 (1): 43-45.

[136] 夏海帮, 包凯, 王睿 . 页岩气井用新型无限级全通径滑套压裂技术先导试验 [J]. 油气藏评价与开发, 2021, 11 (3): 390-394.

[137] 谢鹏, 向刚, 卢秀德, 等 . 连续管逐簇喷射环空压裂工艺现场应用 [J]. 焊管, 2021, 44 (1): 19-24.

[138] 姚彬 . 气田裸眼水平井分段压裂工艺技术及其应用探讨 [J]. 新型工业化, 2021, 11 (6): 231-232.

[139] 赵金洲, 任岚, 蒋廷学, 等 . 中国页岩气压裂十年: 回顾与展望 [J]. 天然气工业, 2021, 41 (8): 121-142.

[140] 赵旭亮, 刘永莉, 贡军民 . 分段压裂用可溶桥塞研究及试验 [J]. 辽宁石油化工大学学报, 2021, 41 (3): 57-61.

[141] 关皓纶, 王兆会, 刘斌辉 . 分段压裂固井滑套的研制现状及展望 [J]. 石油机械, 2021, 49 (11):

84–92.

［142］刘斌辉，唐守勇，曲从锋，等．页岩气水平井固井趾端压裂滑套的研制［J］．天然气工业，2021，41（S1）：192–196.

［143］易建国，邓波，张克成，等．可溶桥塞室内试验及匹配性工艺［J］．科技和产业，2021，21（7）：311–314.

［144］刘腾，慕光华，宋杰，等．全金属可溶桥塞的研发及应用［J］．测井技术，2020，44（6）：634–638.

［145］FRIPP M，WALTON Z.Fully Dissolvable Frac Plug Using Dissolvable Elastomeric Elements［C］．SPE–183752–MS，2017.

［146］WALTON Z，FRIPP M，MERRON M.Dissolvable Metal vs. Dissolvable Plastic in Downhole Hydraulic Fracturing Applications［J］．OTC–27149–MS，2016.

［147］MITCHELL D，DAVIS J，APPLETON J，et al.First Successful Application of Horizontal Open Hole Multistage Completion Systems in Turkey's Selmo Field［C］．SPE–170777–MS，2014.

［148］FRIPP M，WALTON Z.Degradable Metal for Use in a Fully Dissolvable Frac Plug［R］．OTC–27187–MS，2016.

［149］FAN W，HU L，FALXA P，et al.Open Hole Multistage Completion Exceeds Production Expectations from South Sulige Gas Field in China［J］．IPTC–16811–MS，2013.

［150］刘方玉，刘桥，蔡山．动态负压射孔技术研究［J］．测井技术，2010，34（2）：193–195.

［151］唐凯，罗苗壮，陈锋，等．全通径射孔工艺技术应用研究［J］．测井技术，2010，34（5）：496–500.

［152］李根生，沈忠厚．高压水射流理论及其在石油工程中应用研究进展［J］．石油勘探与开发，2005，32（1）：96–99.

［153］刘统亮，施建国，冯定，等．水平井可溶桥塞分段压裂技术与发展趋势［J］．石油机械，2020，48（10）：103–110.

［154］关皓纶，王兆会，刘斌辉．分段压裂固井滑套的研制现状及展望［J］．石油机械，2021，49（11）：84–92.

［155］李星星，隆世明，李景彬．连续油管拖动分段压裂工具的研制与应用［C］.2019 油气田勘探与开发国际会议论文集，2019：2727–2736.

［156］刘合，王峰，王毓才，等．现代油气井射孔技术发展现状与展望［J］．石油勘探与开发，2014，41（6）：731–737.

［157］龙政军．压裂液黏度最佳时效性及控制途径［J］．钻采工艺，1996（6）：67–71.

［158］龙政军．压裂液性能对压裂效果的影响分析［J］．钻采工艺，1999，22（1）：57–60.

［159］李秀花，陈近富．近期国内外水基压裂液添加剂的发展概况［J］．石油与天然气化工，1995，24（1）：12–17.

［160］BJ Services Company.Elastra Fracproduct Information［EB/OL］，2001.

［161］COULTER G R，HARRIS L E，KLEBENOW D E.Successful Stimulation in the Rocky Mountain Area Using a New Acid Base Gel System［J］．SPE–9032–MS，1980.

［162］卢拥军．香豆胶水基压裂液研究与应用［J］．钻井液与完井液，1996，13（1）：14–17.

[163] 薛成，张晓梅，董三宝，等.水基合成聚合物压裂液体系研究现状及发展趋势[J].广州化工，2012，39（17）：67-68.

[164] 胡忠前，马喜平，何川，等.国外低伤害压裂液体系研究新进展[J].海洋石油，2007，27（3）：93-97.

[165] 徐敏杰，管保山，刘萍，等.近十年国内超高温压裂液技术研究进展[J].油田化学,2018,35(4)：721-725.

[166] FREDRICKSON S E.Stimulating Carbonate Formations Using a Closed Fracture Acidizing Technique[J]. SPE-14654-MS，1986.

[167] CROWE C W，HUTCHINSON B H，TRITTIPO B L.Fluid-Loss Control：The Key to Successful Acid Fracturing [J].Spe Production Engineering，1989，4（02）：215-220.

[168] PEREX D，HUIDOBRO E，AVENDANO J.Applications of Acid Fracturing Technique to improve Gas Production in Naturally Fractured Carbonate Formations，Veracruz Field，Mexico [C]. SPE-47820-MS，1998.

[169] NASR-EL-DIN H A，AL-MUTAIRI S H，AL-JARI M，et al.Stimulation of a Deep Sour Gas Reservoir Using Gelled Acid [C]. SPE-75501-MS，2002.

[170] CHE M，WANG Y，CHENG X，et al.Study and Application of Shallow Water Fracturing Fluid in High Temperature Deep Carbonate Reservoir [C]. IPTC-17067-MS，2013.

[171] 程兴生，卢拥军，管保山，等.中石油压裂液技术现状与未来发展[J].石油钻采工艺，2014，36（1）：1-5.

[172] 赵修太，宋奇，王彦玲，等.酸压用交联酸添加剂的优选[J].科学技术与工程，2012，2（7）：1625-1628.

[173] 申贝贝，胡永全.酸液胶凝剂作用机理及其发展展望[J].石油化工应用，2012，31（6）：1-4，9.

[174] 丛连铸.硼冻胶压裂液粘弹性初探[J].钻井液与完井液，1995，（6）：38-42.

[175] 张俊江，李涵宇，牟建业，等.超临界 CO_2 压裂液增黏剂设计及性能测试[J].断块油气田，2018，25（5）：680-683.

[176] 刘真光，邱正松，钟汉毅，等.页岩储层超临界 CO_2 压裂液滤失规律实验研究[J].钻井液与完井液，2016，33（1）：113-117.

[177] 吴雪鹏，江山红，戴彩丽.CO_2 响应型清洁压裂液性能及其转变机理分析[J].油田化学，2021，38（4）：608-613.

[178] 周明，廖茂，韩宏昌，等.页岩气低伤害超临界 CO_2 凝胶压裂液研究[J].西南石油大学学报（自然科学版），2019，41（6）：100-105.

[179] 刘江辉.超临界/液态 CO_2 压裂液支撑剂的改性研究[D].中国石油大学（华东），2019.

[180] 张家由，方行，赵素惠，等.自生热增压类泡沫压裂液研制及应用[J].天然气技术与经济，2011，5（2）：44-47.

[181] 王晋槐，赵友谊，龚红宇，等.石油压裂陶粒支撑剂研究进展[J].硅酸盐通报，2010，29（3）：633-636.

[182] 杜红莉，张薇，马峰，等.水力压裂支撑剂的研究进展[J].硅酸盐通报，2017，36（8）：2625-2630.

［183］梁天成，才博，蒙传幼．水力压裂支撑剂性能对导流能力的影响［J］．断块油气田，2021，28（3）：403–407.

［184］MICHAEL B S，CARL T M.Hydraulic Fracturing［J］.CRCPress，2015：381–385.

［185］Melcher H，Mayerhofer M，Agarwal K，et al.Shale–Oil–Fracturing Designs Move to Just–Good–Enough Proppant Economics with Regional Sand［J］.SPE Drilling & Completion，2020，35（4）.

［186］MADER D.Hydraulic proppant fracturing and gravel packing［M］.Elsevier Science Publisher，1989.

［187］郑新权，王欣，张福祥，等．国内石英砂支撑剂评价及砂源本地化研究进展与前景展望［J］．中国石油勘探，2021，26（1）：131–137.

［188］KYLEHU，ANDREW S，JESSICA B.Sand，Resin–Coated Sand or Ceramic Proppant：The Effect of Different Proppants on the Long–Term Production of Bakken Shale Wells［C］.SPE–174816–MS，2015.

［189］姚军，刘均荣，孙致学，等．一种基于磁性支撑剂的支撑剂回流控制系统及控制方法［P］．中国专利：CN103266877，2013

［190］KINCAID K P，SNIDER P M，HERRING M，et al/Self–Suspending Proppant［M］.Society of Petroleum Engineers，2013.

［191］王林，马金良，苏凤瑞，等．北美页岩气工厂化压裂技术［J］．钻采工艺，2012，35（6）：48–50.

［192］JACOBS T. The Shale. Evolution：Zipper Fracture Takes Hold［J］.Journal of Petroleum Technology，2014，66（10）：60–67.

［193］PALISCH T T，CHAPMAN M A，GODWIN J W.Hydraulic Fracture Design Optimization in Unconventional Reservoirs – A Case History［J］. SPE–160206–MS，2012.

［194］FOSTER J.Applying Technology to Enhance Unconventional Shale Production［J］.Journal of Petroleum Technology，2014，66（12）：18–20.

［195］刘克强，王培峰，贾军喜．我国工厂化压裂关键地面装备技术现状及应用［J］．石油机械，2018，46（4）：101–106.

［196］管保山，刘玉婷，梁利，等．页岩油储层改造和高效开发技术［J］．石油钻采工艺，2019，41（2）：212–223.

［197］雷群，胥云，才博，等．页岩油气水平井压裂技术进展与展望［J］. 石油勘探与开发，2022，49（1）：166–172，182.